中山大学哲学精品教程

选 择 公 理

赵希顺◎著

中山大学
出版社

·广州·

图书在版编目（CIP）数据

选择公理/赵希顺著 . —广州：中山大学出版社，2020. 11
（中山大学哲学精品教程）
ISBN 978 - 7 - 306 - 06962 - 7

Ⅰ.①选…　Ⅱ.①赵…　Ⅲ.①选择公理—高等学校—教材
Ⅳ.①O143

中国版本图书馆 CIP 数据核字（2020）第 172332 号

出　版　人：王天琪
策划编辑：嵇春霞
责任编辑：黄浩佳
封面设计：曾　斌
责任校对：唐善军
责任技编：何雅涛
出版发行：中山大学出版社
电　　话：编辑部 020 - 84110771，84110283，84111997，84110771
　　　　　发行部 020 - 84111998，84111981，84111160
地　　址：广州市新港西路 135 号
邮　　编：510275　传　真：020 - 84036565
网　　址：http：//www. zsup. com. cn　E-mail：zdcbs@ mail. sysu. edu. cn
印　刷　者：佛山家联印刷有限公司
规　　格：787mm×1092mm　1/16　18 印张　268 千字
版次印次：2020 年 11 月第 1 版　2020 年 11 月第 1 次印刷
定　　价：68.00 元

中山大学哲学精品教程

总　序

　　中山大学哲学系创办于 1924 年，是中山大学创建之初最早培植的学系之一。1952 年逢全国高校院系调整而撤销建制，1960 年复办至今。先后由黄希声、冯友兰、傅斯年、朱谦之、杨荣国、刘嵘、李锦全、胡景钊、林铭钧、章海山、黎红雷、鞠实儿、张伟等担任系主任。

　　早期的中山大学哲学系名家云集，奠立了极为深厚的学术根基。其中，冯友兰先生的中国哲学研究、吴康先生的西方哲学研究、朱谦之先生的比较哲学研究、李达先生与何思敬先生的马克思主义哲学研究、陈荣捷先生的朱子学研究、马采先生的美学研究等，均在学界产生了重要影响，也奠定了中山大学哲学系在全国的领先地位。

　　日月其迈，逝者如斯。迄于今岁，中山大学哲学系复办恰满一甲子。60 年来，哲学系同仁勠力同心、继往开来，各项事业蓬勃发展，取得了长足进步。目前，中山大学哲学系是教育部确定的全国哲学研究与人才培养基地之一，具有一级学科博士学位授予权，拥有国家重点学科 2 个、全国高校人文社会科学重点研究基地 2 个。2002 年教育部实行学科评估以来，稳居全国高校前列。2017 年，中山大学哲学学科成功入选国家"双一流"建设名单，我系迎来了跨越式发展的重要机遇。

　　近年来，在中山大学努力建设世界一流大学的号召和指引下，中山大学哲学学科的人才队伍不断壮大，且越来越呈现出年轻化、国际化的特色。哲学系各位同仁研精覃思、深造自得，在各自的研究领域均取得了丰硕的成果，不少著述产生了国际性影响，中山大学哲学系已逐渐发展成为全国哲学研究的重镇之一。

在发展过程中，中山大学哲学系极为重视教学工作，始终遵循"明德亲民"的"大学之道"，注重培养德才兼备、具有家国情怀的优秀人才。诸位同仁对待课堂教学，也积极参与，投入了大量的精力。长期以来，我系在本科生和研究生教学工作中重视中西方经典原著的研读以及学术前沿问题的讲授，已逐渐形成特色，学生从中获益良多。为了进一步提高教学质量，我系计划推出这套"中山大学哲学精品教程"，乃从我系同仁所撰教材中择优出版。这对于学科建设与人才培育而言，都具有十分重要的意义。

"中山大学哲学精品教程"的编撰与出版，是对我系教学工作的检验和促进。我们真诚地希望得到学界同仁的批评指正，使之更加完善。

"中山大学哲学精品教程"的出版，得到中山大学出版社的鼎力支持，在此谨致以诚挚谢意！

中山大学哲学系
2020 年 1 月 8 日

目　录

序　言

1904 年，策梅洛（E. Zermelo）提出了选择公理。

选择公理：对任意集族 F，存在一函数 f 使得对任意非空 $S \in F$ 都有 $f(S) \in S$（称 f 为 F 上的选择函数）。

通俗地讲，选择公理是说，对任意集族 F，可从 F 中的每一非空集合中"选择"一个元素。对于一些特殊的集族 F，其选择函数是存在的且可以构造出来。例如，设 F 是由形如 $\{a, b\}$ 的集合组成的集族，其中 a，b 是实数，则函数

$$f(\{a, b\}) = \min(a, b)$$

就是 F 上的选择函数。又如，若 F 为单点集的集族，即 F 是由形如 $\{a\}$ 的集合组成的集族，则也容易找到 F 上的选择函数。再如，若 F 为有穷多个集合组成的集族，则也可证明存在 F 上的选择函数（可用归纳法）。由此看来，选择公理不违背人的直觉。尽管如此，选择公理的提出还是遭到许多数学家的强烈反对。他们的理由是：对于一般的无穷集族 F，要从其中每一个非空集合中"选取"一个元素是不可能的，除非有一个统一的选取规则。例如，设 F 是由无穷多个无序对 $\{S, T\}$ 组成的集族，其中，S，T 为实数集合。又如，设 F 为无穷多个非空实数集组成的集族。要构造 F 上的选择函数就非常困难，甚至是不可能的。而选择公理保证了这样的选择函数的存在性。另一方面，不管是在选择公理提出之前，还是在其提出以后，许多数学家（包括反对者）都在有意识或无意识地使用选择公理。选择公理应用在几乎所有的数学分支中。而且发现了它的许多等价形式，如佐恩（Zorn）引理、莱文海姆－斯科伦（Löwenheim-Skolem）定理、季洪诺夫（Tychonoff）定理、势的三歧性定理等等。此外，还发现了它的许多弱

形式，如素理想定理、可数选择公理、依赖选择公理等等。可以毫不夸张地说，离开选择公理，数学将不是今天的样子。

直到康托尔（G. Cantor）集合论出现以后选择公理才得以被阐述清楚。康托尔的一个关键问题就是良序问题："是否每个集合都可被良序？"严格地讲，良序问题起初并不是作为一个问题提出的，而是作为一个假设提出的。1883 年康托尔提出了良序原则："每个集合都可以被良序。"当时，良序原则并没有被大多数数学家所接受。为了证明良序原则，策梅洛才第一次提出了选择公理，并证明了它与良序原则等价。这引起了当时整个欧洲的数学家对他的公理和证明进行激烈的争论。大数学家希尔伯特（D. Hilbert）在 1926 年曾写道："选择公理是当今数学文献中被研究最多的公理。"1958 年，弗兰科尔（A. Fraenkel）和 Bar-Hillel 也曾写道："选择公理是继欧几里得（Euclid）平行公理之后被研究最多的数学公理。"

关于选择公理的这场争论，一方面导致策梅洛对自己的证明进行辩护，另一方面导致了他对集合论进行公理化。然而，正当策梅洛通过对集合论进行公理化来为选择公理进行辩护时，许多学者却攻击这种公理化。之后 10 年，也只有分析和代数界的数学家研究选择公理。直到谢宾斯基（W. Sierpiński）建立了华沙学派之后，这种局面才发生了深刻的变化。谢宾斯基研究了选择公理与许多数学分支的关系，并且鼓励他的学生也这样做。与此同时，德国数学家弗兰科尔开始研究策梅洛公理系统的模型。他证明了，如果允许存在无穷多个原子，则选择公理是独立的。1938 年，哥德尔（K. Gödel）得到了一个更好的结果。他证明了，在 ZF 系统的每一模型中都存在一个内模型，在其中选择公理和广义连续统假设都成立。哥德尔的工作消除了人们（除构造主义者外）对选择公理的怀疑。

在哥德尔工作之后的 25 年中，选择公理广泛地应用于数学的各个分支中。有许多命题被证明是与选择公理等价的，也有许多命题是选择公理的推论。对这些推论，人们怀疑它们比选择公理弱，但在当时却无法证明。直到 1963 年，这个缺陷才被科恩（P. J. Cohen）的力迫方法所克服。科恩曾使用力迫方法证明了选择公理和连续统假设相对于 ZF 系统的独立性。之后，许多公理集合论专家开始研究科恩的力迫方法，并利用该方法得到了许多与选择公理有关的独立性结果。

选择公理曾引起数学界的激烈争论。有人反对它，有人赞成它。反对者的理由是：(1)当 F 是无穷集族时，既无法在有穷时间内从 F 的每一非空集合中选择一个元素，也没有一种规则对 F 中的每一不空集合都惟一确定其中的一个元素；(2)选择公理与良序原则等价，但至今也没有找到全体实数集合上的良序；(3)利用选择公理得到了一些"奇怪"的结论，如巴拿赫－塔斯基(Banach-Tarski)分球定理。赞成者的理由是：ZF 系统是现代数学的基础。问题是 ZF 系统加上选择公理后会不会产生矛盾。而这一问题已被哥德尔和科恩的工作所解决。

选择公理的发展处在数学、逻辑学和哲学的交汇处。数学家如罗素(B. Russell)、拜尔(R. Baire)、波雷尔(É. Borel)、勒贝格(H. Lebesgue)、皮亚诺(G. Peano)等都曾对数学的内在本质作了哲学的分析。直到 20 世纪 30 年代末，勒贝格还坚持认为，数学哲学是由数学家而不是哲学家创立的。另一方面，关于选择公理的争论导致了策梅洛对集合论进行公理化，这是第一次把集合论作为形式系统进行处理。同时，公理集合论所基于的一阶逻辑也得到了相应的发展。然而，在这场争论之后，一个最令人遗憾的局面出现了：数学家们不再深入探讨数学哲学了。许多数学家(尤其是华沙学派)只关心选择公理的推理强度以及与其他命题之间的关系，而忽略了它们的哲学内涵。也只有很少几个人认为这场争论应该继续下去。

本书的目的就是要让读者对选择公理在数学中的重要作用有一个全面的了解。同时，使读者对与选择公理相关的哲学问题(如构造数学和抽象数学之间的联系，有穷和无穷以及超穷的本质联系和区别)有更深刻的认识，并为进一步研究选择公理提供必要的基础。本书第一章简要介绍选择公理的提出、发展及影响；第二章介绍了选择公理在各个数学和逻辑学分支中重要的等价形式；第三章介绍了选择公理的弱形式及其在各个分支中的应用，第二章和第三章的内容可以使读者掌握选择公理在数学论证中所起的重要作用；第四章和第五章分别

讲解选择公理的相对协调性和相对独立性，主要介绍哥德尔可构成模型和科恩的脱殊模型及力迫方法；第六章阐述了选择公理在大基数（强无穷）理论中所起的作用；在第七章中，主要讨论了若干与选择公理矛盾的命题，并着重介绍决定性公理及其应用。

在本书出版之际，作者深切怀念硕士导师张锦文先生！衷心感谢博士导师丁德成先生对作者的指导和关怀！感谢逻辑界的前辈和同行多年来给予的支持和帮助。限于本人水平，如有错误与不当之处，敬请批评指正。

第一章

选择公理的发展简史

本章对选择公理的发展历史作简要介绍。主要包括选择公理的产生(1904 年之前)、关于选择公理的争论(1904—1908)、过渡时期(1908—1918)、华沙学派对选择公理发展的影响以及选择公理的广泛应用(1918—1940)、选择公理的协调性与独立性等等。同时,我们对与其相关的哲学背景也作适当地交待。

1.1 选择公理的产生

1904 年,策梅洛提出了选择公理。

选择公理:对任意集族 F,存在一函数 f 使得对任意非空 $S \in F$ 都有 $f(S) \in S$(称 f 为 F 上的**选择函数**)。

通俗地讲,选择公理是说,对任意集族 F,可从 F 中的每一非空集合中"选择"一个元素。策梅洛同时指出,在选择公理提出之前,许多数学家已经不知不觉地使用了它。那么,人们不禁要问:选择公理经过哪些阶段才发展成为策梅洛所表述的形式? 选择公理的产生主要分四个阶段。第一阶段是从单个集合中选取一个未指明的元素(即任意选取一个元素)。这一阶段的起始至少可以追溯到欧几里得。这种"选取"是古代数学证明方法的基础:任意选取一个对象(而不是选取某个确定的对象),而后再就这一对象进行论证。在这一阶段,数学家们在证明过程中,还经常从有穷多个非空集合的每一集合中任意选取一个元素。我们必须指出的是,从单个集合中任意选取一个元素是不需要

选择公理的,即使这个集合含有无穷多个元素。这是因为,在谓词逻辑中全称量词引入规则可用来避免这种任意选取。利用数学归纳法可以证明,从有穷多个集合的每一集合中任意选取一个元素这一过程也不需要选择公理。

19 世纪以前的数学发展过程主要就是一些构造过程。如果一个数学家要证明具有某种特定性质的数学对象的存在性,他就必须根据已构造出来的对象构造出一个这样的对象。然而,由于在构造过程中并没有对"任意选取"的技术作特别的要求,这就为无穷多次任意选取敞开了大门。到 19 世纪初,人们已经承认无穷集族的存在性,因而也就开始了无穷多次选取。例如,在数学分析中数学家常常通过无穷次任意选取而得到一个无穷序列;而在数论中,人们经常要从无穷多个等价类中选取代表元。第二阶段就是有意识地利用某种规则进行无穷次选取。而第三阶段则是无意识地利用某种规则进行无穷次选取。1821年,柯西(A. Cauchy)证明了一个闭区间上的连续函数,如果在两个端点上的值的正负号相反,则它有零点。柯西的证明标志着第三阶段的开始。在证明中,柯西选取了两个收敛序列,其中每个元素的选取都依赖于前面的已选元素。实际上,柯西可以利用一种方便的规则进行选取,但他没有这样做。

真正的分水岭是在 1871 年。是年,康托尔证明了如下定理:一函数是连续的当且仅当它是序列连续的。在证明过程中,康托尔进行了无穷次任意选择。但是没有任何规则可用于这种选择,从而揭开了第四阶段的序幕。然而,康托尔本人当时并没有意识到这些。1877 年,戴德金(R. Dedekind)把任意选取推广到了代数数论中。当时,戴德金使用了不可数多次任意选取,旨在为每个共轭类选取一个代表元。之后,康托尔和戴德金都在刻画有穷和无穷之间的界限时使用了选择公理。然而,他们和比其早半个世纪的柯西一样,并没有意识到他们使用了一个重要的原则。

康托尔的工作为选择公理的提出起了非常重要的作用。他的许多研究成果都直接或间接地使用了选择公理,因而成了通向选择公理的主要管道。康托尔利用邻域的方法引进了一些拓扑概念,如极限点、完满集等。10 年之后，约当（C. Jordan）利用序列的方法平行地定义了相应的概念。要证明这两种定义是等价的就必须使用可数选择公理，就像康托尔证明连续和序列连续等价一样。康托尔的可数并定理（即可数多个可数集的并仍可数）也使用了选择公理。在实分析中，拜尔、波雷尔和勒贝格都无意识地使用了可数选择公理和可数并定理。然而，有意思的是，在选择公理被提出以后，他们都极力反对该公理。

1883 年，康托尔提出了他深思熟虑的良序原则：即每个集合都可被良序。与此同时，他还发表了连续统假设并证明连续统假设蕴涵实数集可被良序。康托尔的来往信件表明，正是连续统假设才导致康托尔提出了良序原则。到了 1895 年，康托尔觉得应该证明良序原则，并在两年内给出了一个证明。后来到 1903 年约戴恩（B. Jourdain）也独立地作出了一个证明。尽管康托尔对约戴恩的证明感到不高兴，但他仍鼓励约戴恩发表其证明。独立于康托尔和约戴恩，布拉里 – 福蒂（Burali – Forti）提出了分割原则，并利用该原则证明基数的三歧性，这也是良序原则的推论。到了 20 世纪初期，人们也没有就良序问题形成一致见解。罗素和波雷尔一直怀疑良序原则和基数的三歧性。申夫利斯（A. Schoenflies）和施罗德（E. Schröder）赞同基数的三歧性，而对良序原则表示怀疑。哈代（C. H. Hardy）利用后继任意选择的方法证明了 $\aleph_1 \leqslant 2^{\aleph_0}$。希尔伯特相信至少实数集是可良序的。在 1900 年的巴黎第二届国际数学家大会上，希尔伯特把连续统假设以及实数集上良序的存在性作为 20 世纪数学中的重要问题。

为什么选择公理的反对者，诸如罗素和波雷尔等人都没有发现在他们自己的研究工作中使用了选择公理呢？部分原因是因为他们（和当时其他人一样）一直没有意识到这种任意选取的推理强度。另外，当时构造性方法和非构造性方法之间的界限还很模糊。当一个构造逐步扩展到无穷过程时，构造出来的对象并没有立即引起人们的重视。然而，在策梅洛之前，有三位意大利数学家皮亚诺、贝塔齐（R. Bettazzi）和勒维（B. Levi）已经意识到了无穷多次选取。但是，他们认为无穷多次选取是不允许的，除非指明某种选取规则。皮亚诺在证明微分方程 $y'=f(x,y)$ 有惟一解的过程中要从无穷多个集合 $A_1, A_2, \cdots$ 中的每个集

合中选取一个元素。他特别指出,要进行无穷多次选取,必须指明一种规则,否则是不允许的。皮亚诺也因此成为第一个承认无穷集合但反对无穷多次任意选取的数学家。自然地,当策梅洛提出选择公理时,皮亚诺和勒维都表示了反对意见。

总之,在策梅洛证明良序定理之前,无穷选取已经广泛地被应用了,但数学家们几乎都同时忽略了这种选择的推理强度,更没有人想到用一个公理来保证这种选择。所以,当策梅洛的证明突然揭示出其中的奥妙时,犹如平地一声惊雷,迫使数学家仔细审查(他们已经无意识地应用的)选择公理。

1.2　策梅洛及其反对者

当策梅洛开始自己的数学生涯时,他研究的领域与集合论相去甚远。他 1894 年的博士论文是研究变分学的,之后他很快转向了数学物理。1894 年至 1897 年间他在柏林的理论物理研究所做助教,1899 年他又到哥廷根做讲师,之后他受到希尔伯特的影响,开始研究数学基础,尤其是康托尔集合论中的基础问题。大约在 1901 年,策梅洛在施罗德的代数逻辑中发现了后来所谓的罗素悖论(比罗素还早两年),并将其发现寄给了希尔伯特。三年后,他还和哲学家胡塞尔(E. Hussel)讨论此事。但他始终没有把他的发现发表出来。1900 年冬天,策梅洛开始讲授集合论课程,并研究基数的三歧性和基数的加法。1904 年秋,来自匈牙利的数学家柯尼希(D. König)参加了在德国海得堡举行的第三届国际数学家大会。在大会上他做了"关于连续统问题"的发言。柯尼希声称连续假设是错误的,因为他证明了连续统不是某个阿列夫,从而实数集也不能被良序。听了柯尼希的报告,康托尔显得局促不安,因为康托尔始终认为每个集合都可被良序且连续统假设成立。由于策梅洛认为柯尼希对连续统假设的否证有瑕疵,1904 年他转向研究良序问题。经过与施密特(E. Schmidt)多次讨论,他的思想渐渐定型了,并于 1904 年 9 月 24 日完成了他的证明并寄给希尔伯特。这篇只有三页的文章"Proof that Every Set can be Well-Ordered"很快发表在 *Mathematische Annalen* 上。

在 1904 年,策梅洛提出了选择公理并证明了良序定理。然而仍有许多遗留问题未被解决。由于 1903 年罗素悖论的提出,人们甚至对集合的构成都不清楚。另外,策梅洛的证明本身涉及一系列方法论问题。例如,使用无穷多次选择是否是一种合法的数学论证过程? 更重要的问题是,选择公理是否是正确的? 它是不是一个逻辑定律? 在这之前,分析、代数数论界的许多数学家已经多次无意识地使用了这种无穷多次选择,但没有人意识到他们的论证或构造过程涉及一个新的重要公理。尽管从 1890 年至 1902 年三位意大利数学家发现了使用无穷多次选择的特例并反对这样做,但这些反对者并不清楚这种选择使用的范围有多广。他们对无穷多次选择的顾虑也是在策梅洛证明了良序定理后才被发现的。

策梅洛的良序定理的证明和柯尼希的实数不可被良序的证明相互抵触,随即引起了欧洲诸国乃至美国数学家们的激烈争论。有的数学家,如法国大数学家阿达马(J. Hadamard)甚至认为柯尼希和策梅洛的结果形成了一个悖论。然而,主要的争论是关于策梅洛的证明。这是因为,一个被认为无害的且早已被广泛应用的论证或构造方法——无穷多次选择——被证明与康托尔的良序原则等价,而许多数学家对后者持怀疑态度。最后,讨论的焦点还是集中到了无穷多次选择上。这些讨论主要集中在各国数学家内部进行。在德国、法国和英国,策梅洛的证明激起了广泛而持久的争论。在匈牙利、意大利、荷兰以及美国,争论也非常热烈,但时续时断。不过,各国数学家都试图从数学和哲学的角度去解释为什么选择公理致使数学家产生了严重的分歧。

除了柯尼希和策梅洛的相互矛盾的结论之外,其他悖论也影响着德国的康托尔主义者对策梅洛的证明的认识。伯恩斯坦(F. Bernstein)和申夫利斯认为策梅洛的错误正是由于布拉里-福蒂悖论。伯恩斯坦甚至不承认每个序数都有后继,却承认"每个集合都有一个基数"和"每个良序集都有一个序型"。伯恩斯坦找到了一个集合,他认为该集合不能被良序,因而他放弃了康托尔的良序原则。伯恩斯坦是康托尔的学生,但他却从他的老师那里得出了相反的观点。虽然,早在1900年申夫利斯就对康托尔的良序原则表示怀疑,实际上他是持中立态度的。他认为可数序数是安全的,然而对于其他序数则需要其他公设来保证它们存在的合法性。和伯恩斯坦一样,申夫利斯认为,策梅洛的证明是错误的。他们都认为,所有序数组成的整体 On 为一个合法的集合。但为了避免悖论,他们都不允许对这个集合进行扩充。申夫利斯认为,在 γ 步以前选取的元素组成的集合 L_γ 可能与 On 序同构。因而,在下一步选取的元素就不能再加入到 L_γ 中了。但是,申夫利斯倾向于接受基数的三歧性,他(错误地)断言,基数的三歧性比良序原则和选择公理都弱。

法国数学家波雷尔(E. Borel)、拜尔(R. L. Baire)、勒贝格和庞加莱(H. Poincaré)以及英国的霍布森(E. Hobson)对策梅洛的批评却是由于另外的原因。波雷尔、拜尔和勒贝格虽然没有数学哲学的长篇大论,但从他们的只言片语中仍可看出,他们与直觉主义或经验主义有着千丝万缕的联系。波雷尔和霍布森认为应该把集合论限制在可数集合上。庞加莱和拜尔认为无穷集合都是潜无穷的,因而,他们认为策梅洛的结果虽不会导致矛盾但却是毫无意义的。所有这些对策梅洛的批判,实际上都是对康托尔集合论的攻击。令人百思不得其解的是,波雷尔、拜尔和勒贝格在他们各自的研究中(即使是策梅洛的证明发表以后)都在不停地使用康托尔的概念和定理。可以这样说,如果没有康托尔的可数集、基数、导集以及可数序数的概念,他们的研究将会受到很大的限制。

策梅洛的反对者中没有人对"可定义"这一概念作精确的描述,然而,却有人不断地使用这一概念。庞加莱在分析了理查德悖论后,指出策梅洛的错误在于使用了一种非直谓定义。在阿达马与波雷尔、拜尔和勒贝格讨论策梅洛证明的通信中也涉及了可定义性的概念。他们讨论的焦点是关于存在性的证明。要证明存在一个对象满足性质 P,阿达马认为只要证明满足性质 P 的对象组成的集合不空即可;而拜尔等人认为必须定义出这个集合中的一个元素。显然,这既是一个数学问题又是一个哲学问题。由于当时缺乏对可定义性的精确描述,使这一问题变得难以回答。

总的来说,策梅洛被一片反对声所包围,但反对的程度又各不相同。阿达马、豪斯道夫(F. Hausdorff)和美国的凯泽(C. J. Keyser)全盘接受;哈代和庞加莱接受选择公理但反对策梅洛的证明;波雷尔一直怀疑选择公理和良序原则,但认为二者等价并接受可数选择公理;拜尔、勒贝格、霍布森和皮亚诺全盘否定选择公理。这表明,要想取得完全一致是多么的困难。事实正是如此,不管是在德国还是在法国和英国,都没有达成一致,对策梅洛的证明有赞同的也有反对的;对选择公理也是有人赞成有人反对。连反对的理由也各不一样,德国的反对者主要是从布拉里 – 福蒂悖论的角度来考虑的;而法国人是基于他们的直觉主义信念;英国人则二者兼而有之。

尽管有争论,赞成者们却以选择公理为工具获得了新的重要结果。豪斯道夫利用选择公理研究集合的序型和广义连续统假设,并证明了$\aleph_{\alpha+1}$的正则性;哈梅尔(G. Hamel)利用良序定理定义了实数集的哈梅尔基,并找到一个不连续函数f满足对任意实数x, y都有$f(x + y) = f(x) + f(y)$;维塔利(G. Vitali)用选择公理证明了存在勒贝格不可测集。另一方面,反对者们也在研究选择公理的推论,他们的目的就是要得出令人怀疑的甚至不可能的结论,从而为他们的争论服务。

在集合论中,罗素并没有试图用选择公理去证明新的结论,而是检查已有的结果中哪些需要用选择公理。他发现无穷多个基数的加法和乘法的定义需要选择公理;他还发现"戴德金 – 有穷都是有穷的"以及"无穷集都有可数子集"也需要选择公理。另外,罗素对选择公理的作用还做了一些预言。例如,他说,选择公理在可数多个只含有两个元素的集合的并也可数的证明中将起着关键作用。

1.3　策梅洛的集合论公理系统

早在 1896 年,集合论悖论发现以前,就有人建议应对集合论进行公理化。然而,即使到了 1903 年,罗素把布拉里 – 福蒂 1897 年的结果重述为悖论并发表了自己发现的悖论,当时这种公理化的呼声还非常微弱。例如,希尔伯特就认为,罗素悖论揭示了当今逻辑还不能满足集合论的需要。罗素本人也强调,要解决悖论必须重新考虑逻辑中的假设,而不是修改数学。然而,策梅洛却没有对悖论的出现感到不安,他集中于在数学中对集合论进行公理化,而不是修改它所基于的逻辑。

在关于策梅洛良序定理的证明的争论过程中,各种集合论原则如雨后春笋层出不穷:每个集合都有基数;每个良序集都有序型;每个序数都有后继;所有序数组成一个“集合”;良序原则;选择公理;基数的三歧性;概括原则,等等。这使人感到一片茫然,因为如果接受所有这些原则将会导致矛盾。大多数数学家都对策梅洛的证明表示不同程度的反对,他们自然而然地摒弃了选择公理。

为了对自己的证明及公理进行辩护,策梅洛致力于对集合论进行公理化。当他发表了他的公理系统之后,又引起了新的一轮争论。在1908 年至 1918 年间,这种公理化被认为是有问题的。另外,尽管哈图格斯(F. Hartogs)清楚地阐明了基数的三歧性问题,但当豪斯道夫“悖论”出现后,选择公理又遭到了新的攻击。

1907 年夏天,策梅洛开始仔细审察各种对选择公理及其良序定理证明的批评。为了避免主观色彩和进一步的误解,策梅洛在 1908 年先后发表两篇论文。第一篇主要是对各种批评的回答,在其中,他修改了原来的证明,并重新叙述了选择公理(正好是罗素 1906 年提出的乘积公理,但策梅洛并没有参考罗素的文章)。第二篇给出一个集合论公理系统(即系统 Z,后来弗兰科尔扩充了系统 Z 得到了 ZF 系统)。系统 Z 包括如下公理或公理模式。

1. 外延公理:意思是,如果两个集合含有完全相同的元素,则这两个集合相等。换言之,集合由它所包含的元素惟一确定。

2. 初等集合存在公理:即空集存在公理和无序对公理。

3. 分离公理模式:如果一命题 $P(x)$ 在一集合 S 上是确定的(即对 S 中的每一元素 x,可用逻辑规则确定 $P(x)$ 是否成立),则存在集合 T 使得 T 恰是由 S 中使 $P(x)$ 成立的那些元素组成的集合。

4. 幂集公理:如果 S 是集合,则 S 的幂集(即 S 的所有子集组成的整体)也是集合。

5. 并集公理:如果 S 是集合,则 S 的广义并也是集合。

6. 选择公理:如果 S 是由一些非空集合组成的集合,且两两不交,则存在 S 的广义并的子集 T 使得 T 与 S 中每个集合恰有一个公共元素。

7. 无穷公理:存在一个集合 Z 满足如下条件:空集属于 Z;如果 $a \in Z$,则 $\{a\} \in Z$。

策梅洛之所以用公理化方法来作为集合论以及良序定理的证明的基础,是因为他受了希尔伯特的几何基础中公理化方法的影响。然而,他的公理系统的提出,不但没有为选择公理及良序定理的证明提供辩护,反而惹来了新的批评。几乎没有人对他的公理系统满意。首先,庞加莱等人不承认无穷公理。他认为,不存在真正的无穷集合。所谓一个集合 M 是无穷的,并不是指把人们想象的无穷多个对象事先放在一起;而是指总可以不断地发现 M 中的新元素。显然,庞加莱的观点来自于他的直觉主义背景。其次,策梅洛系统的另一个缺陷就是分离公理中"确定的"这一概念不清楚。这也是庞加莱、罗素和约戴恩反对分离公理的原因。外尔(H. Weyl)是哥廷根大学的年轻讲师,他试图给出"确定的"这一概念的严格定义,但没有成功。申夫利斯也反对分离公理,他认为,"确定的"这个概念是没有必要的。再次,策梅洛遭到反对的第三个原因是它的协调性问题。策梅洛自己也承认他自己不能证明系统 Z 的协调性。希尔伯特的几何系统的协调性是建立在实数理论的协调性基础之上的,那么,策梅洛系统的协调性是怎么得到保证的呢?策梅洛系统的协调性似乎是建立在逻辑的基础之上,然而,策梅洛并没

有指明他的系统是建立在什么逻辑之上的。这也是庞加莱和罗素反对策梅洛的关键所在。罗素曾试图从策梅洛的系统导出矛盾,可没有成功。不过,当时数理逻辑还处在不成熟(因而不令人满意)的时期。几年之后,斯科伦(T. Skolem)利用一阶逻辑严格表述了分离公理模式。

虽然策梅洛的公理系统在1918年之前没有得到广泛的承认,但是选择公理在代数学中得到了应用。其中最重要的,大概就是斯坦尼兹(E. Steinitz)在域论中的工作。例如,他用选择公理证明了有理数域在同构意义下只有惟一的代数闭包。他的工作为接受选择公理提供了辩解的理由。不过,斯坦尼兹也是尽量避免使用选择公理,只是到了实在无法避开选择公理时,才不得已而为之。斯坦尼兹认为,这种情况表明在代数中确实需要选择公理去获取有深度的结果。随着抽象代数的发展,他的观点也得到了证实。

1908年至1918年间,在其他领域,选择公理并没有被有意识地用来证明新的结论。不过,数学家越来越多地认识到,选择公理被不自觉地使用了。例如,哈图格斯证明了选择公理和基数的三歧性等价。第一个认识到选择公理在分析学中所起的深刻作用的人是西坡拉(M. Cipolla),他指出,选择公理蕴涵极限点和序列极限点的等价性以及连续性和序列连续性的等价性。不过,西坡拉的影响较小。谢宾斯基从1916年开始对选择公理的应用的研究更多且更直接地影响着选择公理的发展。

在1905年至1906年间,数学家对选择公理的争论最为激烈。1908年后,争论变得时断时续,且显沉闷。到了1918年,大多数数学家仍对选择公理的作用漠不关心,其中原因有如下几点:

第一,数学家们一直不清楚他们在多大程度上要依靠选择公理。他们认为,即使没有选择公理,他们的证明也是没有问题的。例如,勒贝格就认为,实数集的所有可数子集组成的集合与实数集等势这一结论的证明就不需要选择公理。当谢宾斯基利用这个结果证明了存在不可测集合时,勒贝格又认为,谢宾斯基的证明使用了选择公理。因此,勒贝格就(错误地)认为,如果避开选择公理,"实数集的所有可数子集组成的集合与实数集等势"与"每个实数子集都是可测的"这两个命题可以同时成立。1918 年,约戴恩还试图用构造性方法证明良序定理。这些都例证了,要掌握选择公理的奥妙是多么的困难。

第二,人们仍然不清楚,选择公理会不会导出矛盾。罗素和西坡拉就怀疑它会导出矛盾。罗素还曾试图在策梅洛系统中发现矛盾,但没有成功。到了 1914 年,豪斯道夫证明了分球面定理(后来巴拿赫和塔斯基用选择公理证明了分球定理:一个单位球可以分成两个不相交的部分,其中每一部分经过若干次平移和旋转后与原球重合)。波雷尔借此认为选择公理是矛盾的,可他忽略了每个集合均是勒贝格可测的假设也可导出分球面定理。事实上,当时对选择公理的协调性问题还缺乏形式化的描述。不管是反对者还是支持者(罗素除外),都没有想到要用形式系统来作为逻辑基础。

第三,围绕选择公理的争论实际上是构造数学和抽象数学的争论。欧几里得把他的几何公设描述成构造。即使到了 20 世纪初叶,那时抽象数学已经有了长足的发展,人们仍认为数学就是一系列构造。于是,问题就出来了:什么是构造? 起初,人们认为构造就是惟一地定义一个数学对象。就连选择公理的支持者们也承认,选择公理不能为每个集合实际地构造出一个良序来,它只是保证良序的抽象存在。策梅洛的反对者更是不止一次地强调,这个良序并不是惟一定义出来的。他们认为,一个数学对象是不存在的除非它被惟一地定义出来。因而,他们把数学存在性等同于实际构造。而他们又没有对构造过程中什么是允许的、什么是不允许的做精确的说明。随着阿达马和波雷尔等人的争论的不断深入,对选择公理的争论,就变成了实用主义者和康托尔主义者、经验主义者和理想主义者、构造主义者和柏拉图主义者之间的对数学存在性的本质的讨论。

第四,选择公理缺乏真正的倡导者,也就是说,没有一个数学家对选择公理作全面的研究,也没有人对它在数学中所起的重要作用作长期不懈的辩护。某种程度上,策梅洛应该算是选择公理的倡导者,因为正是他的工作才使人们认识了选择公理。然而,1908 年之后,没有人系统地挖掘选择公理的重要推论。哈梅尔和哈图格斯只能算偶尔为之。罗素发现了选择公理的许多推论,按理说,他有资格成为选择公理

的倡导者,可他对选择公理表示怀疑。

　　直到年轻的波兰数学家、华沙学派谢宾斯基的出现,才使局面大大改观。尽管谢宾斯基早在 1916 年就开始研究选择公理,直到两年之后,他发表了一个关于选择公理的全面而详尽的综述,他的影响才表现出来。随即,华沙学派的数学家接受了选择公理。谢宾斯基不但自己研究选择公理,还鼓励他的学生也这样做。他们的工作对选择公理的发展起着至关重要的作用。

1.4　华沙学派的工作

　　在第一次世界大战之前,波兰被俄罗斯、德国和奥匈帝国瓜分。当时波兰的所有大学中只有四位数学家。1911 年谢宾斯基以及其他三位数学家和 一位数学史学家参加了波兰科学家大会数学分会,但因他们研究的领域各不相同而不能进行深入讨论。因此,谢宾斯基设想,一数学领域应该由多个数学家共同来进行研究以振兴波兰数学。1918年,波兰重新统一,谢宾斯基及其合作者开始实施他们的设想。Z. Janiszewski 在《波兰科学》上发表了题为《论波兰对数学的需要》一文。他指出,波兰数学家应该在合适的氛围下进行合作研究,他建议设立基金创立杂志以引导数学工作者在某一特定的数学领域进行研究。到了 1919 年,Janiszewski、谢宾斯基和 S. Mazurkiewicz 被重建的华沙大学聘为首批数学教授。尽管 Janiszewski 后来过早地去世了,但在集合论和拓扑学方面的研究已经开始繁荣。谢宾斯基后来写道,为了实现 Janiszewski 的遗愿,他们创建了一种外文期刊,用以发表集合论、拓扑学、实变函数和数理逻辑等方面的研究成果,这就是 *Fundamenta Mathematicae* 杂志的前身。在这一杂志上发表了多篇关于选择公理的论文。

　　谢宾斯基是通过阅读罗素于 1911 年在巴黎的讲稿才对选择公理产生了兴趣,并继续了罗素的研究工作。与罗素不同的是,谢宾斯基主要集中在可数选择公理在实分析中所起的关键作用。他发现,拜尔和勒贝格的许多定理都依赖于可数选择公理。特别是勒贝格测度的可数可加性需要选择公理,对此,勒贝格却予以否认。谢宾斯基的另一个工作就是确定在哪些地方可以避免使用选择公理。

在谢宾斯基的关于选择公理的所有研究工作中,最有影响的还是他于 1918 年发表的关于选择公理的长篇综述。其中他详尽地分析了选择公理对集合论和实分析的贡献。他虽然对选择公理持中立态度,既不认为它正确也不认为它错误,但是他提出的如下三点有力地支持了选择公理:

(1)在许多特殊情况下选择公理可以避免;

(2)选择公理的所有推论都没有导致矛盾;

(3)在集合论和实分析中许多重要定理离不开选择公理。

谢宾斯基认为,关于选择公理的争论,主要起因于对它的意义的不同理解,据此他认为"选择公理"不是一个合适的名字。他认为,选择公理并不能使数学家"能行地"从集合中选择元素。事实上,确实存在这样的集合,用选择公理证明是非空的,但却不能确定一个元素。另一方面,不用选择公理就能证明非空的集合,都能确定其中的元素。对于谢宾斯基来说,选择公理只是保证了选择函数的抽象存在性,许多支持者也同意他的观点,但反对者却不然。于是,谢宾斯基提出了如下问题:一个命题可由选择公理推出表明了什么? 谢宾斯基和鲁津(N. Luzin)都认为,这样的命题既不能被证明是错误的,也不能被证明是正确的。的确,鲁津认为,选择公理只不过是一个权宜的方法。谢宾斯基对选择公理感兴趣的其中一个原因是它与构造数学的关系。他在1921 年发表的一篇文章中说,选择公理并不是用来构造数学对象的,而是用来证明构造出来的对象具有某种性质。例如,可以构造一个良序的实数集,用选择公理可以证明该集具有连续统;但如果不用选择公理只能证明该集的势既不大于也不小于连续统。

1918 年之后,谢宾斯基只是客观上成了选择公理的倡导者。事实上,他既没有像策梅洛那样为选择公理辩护,也没有声明选择公理是正确的。一方面他仔细分析了选择公理在集合论和分析学中所起的作

用;另一方面,他也承认许多数学家的反对意见是很有道理的。不过,正是这些反对意见才迫使他对选择公理所起的作用进行认真而细致的分析。他的综述也使他的学生对选择公理产生了浓厚兴趣,塔斯基就是其中之一。

选择公理的许多反对者用有穷性概念来对选择公理进行攻击。于是人们自然要问一个有趣的问题:是不是有穷集合理论就完全不需要选择公理?对这个问题的回答依赖于对有穷集的定义。通常地,一个集合是有穷的是指存在一个正整数 n,使得该集合与 $\{1,2,\cdots,n\}$ 等势。1888 年戴德金给出了有穷性的另外一个定义,称作 D-有穷。一个集合是 D-有穷的当且仅当它不与它的任何真子集等势。早在 1905 年末,罗素就意识到用选择公理可以证明有穷集合都是 D-有穷的。进而,他指出,D-有穷集合的幂集也是 D-有穷的这一结论的证明中也用了选择公理。之后,罗素和怀特海(A. N. Whitehead)在《数学原理》一书中补充道,用可数选择公理就可以证明上述结论。于是,有穷与无穷的界限就依赖于人们对可数选择公理的接受与否。罗素和怀特海指出,如果拒绝可数选择公理,则可能存在这样的基数,它比所有的有穷基数都大,但却不是 D-无穷的。谢宾斯基在他的综述中也对有穷性的定义进行了深入讨论,他提出多种定义方法。每一种定义都可证明(无须选择公理)要么与通常的定义等价,要么与戴德金的定义等价。也就是说,这些定义可分为两类。同一类中两个定义的等价性证明不需要选择公理,而不同类中两个定义的等价性却需要可数选择公理。到了 1924 年,在谢宾斯基的影响下,塔斯基发表文章,对有穷集合理论进行了系统研究。他指出,许多关于有穷集合的命题,如果换为 D-有穷,则需要可数选择公理。塔斯基也给出了有穷集合的多种定义方法,它们与通常定义的等价性一样有些需要可数选择公理有些则不需要。塔斯基进一步指出,如果可数选择公理是错误的,则可能存在这样的集合,它在通常的定义下是无穷的,但在其他定义下是有穷的。

1918 年,谢宾斯基还建议数学家研究与选择公理有关的各种命题的推理强度,只有几个命题被证明是与选择公理等价的。其中有良序定理、乘积公理以及基数的三歧性。数学家们逐渐发现了越来越多的选择公理的等价形式。到 1963 年，H. 鲁宾（H. Rubin）和 J. 鲁宾收集了 100 余种等价形式。大部分等价形式是在 1950 年之后提出来的。罗素和怀特海在《数学原理》中提及的等价形式根本就没有引起人们的兴趣。1915 年，哈图格斯证明基数的三歧性与选择公理等价。莱斯涅夫斯基（S. Leisniewski）也提出关于基数算术的一个等价形式。但真正在基数算术方面提出等价形式最多的还是塔斯基。他与林登堡姆（A. Lindenbaum）提出并证明了 20 多种等价形式。有趣的是，在他的成果发表在 *Fundamenta Mathematicae* 杂志之前，曾将其寄给了勒贝格并想发表在巴黎科学院的 *Comptes Rendus* 杂志上。但勒贝格回绝了，因为勒贝格反对选择公理。不过，勒贝格建议塔斯基把信寄给阿达马。可阿达马也回绝了，并说选择公理是正确的，无须证明。

　　选择公理的等价形式主要分三类：一类是代数方面的，一类是基数算术方面的，一类是极大原则。极大原则的历史可追溯到 1909 年，那年豪斯道夫在其一篇文章中提出了极大原则，但不为人们所注意。直到 1935 年，佐恩发表了佐恩引理后才引起极大地关注。1927 年，豪斯道夫还提出了关于包含关系的极小原则。此时豪斯道夫还不知道早在 5 年前，年轻的华沙数学家库拉托夫斯基（K. Kuratowski）就提出了极小原则。1930 年，另一位年轻的华沙数学家 E. Szpilrajn 利用库拉托夫斯基的结论证明了序扩张原则：任何偏序都可扩张为线序。除此之外，慕尼黑的数学家博赫纳（S. Bochner）、德克萨斯大学的拓扑学家穆尔（R. L. Moore）也都曾提出过类似形式的极大原则和极小原则。最后，佐恩引理，也就是已经众所周知的极大原则，发表于 1935 年。可以肯定的是，佐恩并不熟悉这之前的极大原则。许多年后（1978 年），他说，他虽读过库拉托夫斯基的书，但并没有注意到那里的极大原则。不过，仍有人认为，佐恩受了库拉托夫斯基的影响。之后，极大原则得到了广泛的应用。法国数学家布尔巴基（N. Bourbaki）以及普林斯顿拓扑学家图吉（J. Turkey）还提出了不同形式的佐恩引理。

　　极大原则之所以一开始没有得到应有的重视，主要是因为代数界直到 1935 年佐恩引理出现以后才注意到了极大原则。斯坦尼兹曾利用良序定理以及超穷归纳法来证明代数中的定理，但他的后继者认为

序数和超穷归纳并不是真正的代数方法。因此代数界就试图用一种更加代数化的方法来代替良序定理。因为,极大原则是作为集合论中的一个定理,所以起初不为代数界所知。这种情况直到佐恩引理发表之后才发生了变化。

1.5 选择公理的广泛应用

在 1935 年佐恩发表他的引理之前,代数学家们就以良序定理的形式使用了选择公理。不过,与选择公理相关的主要的代数概念还是极大性。像良序定理一样,这一概念越来越多地被用于代数学。1918 年之后,随着代数越来越抽象化,策梅洛的良序定理也越来越多地被用于群论、环论、布尔代数以及格论中,并在线性代数和域论中发现了新的应用。应用选择公理的大部分代数学家都接受了该公理,并没有对其进行讨论。

哈梅尔基在代数和分析中都起着很重要的作用,这是因为向量空间理论是分析和代数的公共部分。1924 年,挪威分析学家 R. T. Lyche 应用哈梅尔基给出了阿贝尔函数方程可解的一个等价条件。5 年之后,奥地利数学家 C. Burstin 也是利用哈梅尔基证明了每个具有连续统的实数上的向量空间都可被线序且该序满足阿基米德公理。不过向量空间的基的一般概念却出现在豪斯道夫的研究中,他在 1932 年用良序定理证明了:每个向量空间都有基。基于豪斯道夫的研究,泰西米勒(O. Teichmüller)证明了一个对分析学家更有用的结论:每个希尔伯特空间都有正交基。

哈梅尔基建立了线性代数与分析的联系,而斯坦尼兹的影响主要在抽象代数。在实数域和环论中良序定理的应用不胜枚举。1936 年,美国哈佛大学代数学家斯通(M. Stone)在布尔环的表示理论中做出了影响深远的工作。他证明了素理想定理:每个布尔环中至少存在一个素理想。不像其他代数学家,斯通指出了在他的证明中何处使用了选择公理。他指出,在他的证明中不要指望避开选择公理。以后的发展证实了他是正确的。

需要指出的是,斯通定理实际上被另一位哈佛代数学家伯克霍夫(G. Birkhoff)先于斯通发现,且伯克霍夫得到了一个更一般的形式。伯克霍夫的研究主要是受了塔斯基和乌拉姆(S. Ulam)在抽象测度论方面的研究工作的启发。塔斯基应用选择公理证明了:对每个无穷集,都存在其上的可加的二值测度使得每个单点集的测度均为0。为证明这一结论,塔斯基先证明了集环上的每个真理想都可扩充为一个素理想。谢宾斯基证明了如果这种测度存在,则存在勒贝格不可测集。

施赖埃尔(O. Schreier)和阿廷(E. Artin)合作,把选择公理用到了群论中。在此之前,尼尔森(J. Nielsen)证明:自由群的每个有穷生成的子群都是自由子群。施赖埃尔推广了尼尔森的结果:自由群的子群仍是自由群。还有,剑桥大学代数学家 B. Neumann 也用选择公理得到了关于群的若干结果。

另外,在代数与其他分支的交叉地带,选择公理也有着广泛的应用。1927 年,柯尼希(D. König)证明了无穷性引理,并利用无穷性引理研究了地图染色问题和博弈论。再如,波兰数学家巴拿赫在 1929 年证明了所谓的 Hahn－Banach 定理。他的证明使用了良序定理。之后有人证明,素理想定理也能导出 Hahn－Banach 定理。

以上提及的代数学家都接受了选择公理,对选择公理的应用没有产生丝毫不安。与他们相比,荷兰数学家范德瓦尔登(van der Waerden)对选择公理的态度却出现了摇摆。1930 年,他出版了《近世代数》一书。此书很快成为非常有影响的参考书。在该书中,范德瓦尔登收集了许多定理,尤其是域论中的定理,这些定理的证明都用到了选择公理。也就是说,从该书看,范德瓦尔登接受了选择公理。然而,到了1937 年,范德瓦尔登的同行们(他们都是直觉主义者)奉劝他抛弃选择公理以使抽象代数更具构造性。他本人也认为,良序定理和超穷归纳法是先验的方法,因而是不自然的,对代数的有穷运算也是不合适的。因此,在 1937 年他的书再版时,他对许多定理做了限制。如他把斯坦尼兹定理和阿廷－施赖埃尔定理限制到了可数域上。尽管如此,仍有

一些结论(如可数域的代数闭包的惟一性)离不开选择公理。到了1950年,代数学家们认为,选择公理及其等价形式如佐恩引理和良序定理,对代数的发展是必不可少的。迫于压力,范德瓦尔登不得不在他的书第三版中恢复了许多定理的原貌。

1906年,M. Frechet 系统地研究了 L - 空间。其中的收敛性严重依赖于可数选择公理(当时,Frechet 并没有意识到)。豪斯道夫在1914年推广了 L - 空间,他用邻域的概念来研究点集拓扑空间。实际上,他当时引进的空间就是所谓的豪斯道夫空间:任意两个不同的点都属于两个不相交的开集。不过,豪斯道夫是有意识地应用选择公理。然而,豪斯道夫几乎没有指出哪里使用了选择公理。1927年,受 Frechet 的工作的启发,豪斯道夫引进了可分空间的概念,并利用可数选择公理证明了:可分度量空间的每个子空间都是可分的。大多数拓扑学家都受了 Frechet 或豪斯道夫的影响,对选择公理在拓扑学中的应用漠不关心。例如,谢宾斯基和库拉托夫斯基,他们总是小心翼翼地指出集合论中哪些定理需要选择公理,但在他们的关于拓扑学的手稿中,总是毫无意识地使用无穷多次选择。谢宾斯基不自觉地利用选择公理证明了:如果一个拓扑空间具有可数基,则它是林德洛夫(E. L. Lindelöf)空间。进一步,对于具有可数基的豪斯道夫空间则有:(1)极限点和序列极限点是等价的;(2)连续和序列连续是等价的。库拉托夫斯基在证明"每个具有可数基的拓扑空间都是可分的"时也没有注意到选择公理的作用。

1920年之后,在莫斯科出现了以鲁津的学生为主的拓扑学学派。最杰出的当数亚历山大罗夫(P. Aleksandrov)和乌尔逊(P. Uryson)。与鲁津不同(鲁津是构造主义者),亚历山大罗夫和乌尔逊受了豪斯道夫思想的影响,他们非常随意地使用选择公理。1923年,亚历山大罗夫和乌尔逊引进了紧性的概念。这一概念后来证明等价于海涅 - 波雷尔(Heine - Borel)定理:每个开覆盖都有有穷子覆盖;也等价于波尔查诺 - 魏尔斯特拉斯(Bolzano - Weierstrass)定理:每一无穷子集都有完全聚点。这些等价性都需要选择公理。

尽管乌尔逊在1924年的一次游泳事故中溺死,但亚历山大罗夫整理并发表了他的研究成果,极大地刺激了一般拓扑学的发展。其中一个结论被命名为乌尔逊引理。这些结论大多都使用了选择公理。

继亚历山大罗夫和乌尔逊之后,莫斯科学派出现了第三个重要人物,即季洪诺夫。1930 年,通过研究豪斯道夫空间到紧空间的嵌入问题,季洪诺夫得到了如下结论:每个正规豪斯道夫空间都与一个紧空间的子空间同构。后来他得到了关于嵌入问题的充分必要条件:一个豪斯道夫空间可以嵌入到一个紧空间中当且仅当它是完全正则的。后来完全正则,空间被命名为季洪诺夫空间。他在证明中使用了乌尔逊引理,因而也就间接地使用了选择公理。通过他的证明,人们可以得出一个一般的结论:紧空间的积空间也是紧的。这一结论被命名为季洪诺夫定理。这一一般形式实际上是由斯洛伐克拓扑学家 E. Čech 指出来的。1950 年,凯莱(J. L. Kelley)证明了季洪诺夫定理与选择公理等价。Čech 和斯通研究了季洪诺夫空间的紧致化问题。Stone – Čech 的紧致化定理被鲁宾和斯科特(D. Scott)于 1954 年证明与素理想定理等价。

之后,人们开始推广收敛性的概念。几乎同时独立出现了两种方法:有向集和滤子。1922 年芝加哥大学的 E. H. Moore 和菲律宾大学的 H. L. Smith 提出了用有向集定义收敛性的方法,但他们使用了一种笨拙的语言来进行表述。直到 1937 年,才把这种方法整理清楚并应用于拓扑学。也是在 1922 年,嘉当(H. Cartan)向巴黎科学院提交了推广收敛性的另一种方法,即滤子方法。其中起关键作用的概念是极大滤子(亦称作超滤子)。为此,嘉当利用良序定理和超穷归纳法证明了超滤子定理:每个滤子都可扩充为超滤子。利用这一结论嘉当证明了许多重要结果。例如,一个豪斯道夫空间是紧的当且仅当其上的每一个超滤子都有极限点。嘉当的结果使得布尔巴基证明了限制到豪斯道夫空间的季洪诺夫定理。之后 20 年,法国拓扑学家主要用滤子作为研究收敛性的方法,而美国数学家则采用有向集的方法。后来,人们意识到这两种方法实际上是等价的。然而,这一等价性也需要选择公理。

拓扑学家们没有认真考虑如下问题:如果没有选择公理,拓扑学将会变成什么样? 他们完全接受了选择公理。其中几个还是鲁津的学生,而鲁津是一个坚定的构造主义者。或许拓扑学家们认为,用构造性

方法研究如此抽象的东西是不合适的。

两次世界大战之间这段时间里,选择公理与逻辑之间的联系主要表现在三个方面:第一,选择公理在数理逻辑中有着广泛的应用;第二,选择公理在集合论系统中起着重要的作用;第三,选择公理相对于不同系统的协调性和独立性。本节主要讨论第一个方面。

在早期,由于集合论与逻辑的界限含混不清,不可避免地,选择公理的反对者们对它的逻辑地位提出质疑。一方面,有人认为,选择公理不可能在一个合理的系统中被推出。皮亚诺认为,在每一系统中,只有有穷多次任意选择才是允许的。他在 1906 年还断言,无穷多次选择会破坏证明的长度应该是有穷的这一要求。勒贝格在 1918 年也表达了类似的观点。另一方面,有些反对者对选择公理是否可以作为逻辑公理表示怀疑。到了 1908 年,威尔逊(E. Wilson)认为当时的逻辑是不完备的,他曾有过把选择公理加到逻辑中的想法。但从亨廷顿(E. V. Huntington)关于实数的公设的分类中,威尔逊认为,策梅洛无权引进新公设来保证实数的可良序性。

以上这些观点说明,在 20 世纪初叶,数理逻辑是不完善的。现在被认为非常重要的特点在当时却被忽略或混淆了。在今天,有不同层次的逻辑:命题演算,一阶谓词演算,二阶谓词演算等。这些逻辑的表达能力是递增的,但有着很大的区别。在当时,一阶逻辑还没有被阐述清楚。就连一些伟大的逻辑学家如弗雷格(G. Frege)、罗素和施罗德也没有把关于个体的量词和关于谓词的量词进行区分。他们根本没有意识到这两种量词之间存在着巨大的鸿沟。还有,语法和语义的区别也没有被注意到。事实上,数理逻辑的发展有两条主线。一种是语义研究,起源于布尔,后经皮尔斯(C. S. Peirce)和施罗德的详细研究形成了逻辑代数。另一种则是语法研究,起始于弗雷格和罗素,但主要应归功于希尔伯特及其学派。后来,哥德尔和塔斯基把这两种方法融合起来了。直到 1930 年(哥德尔证明了完全性定理),数理逻辑学家们才注意到语法概念(如协调性)和语义概念(如可满足性)之间的区别。

莱文海姆(L. Löwenheim)第一次把一阶谓词演算看做逻辑的一个独立分支。他证明了,如果一个语句在每个有穷模型中真但不是在每个模型中真,则它在某个可数模型中假。5 年之后斯科伦修改了上述定理,形成了所谓的莱文海姆－斯科伦定理:任意一阶语句,要么是矛盾的,要么在一可数模型中可满足。值得注意的是,当时斯科伦并没有区分语法概念和语义概念,特别是,他混淆了协调性与可满足性。按照斯科伦的叙述,他应该证明完全性定理(实则不然)。斯科伦实际只是证明了:如果一语句有模型则它有可数模型。并把这一结论推广到可数多个语句上。后来他不用选择公理也证明了:如果一集可数多个公式有模型,则它在自然数集 **N** 中可满足。而当把这一结论用于策梅洛系统时,可以得出,策梅洛系统可能在 **N** 中是可满足的。然而,策梅洛系统蕴涵着不可数集的存在性,这就是所谓的斯科伦佯谬(当时称作悖论)。对于斯科伦来说,这反映了许多集合论概念所固有的相对性。一集合是否可数依赖于是从模型的内部还是从其外部来看。

　　与斯科伦不同,希尔伯特主要致力于语法研究。在 20 世纪 20 年代之后,为了回应布劳威尔(E. J. Brouwer)和外尔关于经典分析的直觉主义批评,他与贝尔奈斯(P. Bernays)合作开始研究证明论。按照他的观点,数学以及他所基于的逻辑不过是一些无意义的符号串。但是,语法概念的构造必须遵循有穷性方法。为了避免无穷多个公式的合取或析取,希尔伯特引进了超穷公理。阿克曼(W. Ackermann)指出(但未证明),超穷公理蕴涵选择公理。之后,西坡拉试图证明超穷公理与整体选择公理是等价的。而他实际上证明了,超穷公理与如下更一般的形式等价:存在一个函数 σ,使得对任意不空类 C 都有 $\sigma(C) \in C$。据此,西坡拉得出结论:和策梅洛选择公理一样,希尔伯特的超穷公理也是不合法的。后来,希尔伯特又引进了 ε － 公理,它仍比选择公理强。到后来,尽管哥德尔的不完全性定理宣告希尔伯特计划的破产,贝尔奈斯仍继续研究希尔伯特的证明论。他证明了 ε － 公理的相对协调性。然而当代大部分逻辑学家,都不再把选择公理引入一阶逻辑中,而是在元数学中使用选择公理。

　　1928 年,希尔伯特和阿克曼提出了一阶谓词逻辑的完全性问题:如果一个语句在每个模型中真,则它是可证的。1930 年,哥德尔在哈恩(Hans Hahn)的指导下,完成了他的博士论文。在其中,哥德尔严格区分了语法概念和语义概念,这为他证明完全性定理奠定了坚实的基础。同时,也正是因为哥德尔这种明智的判断,导致他证明不完全性定理,从而说明一般情况下,语法概念和语义概念并不是等价的。哥德尔还证明了关于可数语言的紧致性定理:一集语句是可满足的当且仅当它的每个有穷子集是可满足的。

当塔斯基读了斯科伦 1934 年的文章时,塔斯基声称,他早在 6 年前就推广了莱文海姆 – 斯科伦定理:如果一集可数多个语句有无穷模型,则它有任意基数的模型。尽管没有证据表明塔斯基确实证明了这一结论,但上述结论被命名为莱文海姆 – 斯科伦 – 塔斯基定理。这一定理与选择公理等价。

尽管和塔斯基一样,马尔采夫(A. Malcev)的兴趣也是在语义方面,但他引进了不可数一阶语言。与塔斯基不同,马尔采夫证明了下述莱文海姆 – 斯科伦定理:无穷多个语句的集合 S 的任意模型都有一个子模型,它的势不超过 S 的势。这一结论也与选择公理等价。

到了 20 世纪 50 年代,由塔斯基领导的贝克莱学派出现了。其中,恒钦(L. Henkin)证明了关于任意一阶语言的完全性定理和紧致性定理都与素理想定理等价。

不管怎样,选择公理已经完全被编入数理逻辑这张大网中。完全性定理、紧致性定理、莱文海姆 – 斯科伦 – 塔斯基定理等数理逻辑中的重大定理都依赖于选择公理。特别是在不可数情况下,这种依赖性是不可避免的。波雷尔和庞加莱对于不可数集合的忧虑也被滚滚而来的高阶无穷的潮流所淹没。大多数数学家和逻辑学家都认为选择公理是有用的、不可缺少的,因而也都接受了选择公理。

1.6 选择公理的独立性和协调性

1.6.1 集合论公理系统

1904 年,策梅洛提出选择公理时,他主要是在康托尔所建立的框架内进行工作的。当时的集合论工作者还没有意识到集合论与逻辑的内在联系。作为柏拉图式的现实主义者,康托尔从没有从公理化的观点来研究集合论。到了 1906 年,受希尔伯特公理化方法的影响,策梅洛为了对选择公理进行辩护,才第一次对集合论进行了公理化。然而,许多数学家对策梅洛系统提出了批评。其中,弗兰科尔和斯科伦认为,不仅需要修改策梅洛系统内部的公理,而且还需要加入新的公理。后来,主要通过斯科伦、哥德尔和贝尔奈斯的努力,才使一阶逻辑成为策梅洛集合论系统的基础。尽管策梅洛极力反对把集合论看成是一阶逻辑系统,然而,协调性和独立性结果均依赖于一阶逻辑。

策梅洛对康托尔素朴集合论的公理化,起初只得到 3 个德国数学家的赞同:黑森伯格(G. Hessenberg)、雅克布斯达尔(E. Jacobsthal)和哈图格斯。约戴恩和罗素只是私下对策梅洛系统表示反对,而庞加莱、外尔和申夫利斯则公开对策梅洛系统进行了批评,这些批评主要涉及协调性以及分离公理中的“确定”性质。

外尔对策梅洛系统进行了第二次修正。和其他反对者不同,外尔认为策梅洛系统本质上是正确的,只需对“确定”性质进行定义。他认为,一个性质是确定的,如果它可从 $x = y$, $x \in y$ 经有穷步使用否定、合取、析取和加存在量词而得到。但是,外尔的修正没有产生什么影响。直到 1922 年,斯科伦发表了一篇文章,其中对“确定”性质给出了与外尔类似的定义,这种修改才引起了人们的注意。

1917 年,日内瓦的 Dimitry Mirimanoff 研究了存在无穷递降的 $\in$ - 序列,即

$$\cdots \in A_3 \in A_2 \in A_1$$

的充分必要条件(但他并没有提出禁止这种序列存在的公理)。另外,他提出,如果一个由若干序数组成的整体与一个集合等势,则这个整体也是一个集合,这便是替换公理的雏形。但是,和外尔一样,Mirimanoff 的工作也没产生什么影响。相反地,弗兰科尔和斯科伦在 1922 年前后的工作却直接影响了策梅洛系统,他们提出了替换公理模式。

受到策梅洛系统以及弗兰科尔工作的影响,冯·诺伊曼(von Neumann)也开始研究集合论。1925 年,他提出了自己的公理系统,给出了类是集合的条件。用哥德尔的记号,即是:

一类是真类当且仅当它与所有集的类等势。

冯·诺伊曼指出,这一条件不仅蕴涵了替换公理和分离公理,还蕴涵着选择公理。根据布拉里 - 福蒂悖论,可知所有序数的类是真类,从而它与所有集的类等势,也就是说,所有集合组成的类可良序。借助于选择公理,冯·诺伊曼在自己的系统中定义了序数和基数的概念。

1930 年,基于弗兰科尔、斯科伦等人的工作,策梅洛对其原来的系统进行了修改。提出了策梅洛 - 弗兰科尔集合论公理系统(他记作 ZF′)。在新系统中保留了外延公理、幂集公理和并集公理,修改了无序对公理和分离公理模式,增加上了弗兰科尔的替换公理模式以及基础公理(即每个不空集合都有 $\in$ - 极小元)。但是,策梅洛去掉了无穷公理和选择公理。他认为选择公理是元数学原则。同时,策梅洛还允许有无穷多个原子集合(不含任何元素的集合)。另外,分离公理模式和替换公理模式中"确定性"是用二阶逻辑描述的。

1930 年之后,越来越多的人倾向于用一阶逻辑作为数学和集合论的逻辑基础。人们也在一阶逻辑中重新叙述了策梅洛系统。现在,人们通常用 ZFU 表示(新的)策梅洛系统加上无穷公理。如果不允许有原子集合,则记作 ZF。ZF 加上选择公理记作 ZFC。另外,冯·诺伊曼的系统经过哥德尔和贝尔奈斯的改进和简化形成了 NGB 系统。至此,集合论的公理化告一段落。

1.6.2　弗兰科尔等人的早期工作

要研究选择公理是否会导出矛盾或是否可由其他公理推出必须有两个先决条件:第一,要有一个严格描述的公理系统;第二,该系统所基于的逻辑是清晰的。由于起初人们对策梅洛系统的不信任,当弗兰科尔证明了选择公理的独立性时,距策梅洛系统的提出已经过去了 14 年。1921 年,弗兰科尔开始研究策梅洛系统中各公理的独立性。1922 年,他发表了一篇文章,其中简要证明了外延公理、分离公理和选择公理的独立性。但没有给出详细证明。同年,弗兰科尔发表了另一篇论文,其中详细证明了可数选择公理独立于策梅洛系统。

弗兰科尔的证明依赖于无穷多个原子集合,这些原子集合的每个置换诱导一个自同构,然后根据群论的方法构造置换模型,在置换模型中选择公理是不成立的。然而,他的证明有很多瑕疵。特别是,他混淆了数学和元数学概念(这也反映了当时逻辑的状况)。后来一阶逻辑的出现,使得精确描述弗兰科尔的方法和结果成为可能。这个任务是由林登堡姆和莫斯托夫斯基(A. Mostowski)两位波兰数学家在 1938 年完成的。他们对弗兰科尔混淆数学和元数学的做法提出了批评,指出弗兰科尔构造中的不严谨之处。与此同时,他们也得出一些自己的独立性结果,例如,他们证明,ZFU 不能推出每个 D− 有穷集都是有穷的。但是,这些结果并没有发表。

与弗兰科尔一样,林登堡姆和莫斯托夫斯基的证明也依赖于无穷多个原子集合,他们也曾试图避开无穷多个原子集合,但没有成功。

1.6.3　相对协调性

要证明一个命题 P 独立于某公理系统 S 等价于证明 P 的否定与 S 协调。即,假设 S 协调,则 S 加上 $\neg P$ 也协调。起初,数学家们希望不借助于任何假设证明(或否证)策梅洛系统的协调性,就连希尔伯特也希望在数理逻辑内证明集合论的协调性。然而,1930—1931 年,哥德尔证明了不完全性定理,宣告了这一希望的破灭。根据哥德尔不完全性定理,在 ZF 系统内部不可能证明 ZF 的协调性。ZF 的协调性必须在更强的系统中才能得到证明,而这个更强的系统的协调性又是不清楚的。1930 年,策梅洛证明了,如果存在不可达基数则 ZF 是协调的。但在当时,大多数数学家不清楚这样的基数是否存在。

由于哥德尔不完全性定理,人们只能寄希望于建立相对协调性。证明相对协调性的方法主要是内模型方法,就是在给定的集合论模型中构造一个子模型。尽管斯科伦曾讨论过内模型方法,但第一次真正使用内模型方法的当数冯·诺伊曼。1929 年,冯·诺伊曼利用内模型方法证明了基础公理相对于他自己的系统是协调的。1937 年,阿克曼也曾使用过内模型方法。

不过,人们真正关心的问题还是选择公理会不会导出矛盾。哥德尔证明了,如果 ZF 是协调的,则 ZFC 也是协调的。在 1935 年秋天,当时哥德尔正在普林斯顿访问,他告诉冯·诺伊曼,通过引入"可构成"集合他建立了选择公理的相对协调性。进而,哥德尔猜测连续统假设也在他建立的内模型中成立。到了 1938 年 11 月,哥德尔第一次公布了自己的结果。这一次他发现广义连续统假设在可构成模型中也成立。同时,他还证明可构成模型是绝对的,即,设 M, N 为含有相同序数的两个传递模型,M 的可构成模型与 N 的可构成模型是一样的。从而,可构成内模型满足可构成公理(每一集合都是可构成的)。他正是利用可构成公理证明了选择公理和广义连续统假设。

哥德尔的结果宣告了集合论历史上一个时代的结束。30 年前,为了给选择公理进行辩护,策梅洛对集合论进行了公理化。这一做法在当时受到种种指责。选择公理相对于 ZF 系统的协调性,说明了策梅洛的努力在某种程度上是成功的。另一方面,由哥德尔第二不完全性定理,ZF 的协调性不可能在 ZF 内部得到证明。从而,ZF 的协调性只能依靠经验来进行验证。直到今天为止,还没有发现 ZF 系统中的矛盾。因此,按照经验主义,ZF 系统是协调的。

但是,关于相对独立性,在 20 世纪 40—50 年代没有取得任何突破。弗兰科尔 – 莫斯托夫斯基的结论一直保持着领先地位,这一状况一直延续到 1963 年科恩证明了选择公理相对于 ZF 的独立性。

1.6.4　相对独立性

科恩既不是集合论专家,也不是逻辑学家。然而,他的突破性成果说明他在这两个方面有着惊人的才华。他发明的一种技术,叫做力迫方法,使得他证明了选择公理和连续统假设的独立性。力迫方法至今还被广泛应用。科恩的成果与哥德尔的成果被誉为集合论和逻辑界的两座丰碑。

关于选择公理的独立性,弗兰科尔和莫斯托夫斯基证明了选择公理相对于 ZFU 的独立性。20 世纪 50 年代,门德尔松(Mendelson)、申菲尔德(J. R. Shoenfield)和斯贝克尔(E. Specker)证明了,选择公理相对于 ZF 系统去掉基础公理的独立性。然而,选择公理相对于 ZF 的独立性当时仍没有得到证明。关于连续统问题,斯科伦早在 1923 年就怀疑在策梅洛系统中不能推出连续统假设。1947 年,哥德尔猜测连续统假设是独立的。但是,这些都没有取得真正的进展。

一个令人感兴趣的问题是:能不能用内模型方法来证明选择公理以及连续统假设的独立性。希菲尔德松(J. C. Shepherdson)注意到,内模型方法是行不通的。因此,科恩采用了模型扩充的方法。但在扩充时,"强迫"某些性质在扩充模型中成立。这就是所谓的力迫方法。1963 年 3 月,他完成了论文 *The Independence of the Axiom of Choice*。其中他证明了,如果存在 ZF 的可数传递模型,则

1. 存在模型,在其中选择公理和广义连续统假设都成立,但可构成公理不成立。

2. 存在模型,在其中实数集不可良序。

3. 存在模型,在其中选择公理成立,但连续统假设不成立。

4. 存在模型,在其中可数选择公理也不成立。

科恩工作的重要性不仅仅在于他证明了选择公理和连续统假设的独立性,更重要的是,他的力迫方法可以用来确定各种命题之间的推理强度。自从科恩的发现之后,用力迫方法获得的独立性结果层出不穷。甚至在科恩的文章发表之前,索罗门(Solomon)、菲菲曼(Feferman)、勒维以及索罗维(R. Solovay)就利用力迫方法获得了众多结果。叶赫

(T. Jech)和 Antonin Sochor 还把弗兰科尔 - 莫斯托夫斯基早期的相对
于 ZFU 的独立性结果改进成为相对于 ZF 的独立性结果。另外,力迫
方法也得到了改进。斯科特和索罗维发展了布尔值模型的方法;申菲
尔德等人引进了基于偏序的力迫方法;索罗维和 S. Tennenbaum 发明了
迭代力迫方法。到了 20 世纪 80 年代,谢拉赫(S. Shelah)引进了正常
力迫方法,获得众多重要成果。直到今天,力迫方法仍被广泛应用。

1.7　决定性公理

　　由于许多重要的定理都依赖于选择公理,反对者们试图提出另外
的公理来代替选择公理。例如,B. 勒维(Beppo Levi)于 1918 年提出了
逼近原则;丘奇(A. Church)在 1827 年,斯贝克尔在 1951 年也都研究
了选择公理的替代形式。但这些替代形式都是昙花一现,没有引起足
够的重视。直到 1962 年,两位波兰数学家 Jan Mycielski 和 Hugo Stein-
haus 才引进了一个重要的替代形式,这就是决定性公理。这条公理
(记作:AD)产生于无穷博弈。设 S 是 0 - 1 序列的集合,由甲乙双方轮
流从 $\{0,1\}$ 中选取元素。这样进行无穷多次,得到一个无穷序列。如
果这个序列属于 S 则甲胜,否则乙胜。决定性公理是说,对任意的 S,
要么甲有取胜对策,要么乙有取胜对策。1964 年,Mycielski 用 AD 证明
每个实数集都是勒贝格可测的。从而,AD 不会导出巴拿赫 - 塔斯基
分球定理这些"令人不愉快"的结论。另外,AD 与选择公理有许多共
同的推论,例如,AD 蕴涵着实函数的连续性和序列连续性是等价的。
再如,如果 AD 成立,则限制到实数集的可数选择公理成立的。
　　对 AD 的研究主要涉及大基数、分割性质以及描述集合论。选择
公理蕴涵可测基数是非常大的,而索罗维证明了 AD 蕴涵 ω_1 是可测基
数。类似地,选择公理使得一些分割性质是假的,然而 AD 却能推出这
些分割性质。尽管如此,AD 的某些限制形式却与选择公理不矛盾,有
些甚至是选择公理的推论。例如,波雷尔决定性公理(把决定性公理

限制在拜尔的无理数空间的波雷尔集上）可由选择公理推出，而更强的射影决定性公理（把决定性公理限制在射影集上）也与选择公理协调。

然而，决定性公理的协调性却是成问题的。由于 AD 蕴涵大基数的存在性，要证明 AD 的（相对）协调性，就必须假设大基数的存在性。因此，AD 的协调性实际上还是悬而未决的。

第二章

选择公理的等价形式

选择公理几乎在所有的数学分支中都有广泛的应用,许多重要定理的证明都离不开它。其中有些定理的证明直接使用了选择公理,而有些则使用了它的等价形式。为了弄清选择公理在数学中的应用,我们在本章介绍它的一些最常见的等价形式。

2.1 选择公理

本节我们将给出选择公理的八种等价形式及其证明。

AC1:对任意集族 F,若 F 中每一元素都不空,则存在一函数 f 使得对任意 $x \in F$ 都有 $f(x) \in x$。

AC2:对任意集族 F,若 F 中任两个不同元素的交为空,且 F 中每一元素都不空,则存在一集合 C 使得对任意 $x \in F$, C 只含有 x 中的一个元素。

AC3:对任意函数 f,都存在一函数 g 使得对每一 $x \in \mathrm{dom}(f)$,若 $f(x) \neq \varnothing$,则 $g(x) \in f(x)$。

AC4:对任意关系 R 都存在一函数 f 使得 $\mathrm{dom}(f) = \mathrm{dom}(R)$ 且 $f \subseteq R$。

AC5:对任意函数 f,存在一函数 g 使得 $\mathrm{dom}(g) = \mathrm{ran}(f)$ 且对任意 $x \in \mathrm{dom}(g)$ 都有 $f(g(x)) = x$。

AC6:对任意集族 $F = \{x_i : i \in I\}$,若对任意 i 都有 x_i 不空,则 F 的广义笛卡尔积

$\prod F = \{f : f$ 是函数且 $\mathrm{dom}(f) = I$ 且 $\forall i \in I(f(i) \in x_i)\}$ 不空。

定义 1.1　设 x, y 为两个集合，如果存在 x 与 y 间的双射，则称 x 与 y 等势，记作 $x \approx y$。

AC7：对任意集族 $F = \{x_i : i \in I\}$，若其中的每一元素都不空，且其中任意两元素都等势，则 F 的广义笛卡尔积不空。

AC8：对任意集族 F，若 F 中的每一元素都是序对，且每一序对中的两个集合等势，则存在一函数 f 使得 $\mathrm{dom}(f) = F$ 且对任意 $\langle x, y \rangle \in F$，$f(\langle x, y \rangle)$ 为 x 到 y 的双射。

AC1 是策梅洛在 1904 年提出的，他当时称之为选择公理。AC3 和 AC6 实际上是 AC1 的变形（AC6 也称为采样原则）。AC2 是罗素在 1906 年提出的。1908 年策梅洛证明了 AC2 与 AC1 等价。AC4 和 AC5 是贝尔奈斯在 1941 年提出的（AC4 也称为单值化原则）。AC7 是瓦德（L. E. Ward）在 1962 年提出的。AC8 是品卡斯（D. Pincus）在 1974 年提出的。

定理 1.2　AC1⇔AC2。

证明：显然 AC1⇒AC2，只需证 AC2⇒AC1。

设 F 为一集族，其中任意元素为非空集合。令

$$F' = \{\{x\} \times x : x \in F\}。$$

由 AC2 知存在 f 使得对任意 $x \in F$，f 仅含有 $\{x\} \times x$ 中的一个元素。显然由 f 就可定义 F 上的一个选择函数。　　　　□

定理 1.3　AC1⇒AC3。

证明：设 f 为任一函数。令 $F = \mathrm{ran}(f) - \{\varnothing\}$。由 AC1，可取 h 为 F 上的选择函数。今定义函数 g 如下：对任意 $x \in \mathrm{dom}(f)$，若 $f(x) \neq \varnothing$，则 $g(x) = h(f(x))$；若 $f(x) = \varnothing$，则 $g(x) = \varnothing$。显然 h 为所求。　　　　□

定理 1.4　AC3⇒AC1。

证明：设 F 为一集族，其中任意元素都为非空集。设 h 为恒等函数，即对任意 $x \in F$，$h(x) = x$。由 AC3 知存在一函数 f 使得对任意 $x \in$

$dom(h)$ 都有 $f(x) \in h(x)$。显然,这样的 f 就是 F 上的选择函数。 □

定理 1.5 AC4⇒AC5。

证明: 设 f 为任一函数,令 $R = \{\langle x, y \rangle : \langle y, x \rangle \in f\}$。由 AC4 知存在一函数 g 使得 $dom(g) = dom(R)$ 且 $g \subseteq R$。显然 g 为所求。

定理 1.6 AC5⇒AC4。

证明: 设 R 为一关系,定义一函数 h 如下:

$$h = \{\langle \langle x, y \rangle, x \rangle : \langle x, y \rangle \in R\}。$$

由 AC5 知,存在一函数 g 使得 $dom(g) = ran(h)$,且对任意 $x \in dom(g)$ 都有 $h(g(x)) = x$。定义函数 f 如下:对任意 $x \in dom(g) = ran(h)$,令 $f(x)$ 为 $g(x)$ 的第二个坐标。显然,$dom(f) = dom(R)$,且 $f \subseteq R$。从而 f 为所求。 □

定理 1.7 AC4⇒AC3。

证明: 任设 f 为一函数,定义关系 $R = \{\langle x, y \rangle : y \in f(x)\}$。由 AC4 知存在一函数 g 使得 $dom(g) = dom(R)$ 且 $g \subseteq R$。容易验证 g 为所求。 □

定理 1.8 AC3⇒AC4。

证明: 任设 R 为一关系,定义函数 h 如下:对任意 $x \in dom(R)$,令 $h(x) = \{y : \langle x, y \rangle \in R\}$。由 AC3 知存在一函数 f 使得如果 $x \in dom(h)$ 且 $h(x) \neq \varnothing$,则 $f(x) \in h(x)$。这样的 f 即为所求。 □

定理 1.9 AC1⇔AC6。

证明: 显然。 □

定理 1.10 AC6⇔AC7。

证明: 显然有 AC6⇒AC7,只需证 AC7⇒AC6。

设 $F = \{x_i : i \in I\}$ 为一集族,其中任意元素都是非空集。令

$$Y = \left(\bigcup \{x_i : i \in I\} \right)^{\omega}$$

且令

$$F' = \{ Y \times x_i : i \in I \}。$$

下面我们首先证明,对任意 $i \in I, Y \times x_i$ 与 Y 等势。定义 $Y \times x_i$ 到 Y 内的函数 h 如下:对任意 $f \in Y, u \in x_i$,令 $h(f,u) = g$,其中 g 定义为:$g(0) = u, g(n+1) = f(n)$。显然 h 为单射。故 $Y \times x_i$ 的势不超过 Y 的势。又 Y 的势不超过 $Y \times x_i$ 的势,从而 $Y \times x_i$ 与 Y 等势。根据 AC7 知 $\prod F'$ 不空。容易验证 $\prod F$ 也不空。□

定理 1.11 AC8⇔AC1。

证明: 显然 AC1⇒AC8,只需证明 AC8⇒AC1。

设 F 为任一集族,其中元素均为非空集合。令

$$F' = \{ \langle (x \times \omega) \cup \{0\}, x \times \omega \rangle : x \in F \}。$$

根据 AC8 知存在一函数 g 使得对任意 $x \in F, g(x)$ 是 $(x \times \omega) \cup \{0\}$ 到 $(x \times \omega)$ 上的双射。定义函数 f 如下:对任意 $x \in F$,令 $f(x) = g(x)(0)$。显然 f 是 F 上的选择函数。□

2.2 良序定理

1904 年,策梅洛证明了选择定理(AC1)与良序定理等价。本节将给出良序定理的三种等价形式。

WO1:每一集合都是可以被良序的。

WO2:对每一集合 x 都存在一序数 α 及双射 $f: \alpha \to x$。

WO3:对每一集合 x 都存在一序数 α 及单射 $f: x \to \alpha$。

容易看出,WO2⇒WO3,WO3⇒WO1。

定理 2.1 WO1⇒WO2。

证明:设 x 为一集合,R 是 x 上的良序关系。下面我们用超穷归纳法来构造一函数 g。

若 t 为 x 中关于 R 的最小元,则令 $g(t)=0$。

设 $s \in x$ 且设对任意 tRs,$g(t)$ 已定义,则令 $g(s)=\{g(t):tRs\}$。

显然,g 是 x 到某一序数上的双射。 □

定理 2.2 AC1⇒WO2。

证明: 设 S 为一非空集合,令 $P(S)$ 为 S 的所有子集组成的集族。根据 AC1 知,存在 $P(S)-\{\varnothing\}$ 上的选择函数 f。下面我们用超归纳法构造一函数 g 如下:令

$$g(0)=f(S)。$$

设 ξ 为一序数,且设对任意 $\eta<\xi$,$g(\eta)$ 已定义,且设

$$S-\{g(\eta):\eta<\xi\} \neq \varnothing。$$

则令

$$g(\xi)=f(S-\{g(\eta):\eta<\xi\})。$$

设 α 为最小的序数使得 $S-\{g(\eta):\eta<\xi\}=\varnothing$(这样的 α 存在)。则函数 g 是 α 到 S 上的双射。 □

定理 2.3 WO2⇒AC1。

证明: 设 F 为任一集族,其中每一元素均为非空集合。令

$$S=\bigcup F=\{s:\exists x \in F(s \in x)\}。$$

则由 WO2 知存在一序数 α 及双射 $g:\alpha \to S$。对任意 $x \in F$,令

$$T_x=\{\eta:\exists s \in x(g(\eta)=s)\},$$

记 T_x 的最小元为 η_x。定义 F 上的函数 f 如下:对任意 $x \in F$,$f(x) = g(\eta_x)$。显然 f 为 F 上的选择函数。

2.3 势的三歧性

定义 3.1 定义集合间的关系如下:对任意二集合 x, y,

$x \preceq y$ 当且仅当存在 x 到 y 内的单射;

$x \approx y$ 当且仅当存在 x 到 y 的双射(这时称 x 与 y 等势)。

显然,$\approx$ 是等价关系。我们用 $x < y$ 表示 $x \preceq y$ 但 $x \not\approx y$。

定理 3.2(康托尔－伯恩斯坦定理) 如果 $x \preceq y$ 且 $y \preceq x$,则 $x \approx y$。

证明:略去。 □

命题 3.3 对任意序数 α, β,必有 $\alpha < \beta, \alpha = \beta, \beta < \alpha$ 之一成立。

1915 年,哈图格斯提出了势的三歧性原则:

T1:对任意集合 x, y,必有 $x < y, x \approx y, y < x$ 之一成立。

定理 3.4 WO2$\Rightarrow$T1。

证明:由命题 3.3 和定理 3.2 直接得到。 □

定理 3.5 T1$\Rightarrow$WO3。

证明:对任意 x,令 $\Gamma(x) = \{\alpha : \alpha \preceq x \text{ 且 } \alpha \text{ 是序数}\}$(称 $\Gamma(x)$ 为哈图格斯函数)。显然对任意 x,$\Gamma(x)$ 为一序数。根据 T1 知,$x \preceq \Gamma(x)$ 或者 $\Gamma(x) \preceq x$。如果 $\Gamma(x) \preceq x$,则必有 $\Gamma(x) \in \Gamma(x)$,这是不可能的。因此必有 $x \preceq \Gamma(x)$,即存在单射 $f : x \to \Gamma(x)$,即 WO3 成立。 □

T2:对任意集合 x, y,要么存在 x 到 y 上的满射,要么存在 y 到 x 上的满射。

T2 是由林登堡姆和塔斯基于 1926 年提出的。1948 年谢宾斯基证

明了它与选择公理等价。显然 T1⇒T2。为证明 T2 与选择公理等价，先给出下面引理。

引理3.6 设 x,y 为两个集合。如果存在 x 到 y 上的满射，则存在 $P(y)$ 到 $P(x)$ 内的单射。

证明： 设 f 为 x 到 y 内的满射。定义函数 g 如下：对任意 $t \in P(y)$，令 $g(t) = \{s \in x : f(s) \in t\}$。下证 g 是单射：对任意 $t_1, t_2 \in P(y)$，容易看出 $g(t_1 - t_2) = g(t_1) - g(t_2)$。如果 $g(t_1) = g(t_2)$，则 $g(t_1 - t_2) = g(t_1) - g(t_2) = \varnothing$，这时必有 $t_1 = t_2$。　□

定理3.7 T2⇒WO3。

证明： 考虑非空集 x 及 $\Gamma(P(x))$，根据 T2 知要么存在 x 到 $\Gamma(P(x))$ 上的满射，要么存在 $\Gamma(P(x))$ 到 x 上的满射。如果前者成立，则由引理 3.6 知，存在 $P(\Gamma(P(x)))$ 到 $P(x)$ 内的单射，又 $\Gamma(P(x)) < P(\Gamma(P(x)))$，故 $\Gamma(P(x)) < P(x)$，于是 $\Gamma(P(x)) \in \Gamma(P(x))$，矛盾。从而必有后者成立，即存在 $\Gamma(P(x))$ 到 x 上的满射 f。下面定义 x 到 $\Gamma(P(x))$ 内的函数 g 如下：对任意 $t \in x, g(t)$ 定义为集合 $\{\alpha : \alpha \in \Gamma(P(x))$ 且 $f(\alpha) = t\}$ 的最小元。不难验证 g 是 x 到序数 $\Gamma(P(x))$ 内的单射。　□

2.4　集合的势的运算

定义4.1 设 λ 为一序数，如果 $\forall \beta < \lambda (\beta < \lambda)$ 则称 λ 为一基数。

对任意序数 β，用 ω_β 表示第 β 个基数。容易证明，对任意序数 α，都存在惟一的一个基数 ω_β 使得 $\alpha \approx \omega_\beta$。这时则称 α 的势为 ω_β，记为 $|\alpha| = \omega_\beta$。若 x 是一可良序集，则必有一序数 α 使 $x \approx \alpha$，从而必有惟一的一个基数 ω_β 使 $x \approx \omega_\beta$。这时定义 x 的势为 ω_β。记为 $|x| = \omega_\beta$。从而，如果假设选择公理，则对任意集合 x，我们都可定义它的势为某一基数。因此，在有些文献中也把 x 的势 $|x|$ 称为 x 的基数。然而，如果没有选择公理，要定义一集合 x 的势就比较困难了。一般地，在没有选

择公理时,按如下式子定义一集合 x 的势:

$$|x| = \{y : x \approx y \text{ 且 } \forall z(z \approx x \rightarrow \text{rank}(y) \leqslant \text{rank}(z))\}。$$

这里,$\text{rank}(y)$ 表示集合 y 的秩。容易看出,当 x 为可良序集时,$|x|$ 中有惟一的一个基数 ω_α,这时就把 ω_α 作为 $|x|$。从而每一基数都是某一集合的势。今后我们用小写希腊字母 $\kappa, \lambda, \mu, \cdots$ 表示势。

定义 4.2 设 κ, λ 为势,则有 x, y 使 $\kappa = |x|, \lambda = |y|$。定义 κ 与 λ 的关系 $\leqslant$ 如下:$\kappa \leqslant \lambda$ 当且仅当 $x \leqslant y$。显然,$\kappa = \lambda$ 当且仅当 $x \approx y$。

定义 4.3 设 $\kappa = |x|, \lambda = |y|$ 为势,且设 $x \cap y = \varnothing$。定义

$$\kappa + \lambda = |x \cup y|$$
$$\kappa \cdot \lambda = |x \times y|$$
$$\kappa^\lambda = |x^y|$$
$$2^\kappa = |P(x)|$$

定义 4.4 设 $\kappa = |x|$ 为势,定义 κ 的哈图格斯数为 $\Gamma(\kappa) = |\Gamma(x)|$。

容易看出,对任意势 κ,$\Gamma(\kappa)$ 为一基数。

引理 4.5 设 κ, λ, μ 为势,则

(1) $\qquad\qquad (\kappa^\lambda)^\mu = \kappa^{\lambda\mu}$

(2) $\qquad\qquad (\kappa + \lambda)^2 = \kappa^2 + 2\kappa \cdot \lambda + \lambda^2$

(3) $\qquad\qquad \kappa + \lambda \leqslant \kappa \cdot \lambda$ $\qquad\qquad\qquad\qquad\qquad$ □

定义 4.6 如果 $\kappa \geqslant \omega$,则称 κ 为无穷势。

P1:对任意无穷势 κ,都有 $\kappa^2 = \kappa$。

显然 WO1$\Rightarrow$P1。要证 P1 蕴涵选择公理,先证明下面引理。

引理 4.7　设 κ 为无穷势，且设 α 为一序数。如果 $\kappa + \omega_\alpha = \kappa \cdot \omega_\alpha$，则 $\kappa \leq \omega_\alpha$ 或 $\omega_\alpha \leq \kappa$。

证明：取一集 x 使 $\kappa = |x|$ 且 $x \cap \omega_\alpha = \varnothing$。设 f 为 $x \times \omega_\alpha$ 到 $x \cup \omega_\alpha$ 上的双射。如果存在一 $t \in x$ 使得对每一 $\beta \in \omega_\alpha$ 都有 $f(t, \beta) \in x$，则 $\omega_\alpha \leq x$。否则，对每一 $t \in x$ 取 β_t 为最小的序数使得 $f(t, \beta_t) \in \omega_\alpha$。这时显然有 $x \leq \omega_\alpha$。　　　　　　　　　　　　　　　　□

推论 4.8　对任意无穷势 κ，若 $\kappa + \Gamma(\kappa) = \kappa \cdot \Gamma(\kappa)$，则 $\kappa \leq \Gamma(\kappa)$。

证明：由引理 4.7 知，要么 $\kappa \leq \Gamma(\kappa)$ 要么 $\Gamma(\kappa) \leq \kappa$。而 $\Gamma(\kappa) \leq \kappa$ 是不可能的，故必有 $\kappa \leq \Gamma(\kappa)$。　　　　　　　　　　□

定理 4.9　P1$\Rightarrow$WO3。

证明：要证 WO3 只需证对任意无穷势 κ，都有 $\kappa \leq \Gamma(\kappa)$。为此只需证 $\kappa + \Gamma(\kappa) = \kappa \cdot \Gamma(\kappa)$。根据 P1 及引理 4.5(2) 知

$$
\begin{aligned}
\kappa + \Gamma(\kappa) &= (\kappa + \Gamma(\kappa))^2 \\
&= \kappa^2 + 2\kappa \cdot \Gamma(\kappa) + \Gamma(\kappa)^2 \\
&\geq \kappa \cdot \Gamma(\kappa)。
\end{aligned}
$$

由引理 4.5(3) 知

$$
\kappa + \Gamma(\kappa) \leq \kappa \cdot \Gamma(\kappa)。
$$

从而

$$
\kappa + \Gamma(\kappa) = \kappa \cdot \Gamma(\kappa)。
$$

由推论 4.8 知 $\kappa \leq \Gamma(\kappa)$。

P2：对任意两个无穷势 κ, λ，若 $\kappa^2 = \lambda^2$，则 $\kappa = \lambda$。

显然 P1⇒P2，下面证明 P2⇒WO3。

定理 4.10　P2⇒WO3。

证明：要证明 WO3，只需证明对任意无穷势 κ 都有一基数 ω_α 使 $\kappa \leqslant \omega_\alpha$。令 $\lambda = \kappa^\omega$，只要能证明 $\kappa \leqslant \Gamma(\lambda)$ 即可。首先注意到

$$\lambda^2 = (\kappa^\omega)^2 = \kappa^{2\omega} = \kappa^\omega = \lambda。$$

从而有

$$(\lambda \cdot \Gamma(\lambda))^2 = \lambda \cdot \Gamma(\lambda)。 \qquad (4.1)$$

下面证明

$$(\lambda + \Gamma(\lambda))^2 = \lambda \cdot \Gamma(\lambda)。 \qquad (4.2)$$

一方面

$$(\lambda + \Gamma(\lambda))^2 = \lambda^2 + 2\lambda \cdot \Gamma(\lambda) + (\Gamma(\lambda))^2 \geqslant \lambda \cdot \Gamma(\lambda)；$$

另一方面

$$\begin{aligned}
(\lambda + \Gamma(\lambda))^2 &= \lambda^2 + 2\lambda \cdot \Gamma(\lambda) + (\Gamma(\lambda))^2 \\
&= \lambda + \Gamma(\lambda) + \lambda \cdot \Gamma(\lambda) \\
&\leqslant \lambda \cdot \Gamma(\lambda) + \lambda \cdot \Gamma(\lambda) \\
&= 2\lambda \cdot \Gamma(\lambda) = \lambda \cdot \Gamma(\lambda)。
\end{aligned}$$

从而根据(4.1)式和(4.2)式知

$$(\lambda + \Gamma(\lambda))^2 = (\lambda \cdot \Gamma(\lambda))^2。$$

由 P2 知

$$\lambda + \Gamma(\lambda) = \lambda \cdot \Gamma(\lambda)。$$

由推论 4.8 知 $\lambda \le \Gamma(\lambda)$，从而 $\kappa \le \Gamma(\lambda)$。 $\square$

GCH(广义连续统假设)：设 κ , λ 为两个无穷势，如果 $\kappa \le \lambda \le 2^\kappa$，则要么 $\kappa = \lambda$，要么 $\lambda = 2^\kappa$。

定理 4.11 GCH$\Rightarrow$P1。

证明： 任设 κ 为无穷势，要证 $\kappa^2 = \kappa$。容易证明 $\kappa \le 2\kappa \le 2^\kappa$ 且 $2\kappa \le \kappa^2$。又可以证明 $2^\kappa \le \kappa^2$。从而有 $\kappa \le 2\kappa < 2^\kappa$。于是 $\kappa^2 \le (2\kappa)^2 < 2^{2\kappa} = 2^\kappa$。从而由 GCH 得 $\kappa = \kappa^2$，即 P1 成立。 $\square$

由于 P1 与选择公理等价，所以 GCH 蕴涵选择公理。但反之不成立(将在第五章给出证明)，所以 GCH 比选择公理强。

2.5 极大原则

定义 5.1 设 $\langle P, < \rangle$ 为一偏序集。且设 $X \subseteq P, u \in P$。

(1)如果 X 被 $<$ 线序，则称 X 为 P 的链。

(2)如果对任意 $x \in X$ 都有 $x \le u$，则称 u 为 X 的上界。

(3)如果对任意 $x \in P$ 都有 $u \not< x$，则称 u 为 P 的关于 $<$ 的极大元，简称极大元。

M1：设 $\langle P, < \rangle$ 为任一非空偏序集。如果 P 的每一个链都有上界，则 P 有极大元。

定义 5.2 设 F 为一集族,称 F 具有有穷特性,如果对任意集合 X 有:$X \in F$ 当且仅当 X 的每一有穷子集都属于 F。

M2:设 F 为一集族。如果 F 的每一个链的并集仍是 F 的元素,则 F 有关于包含关系的极大元。

M3:任设 F 为一非空集族。如果 F 具有有穷特性,则 F 有关于包含关系的极大元。

M1 是库拉托夫斯基在 1922 年提出的,表面上看起来它与选择公理无关,但是 1935 年佐恩证明了它与选择公理等价。所以,人们常把 M1 称为佐恩引理(许多书也把它称为库拉托夫斯基 – 佐恩引理)。佐恩是第一个把 M1 用于代数学中的人。在 1939 年和 1940 年间,泰西米勒(Teichmüller)和图吉独立地给出了 M3,并证明了 M3 与选择公理等价。人们常把 M3 称为图吉引理。另外,豪斯道夫、华莱士(A. D. Wallace)、哥特沙尔克(W. H. Gottschalk)、霍夫特(H. Hoft)、霍华德(P. E. Howard)、哈珀尔(J. Harper)和鲁宾都给出了一些不同形式的极大原则,它们都与选择公理等价。

定理 5.3 WO2⇒M1。

证明:设 $\langle P, < \rangle$ 为一非空偏序集,且设 P 的每一个链都有上界。我们将要证明 P 有极大元。由 WO2 知,存在序数 α 及 α 到 P 的双射 f。下面我们用超穷归纳法构造 P 的一个链 $\{c_0, c_1, \cdots, c_\xi, \cdots\}$:

$$c_0 = f(0)。$$

设 c_η 已定义,则令 $c_{\eta+1} = f(\gamma)$,其中 γ 为使得 $f(\gamma) > c_\eta$ 的最小的序数。

设 ξ 为极限序数,如果对任意 $\eta < \xi$,c_η 均已经定义且 $\{c_\eta : \eta < \xi\}$ 为 P 的一个链,则令 $c_\xi = f(\gamma)$,其中 γ 为使得 $f(\gamma)$ 是 $\{c_\eta : \eta < \xi\}$ 的上界的最小的序数。

由于 P 为集合,故必存在序数 β,使得对任意 γ 都有 $c_\beta \not\prec f(\gamma)$。显然,$c_\beta$ 就是 P 的极大元。 □

定理5.4 M1⇒M2。

证明: 设 F 为一非空集族,且设 F 的每个链的并集仍是 F 的元素。显然 F 在包含关系下是偏序集,且 F 的任意链的并集就是该链的上界。从而由 M1 知 F 有极大元。 □

定理5.5 M2⇒M3。

证明: 设 F 为一非空集族,且设 F 具有有穷特性。任设 C 为 F 的关于包含关系的一个链。令 $A = \bigcup\{x : x \in C\}$。显然,$A$ 的任意有穷子集都属于 F,由 F 的有穷特性知 $A \in F$。从而根据 M2 知 F 有关于包含关系的极大元。 □

定理5.6 M3⇒AC1。

证明: 设 F 为一集族,其中每一元素都非空。令

$$G = \{f : f \text{ 是 } F \text{ 的某子集 } A \text{ 上的选择函数}\}。$$

显然 G 具有有穷特性。从而根据 M3 知 G 具有极大元 g。容易验证 $\mathrm{dom}(g) = F$,于是 g 就是 F 上的选择函数。 □

2.6 代数学中的等价形式

代数学中有许多命题也与选择公理等价。这些命题在一开始使用时并不知道是否与选择公理等价,只是到了 1953 年才被证明与极大原则等价。本节介绍代数学中三个与选择公理等价的命题。

定义6.1 称$(L, \wedge, \vee)$为格如果 L 为一非空集合,且 $\wedge$ 和 $\vee$ 为 L 上的二元运算且任意 $a, b, c \in L$ 都满足如下条件:

(1)$a \wedge b \in L$, $a \vee b \in L$,

(2)$a \wedge a = a$, $a \vee a = a$,

(3) $a \wedge b = b \wedge a$, $a \vee b = b \vee a$,

(4) $a \wedge (b \wedge c) = (a \wedge b) \wedge c$, $a \vee (b \vee c) = (a \vee b) \vee c$,

(5) $a \vee (a \wedge b) = a$, $a \wedge (a \vee b) = a$。

今后为方便起见,常简单地用 L 表示一个格。

定义 6.2

(1) 设 $e \in L$,如果对任意 $a \in L$ 都有 $a \wedge e = a$,则称 e 为 L 的单位元。

(2) 设 $e \in L$,如果对任意 $a \in L$ 都有 $a \wedge e = e$,则称 e 为 L 的零元。

容易看出,若格 L 有单位元或零元,则它的单位元和零元是惟一的。因此,今后在不发生混淆的情况下我们用 1 表示 L 的单位元,而用 0 表示 L 的零元。

定义 6.3　设 $E \subseteq L$,称 E 为 L 的理想如果它满足下面条件:

(1) 对任意 $a, b \in E$ 都有 $a \vee b \in E$;

(2) 对任意 $a \in L$ 及 $b \in E$ 都有 $a \wedge b \in E$。

如果 E 为理想,且 $E \neq L$,则称 E 为真理想。

定义 6.4　设 $F \subseteq L$,称 F 为 L 的滤子如果它满足下面条件:

(1) 对任意 $a, b \in F$,都有 $a \wedge b \in F$;

(2) 对任意 $a \in L$ 及 $b \in F$,则 $a \vee b \in F$。

如果 F 为滤子且 $F \neq L$,则称 F 为 L 的真滤子。

定义 6.5　称 $(B, \wedge, \vee, {}^{-1}, 0, 1)$ 为一布尔代数如果 $(B, \wedge, \vee)$ 为格,0 和 1 分别为 B 中的零元和单位元,${}^{-1}$ 为 B 上的一元运算,且对任意 $a, b, c \in B$ 都有

(1) $a \wedge (b \vee c) = (a \wedge b) \vee (a \wedge c)$,

　　$a \vee (b \wedge c) = (a \vee b) \wedge (a \vee c)$,

(2) $a \vee a^{-1} = 1$, $a \wedge a^{-1} = 0$。

今后我们常简单地用 B 表示布尔代数。

定义 6.6　设 $E \subseteq B$ 为理想,如果对任意 $a \in B$ 都有:$a \in E$ 当且仅当 $a^{-1} \notin E$,则称 E 为 B 的素理想。

不难看出,在布尔代数中极大理想和素理想是两个等价的概念。

AL1：每一个具有单位元且至少有两个元素的格都有极大真理想。

AL2：如果 L 为一个具有单位元且至少有两个元素的格，且 E 为 L 的真理想，则 E 可扩张为 L 的极大真理想。

AL3：设 B 为一布尔代数，且设 $S \subseteq B$。如果 $0 \notin S$ 且对任意 $a \in S$ 都有 $a^{-1} \in S$，则存在 B 的极大理想 I 使得 $I \cap S$ 为空集。

AL2 是斯科特在 1953 年给出的，AL3 是 S. Mrowka 在 1955 年给出的并证明它与选择公理等价。但当时的证明有错误，到了 1958 年，Mrowka 修改了他的证明。

命题 6.7　AL2⇒AL1。

证明：显然。　　　　　　　　　　　　　　　　　　　　□

定理 6.8　M2⇒AL2。

证明：设 L 是一个具有单位元且至少有两个元素的格，再设 E 为 L 的理想。令 $F = \{X : E \subseteq X \text{ 且 } X \text{ 是 } L \text{ 的真理想}\}$，显然 F 不空。任设 C 为 F 的链，容易验证 $\bigcup C$ 也是 L 的真理想。因此由 M2 知 F 中有极大元 Y。这样的 Y 就是 L 的极大理想。　　　　　　□

定理 6.9　AL2⇒AL3。

证明：设 B 为一布尔代数，且设 $S \subseteq B$ 满足 $0 \notin S$ 且对任意 $a \in S$ 都有 $a^{-1} \notin S$。令 E 是由集合 $\{a^{-1} : a \in S\}$ 生成的理想。不难验证 E 为真理想。由 AL2 知 E 可扩张为 B 的极大真理想 I。容易证明 $I \cap S$ 是空集。　　　　　　　　　　　　　　　　　　□

定理 6.10　AL3⇒M3。

证明：设 F 为一集族，且具有有穷特性。令 $X = \bigcup F$ 且令 $B = P(X)$。显然 B 在集合的并交补运算下构成布尔代数。下证 F 有极大元。不妨设 $X \notin F$（若 $X \in F$，则 X 为极大元）。令

$$S = \{A \subseteq X : A \in F \text{ 且 } X - A \notin F\}。$$

显然空集不属于 S 且对任意 $A \in S$ 都有 $X - A \notin S$。由 AL3 知，存在 B 上的极大真理想 I 使得 $I \cap S = \varnothing$。由 F 的有穷特性知 $\bigcup (I \cap F) \in F$。容易验证 $\bigcup (I \cap F)$ 为 F 的极大元。 □

定理 6.11 AL1$\Rightarrow$M3。

证明： 设 F 为一集族，且具有有穷特性。下证 F 有极大元。令 $X = \bigcup F$。不妨设 X 不属于 F。令 $F' = F \cup \{X\}$。对任意 $s, t \in F'$，定义

$$s \wedge t = s \cap t,$$

$$s \vee t = \begin{cases} s \cup t, & \text{如果 } s \cup t \in F; \\ X, & \text{否则。} \end{cases}$$

容易验证 $(F', \wedge, \vee)$ 是一个格，且有单位元 X。根据 AL1 知，F' 有一极大真理想 I。显然 $I \subseteq F$，从而 $\bigcup I \in F$。不难证明 $\bigcup I$ 为 F 的极大元。 □

2.7 拓扑学中的等价形式

本节介绍选择公理在拓扑学中的几个等价形式。

TOP1（紧致性定理）：设 $\{X_i : i \in I\}$ 为紧空间的族，则它的积空间 $\prod X_i$ 是紧空间。

TOP2：设 $\{X_i : i \in I\}$ 为紧空间的族，其中空间两两互相同胚，则它的积空间 $\prod X_i$ 是紧空间。

TOP3：如果 $\{\langle X_i, T_i \rangle : i \in I\}$ 为一族紧空间，其中空间两两互相同胚且对任意 $i \in I, T_i$ 只有三个元素，则它的积空间 $\prod X_i$ 是紧空间。

季洪诺夫在 1935 年利用 M3 证明了 TOP1,凯莱在 1950 年证明了 TOP1 蕴涵 M3,1962 年瓦德提出了 TOP2 并证明它与选择公理等价,1967 年阿拉斯(O. T. Alas)证明了 TOP3 也与选择公理等价。

容易看出,TOP1⇒TOP2⇒TOP3。为了证明它们与选择公理等价,我们将证明 M3⇒TOP1 和 TOP3⇒AC7。

定义 7.1 设 S 为一非空子集,f 为 $P(S)$ 的真子集。称 F 为 S 上的滤子如果 F 不空且满足:

(1)若 $X \in F$ 且 $X \subseteq Y$,则 $Y \in F$;

(2)若 $X \in F$ 且 $Y \in F$,则 $X \cap Y \in F$。

称 F 为 S 上的超滤子,如果 F 为 S 上的滤子且满足

(3)对任意 $X \in P(S)$,$X \in F$ 当且仅当 $S - X \notin F$。

定义 7.2 设 B 为集族,称 B 为滤基如果集合

$$\{X : 存在 X_1, \cdots, X_n \in B 使得 X_1 \cap \cdots \cap X_n \subseteq X\}$$

是一滤子。

定义 7.3 设 X 为一拓扑空间,称 X 为紧空间如果对 X 的每一滤基 B 都有

$$\bigcap \{\overline{A} : A \in B\} 不空 \tag{7.1}$$

其中,$\overline{A}$ 表示 A 的闭包。

定理 7.4 M3⇒TOP1。

证明: 设 $\{X_i : i \in I\}$ 为一族紧空间,令 $X = \prod X_i$。要证明 X 为紧空间,即要证对任意滤基 B 都有(7.1)式成立。令

$$F = \{B' : B \subseteq B' 且 B' 是 X 的滤基\}。$$

容易验证 F 具有有穷特性。因此由 M3 知存在包含 B 的极大滤基。因此,不妨设 B 为极大滤基。下证(7.1)式成立。

对任意 $A \subseteq X$,定义 $Pr_i(A)$ 为 A 在 X_i 上的投影。由于 B 为 X 的滤基,所以对每一 $i \in I$,$\{Pr_i(A) : A \in B\}$ 是 X_i 的滤基。由 X_i 的紧性知集合 $A_i = \bigcap \{\overline{Pr_i(A)} : A \in B\}$ 不空。再次利用选择公理(AC1),可以从每一 A_i 中取一个元素 x_i。令 $x = \langle x_i : i \in I \rangle$。根据 B 的极大性,可以验证 $x \in \bigcap \{\overline{A} : A \in B\}$,即(7.1)式成立。 □

定理 7.5 TOP3 $\Rightarrow$ AC7。

证明: 设 $\{X_i : i \in I\}$ 为一集族,其中元素两两等势。要证笛卡尔积 $\prod X_i$ 不空。取一元素 a 使得 $a \notin \cup X_i$。对每一 $i \in I$,令 $Y_i = X_i \cup \{a\}$ 且定义 $T_i = \{\varnothing, \{a\}, Y_i\}$。则 $\{\langle Y_i, T_i \rangle : i \in I\}$ 满足 TOP3 中的条件。令 $W = \prod Y_i$ 为积空间,则 W 为紧空间。对任意 $i \in I$,令

$$Z_i = \{f : f \in W \text{ 且 } f(i) \in X_i\}。$$

不难验证每个 Z_i 都是 W 的闭集,且任意有穷多个 Z_i 的交不空。由紧性知 $\bigcap Z_i \neq \varnothing$。然而,容易看出 $\bigcap Z_i = \prod X_i$,所以 $\prod X_i \neq \varnothing$。 □

2.8 逻辑学中的等价形式

为了陈述选择公理在逻辑学中的等价形式,我们先给出有关概念的定义。

定义 8.1 一阶形式语言 $\mathcal{L}$ 是由下列各类符号组成的集合:

(1)个体变元符号 $v_0, v_1, \cdots, v_n, \cdots$($n$ 是自然数);

(2)个体常项符号(可任意多个);

(3)函数符号(可任意多个);

(4)谓词符号(可任意多个);

(5)逻辑联结符号 $\neg, \wedge, \vee, \rightarrow$;

(6)量词 $\forall, \exists$;

(7)等词 $=$;

(8)括号(,)。

定义 8.2 设$\mathcal{L}$为一形式语言,$\mathcal{L}$中的项定义如下:

(1)个体变元符号和个体常项符号都是项;

(2)若$t_1,\cdots,t_m$是项,而f为一m元函数符号,则$f(t_1,\cdots,t_m)$也是项;

(3)$\mathcal{L}$中的项都是用(1)和(2)经有穷步得到。

定义 8.3 $\mathcal{L}$中的原子公式定义如下:

(1)若t_1,t_2为项,则$t_1=t_2$为原子公式;

(2)若$t_1,\cdots,t_n$是项,而P是一n元谓词符号,则$P(t_1,\cdots,t_n)$为原子公式;

(3)原子公式都是由(1)和(2)经有穷步得到。

定义 8.4 $\mathcal{L}$中的合式公式(简称公式)定义如下:

(1)原子公式是公式;

(2)若Φ是公式,则$\neg\Phi$也是公式;

(3)若Φ,Ψ是公式,则$\Phi\wedge\Psi,\Phi\vee\Psi,\Phi\rightarrow\Psi$都是公式;

(4)若Φ是公式,则$\forall x\Phi,\exists x\Phi$都是公式;

(5)所有公式都是用(1)—(4)经有穷步得到。

定义 8.5 设Φ为一公式,Φ中不受量词约束的变元称为Φ中的自由变元。若Φ中没有自由变元,则称Φ为$\mathcal{L}$的语句。

定义 8.6 设$\mathcal{L}$为一形式语言,M为一非空集合。如果对$\mathcal{L}$中每一个m元谓词符号P都有M上的一个m元关系R来解释它;对$\mathcal{L}$中的每一n元函数符号f都有M上的一个n元函数F来解释它;对$\mathcal{L}$上的每一常项符号c都有M中的一个指定的元素a来解释它,则称M为$\mathcal{L}$的模型。这样对$\mathcal{L}$中的任意语句,就可以定义它在M中的真假了(详细定义略去)。

定义 8.7 设$\mathcal{L}$为形式语言,M为$\mathcal{L}$的一个模型,T为$\mathcal{L}$的语句集合。如果T中的每一语句都在M中为真,则称M为T的模型。

LOG1:设语句Φ有势为κ的模型。对任意势μ,若$\omega\leq\mu\leq\kappa$,则Φ有势为μ的模型。

LOG2：设语句 Φ 有可数无穷模型。则对任意势 $\kappa \geq \omega$，Φ 有势为 κ 的模型。

LOG3：设 Q 为语句集合，其中出现的常项符号有 κ 多个。如果 Q 的每一有穷子集都有模型，则 Q 有势不超过 $\kappa + \omega$ 的模型。

LOG1 和 LOG2 都称为是莱文海姆－斯科伦定理。LOG3 称作紧致性定理。选择公理蕴涵 LOG1，LOG2，LOG3 的证明分别归功于塔斯基、马尔采夫和恒钦；而它们蕴涵选择公理的证明则归功于法奥特（R. Vaught）。

定理 8.8　AC1⇒LOG3。

证明：使用了模型论中的超积方法，较为复杂，故略去，读者可参考文献[54,4]。　　　　□

定理 8.9　LOG3⇒LOG2。

证明：设语句 Φ 有一可数无穷模型 M，设 $\kappa \geq \omega$。要证 Φ 有势为 κ 的模型。设 C 为一集合满足 $|C| = \kappa$ 且 $C \cap M = \varnothing$。对任意 $a, b \in C$，记 Φ_{ab} 为公式 $a \neq b$。令 $A = \{\Phi_{ab} : a, b \in C$ 且 $a \neq b\}$，且令 $Q = \{\Phi\} \cup A$。显然，Q 的每一有穷子集都有模型。从而根据 LOG3 知，Q 有一个势不超过 $\kappa + \omega = \kappa$ 的模型。然而 Q 的势不会小于 κ。于是 Φ 有势为 κ 的模型。　　　　□

为证明 LOG3⇒LOG1，我们先给出下面引理。

引理 8.10　设 LOG3 成立，若语句 Φ 有势为 κ 的模型，且 $\kappa \geq \omega$，则 Φ 有可数模型。

证明：显然。　　　　□

定理 8.11　LOG3⇒LOG1。

证明：设 Φ 为一语句，若 Φ 有势为 κ 的模型，且 $\kappa \geq \omega$。则由引理 8.10 知 Φ 有可数模型。由定理 8.9 知 LOG2 成立。从而对任意的势 μ，若 $\mu \geq \omega$，则 Φ 有势为 μ 的模型。故 LOG1 成立。　　　　□

定理 8.12　LOG2⇒P1。

证明：设 κ 为一无穷势，要证 $\kappa^2 = \kappa$。把如下语句记为 Φ：

$$\forall xy\,\exists z R(x,y,z) \wedge$$
$$\forall xyzx'y'z'(R(x,y,z) \wedge R(x',y',z') \wedge z=z' \rightarrow (x=x' \wedge y=y')).$$

容易看出，一集合 M 是 Φ 的模型当且仅当存在 $M \times M$ 到 M 内的单射（即 $|M|^2 = |M|$）。从而可知 Φ 有可数模型。由 LOG2 知 Φ 有势为 κ 的模型。于是 $\kappa^2 = \kappa$。 □

定理 8.13 LOG1⇒P1。

证明：设 κ 为一无穷势，要证 $\kappa^2 = \kappa$。令 $\mu = 2^{\kappa\omega}$，则 $\mu^2 = 2^{2\kappa\omega} = 2^{\kappa\omega} = \mu$ 且 $\omega \le \kappa \le \mu$。把如下语句记为 Φ：

$$\forall xy\,\exists z R(x,y,z) \wedge$$
$$\forall xyzx'y'z'(R(x,y,z) \wedge R(x',y',z') \wedge z=z' \rightarrow (x=x' \wedge y=y')).$$

容易看出，一集合 M 是 Φ 的模型当且仅当存在 $M \times M$ 到 M 内的单射（即 $|M|^2 = |M|$）。从而可知 Φ 有势为 μ 的模型。由 LOG1 知 Φ 有势为 κ 的模型，从而 $\kappa^2 = \kappa$。 □

第三章

选择公理的应用

本章介绍选择公理在各个数学分支中的应用,即介绍那些需要选择公理的数学定理。由于选择公理的应用非常广泛,所以我们只介绍一些有代表性的定理。有些,定理并不是直接用选择公理或其等价形式,而是应用选择公理的弱形式。因此我们还要介绍选择公理的一些弱形式。所谓选择公理的弱形式是指那些可由选择公理推出但与选择定理不等价的命题(对于这些命题,我们可以利用第五章的方法找出ZF 的模型,使得在其中这些命题成立,但选择公理不成立)。

3.1 依赖选择与可数选择

在集合论中,集合的一些运算性质、基数的正则性等都与选择公理有关。一般来说,使用选择公理的弱形式就可证明这些性质。

AC(ω)(可数选择公理):设 F 为集族,其中每一元素不空且 F 可数,则存在 F 上的选择函数。

DC(ω)(依赖选择公理):设 A 为非空集合,R 为其上的二元关系。如果对任意 $x \in A$,都存在 y 使得 xRy,则存在 A 的元素的可数序列 $\{x_n : n \in \omega\}$ 使得

$$x_0 R x_1, x_1 R x_2, \cdots, x_n R x_{n+1}, \cdots$$

定理 1.1 M2⇒DC(ω)。

证明： 设 R 为 A 上的二元关系，且设对任意 $x \in A$ 都存在 y 使得 xRy。要证存在 A 的元素的可数序列 $\{x_n : n \in \omega\}$ 使得

$$x_0 R x_1, x_1 R x_2, \cdots, x_n R x_{n+1}, \cdots$$

令 $F = \{f : f$ 为函数且 $\mathrm{dom}(f)$ 为序数且 $\mathrm{ran}(f) \subseteq A$ 且 $\forall \alpha, \beta \in \mathrm{dom}(f)$ $(\alpha < \beta \rightarrow f(\alpha) R f(\beta))\}$，则 F 在包含关系下为一偏序集。对 F 的任意链 C，显然 $\bigcup C \in F$ 且为 C 的上界。从而由 M2 知 F 有极大元。设 f 为 F 的极大元，则必有 $\mathrm{dom}(f) \geq \omega$。对每一 n 令 $x_n = f(n)$，则 $\{x_n : n \in \omega\}$ 满足要求。 □

定理 1.2 DC(ω)⇒AC(ω)。

证明： 设 $F = \{S_n : n \in \omega\}$，其中每个 S_n 都不空。要证 F 有选择函数。令

$$A = \{f : f \text{ 为函数且 } \mathrm{dom}(f) \text{ 为自然数且 } \forall i \in \mathrm{dom}(f)\,(f(i) \in S_i)\}.$$

定义 A 上的关系 ρ 如下：$f\rho g$ 当且仅当 $f \subseteq g$ 且 $\mathrm{dom}(g) \geq \mathrm{dom}(f) + 1$。显然，对任意 $f \in A$ 存在 $g \in A$ 使得 $f\rho g$。根据 DC(ω) 知存在一序列 f_0, $f_1, \cdots, f_n, \cdots$ 使得

$$f_0 \rho f_1, f_1 \rho f_2, \cdots, f_n \rho f_{n+1}, \cdots$$

令 $f = \bigcup \{f_n : n \in \omega\}$，则 f 就是 F 上的选择函数。 □

定理 1.3 设 DC(ω) 成立，则一集合 P 上的线序 $<$ 是良序当且仅当不存在无穷递降序列

$$x_0 > x_1 > \cdots > x_n > \cdots$$

证明： 必要性是显然的。下证充分性。

设 $<$ 不是良序,则存在 P 的子集 P_1 使得 P_1 没有极小元,即对任意 $x \in P_1$ 必有 $y \in P_1$ 使得 $y < x$。从而由 $\mathrm{DC}(\omega)$ 知存在序列

$$x_0 > x_1 > \cdots > x_n > \cdots \qquad \square$$

定理 1.4（可数并定理）　设 $\mathrm{AC}(\omega)$ 成立,则可数多个可数集的并集仍可数。

证明：设 $X_0, X_1, \cdots, X_n, \cdots$ 为可数多个可数集。要证 $\bigcup \{X_n : n \in \omega\}$ 可数。对每一 n,令 $F_n = \{f : f$ 是 ω 到 X_n 的满射$\}$。显然对每个 n,F_n 都不空,从而根据 $\mathrm{AC}(\omega)$,可从每个 F_n 中取出一元素 f_n。按照下图的方法我们可以构造 ω 到 $\bigcup \{X_n : n \in \omega\}$ 上的满射,从而 $\bigcup \{X_n : n \in \omega\}$ 可数。

$$
\begin{array}{ccccccc}
f_0(0) & \to & f_0(1) & & f_0(2) & \to & \cdots \\
 & \swarrow & & \nearrow & & \swarrow & \\
f_1(0) & & f_1(1) & & f_1(2) & & \cdots \\
\downarrow & \nearrow & & \swarrow & & & \\
f_2(0) & & f_2(1) & & f_2(2) & & \cdots \\
 & \swarrow & & & & & \\
\vdots & & \vdots & & \vdots & & \cdots
\end{array}
\qquad \square
$$

推论 1.5　设 $\mathrm{AC}(\omega)$ 成立,则全体实数组成的集合 $\mathbf{R}$ 不能表示成可数多个可数集的并。

定义 1.6　设 ω_α 为一基数,称 ω_α 为正则基数如果对任意集合 $A \subseteq \omega_\alpha$,若 $|A| < \omega_\alpha$,则 $\bigcup A < \omega_\alpha$。

推论 1.7　设 $\mathrm{AC}(\omega)$ 成立,则 ω_1 是正则基数。

定理 1.8　设 $\mathrm{AC}(\omega)$ 成立,则任意无穷集合都有可数无穷子集。

证明：设 S 为一无穷集合,要证 S 有可数子集。对任意自然数 k,令

$$A_k = \{s : s \subseteq S \text{ 且 } s \text{ 仅有 } k \text{ 个元素}\}。$$

显然每个 A_k 都不空。由 $\mathrm{AC}(\omega)$，可从每个 A_k 中取出一个元素 s_k。把所有这些 s_k 并起来就可得到 S 的一个可数无穷子集。□

$\mathrm{T}(\omega)$：对任意集合 X，要么 $|X| \geqslant \omega$，要么 $|X| \leqslant \omega$。

推论 1.9 $\mathrm{AC}(\omega) \Rightarrow \mathrm{T}(\omega)$。

定理 1.10 假设 $\mathrm{AC}(\omega)$，若 A 为无穷集合，B 为可数集合，则 $A \cup B$ 与 A 等势。

证明： 不妨设 $B \cap A = \varnothing$，且设 $B = \{b_0, b_1, \cdots, b_n, \cdots\}$。根据定理 1.8 知 A 有可数无穷子集，设 $B' = \{b_0', b_1', \cdots, b_n', \cdots\}$ 为 A 的可数子集。下面构造 A 到 $A \cup B$ 上的映射 f：对任意 $x \in A$，

如果 $x \in A - B'$，则令 $f(x) = x$；

如果 $x \in B'$ 且 $x = b_{2n}'$，则令 $f(x) = b_n'$；

如果 $x \in B'$ 且 $x = b_{2n+1}'$，则令 $f(x) = b_n$。

显然，f 是 A 到 $A \cup B$ 上的双射。故 A 与 $A \cup B$ 等势。□

推论 1.11 假设 $\mathrm{AC}(\omega)$，如果 A 是无穷集，B 是可数集，则 A 与 $A - B$ 等势。

我们可把 $\mathrm{DC}(\omega)$，$\mathrm{AC}(\omega)$ 和 $\mathrm{T}(\omega)$ 推广到更高层的基数上。在本节中 κ, λ, μ 均表示基数。

定义 1.12 设 S 为一集合，f 为一函数。如果 $\mathrm{dom}(f)$ 为序数，且 $\mathrm{ran}(f) \subseteq S$，则称 f 为 S 中元素的序列，称 $\mathrm{dom}(f)$ 为 f 的长度。

定义 1.13 对任意基数 κ，记 $P_\kappa(S)$ 为集合

$$\{s : s \text{ 为长度小于 } \kappa \text{ 的 } S \text{ 中元素的序列}\}。$$

$\mathrm{DC}(\kappa)$：设 S 为一非空集合，$R \subseteq P_\kappa(S) \times S$ 为二元关系。如果对任意 $s \in P_\kappa(S)$ 都存在 $y \in S$ 使 sRy，则存在 κ 到 S 上的函数使得对任意 $\alpha < \kappa$ 都有 $(f \mid \alpha) R f(\alpha)$，其中 $f \mid \alpha$ 表示 f 在 α 上的限制。

AC(κ):设 F 为一集族,其中每一元素都不空且 $|F|=\kappa$,则存在 F 上的选择函数。

T(κ):对任意集合 X,要么 $|X|\leqslant\kappa$,要么 $|X|\geqslant\kappa$。

定理 1.14 如果 $\kappa<\lambda$,则 DC(λ)$\Rightarrow$DC(κ),AC(λ)$\Rightarrow$AC(κ), T(λ)$\Rightarrow$T(κ)。

证明: AC(λ)$\Rightarrow$AC(κ) 和 T(λ)$\Rightarrow$T(κ) 容易证明。

下证 DC(λ)$\Rightarrow$DC(κ)。设 S,R 满足 DC(κ) 中的条件。取 S 中的一个元素 a,定义关系

$$R^* = R\cup\{\langle s,a\rangle : s\in P_\lambda(S) - P_\kappa(S)\}。$$

这样,S,R^* 满足 DC(λ) 中的条件。由 DC(λ) 知,存在 λ 到 S 的函数 g 使得对任意 $\gamma<\lambda$ 都有 $(g|\gamma)R^*g(\gamma)$。取 $f=g|\kappa$ 即可。　　□

定理 1.15 DC(κ)$\Rightarrow$AC(κ),DC(κ)$\Rightarrow$T(κ)。

证明: 先证 DC(κ)$\Rightarrow$AC(κ)。

设 $X_\alpha,\alpha<\kappa$ 为一族非空集合,令 $S=\bigcup\{X_\alpha:\alpha<\kappa\}$。

定义 $P_\kappa(S)$ 与 S 的元素间的关系 R 如下:对任意 $s\in P_\kappa(S)$ 及 $y\in S$,sRy 当且仅当 $y\in X_\alpha$,其中 $\alpha=\mathrm{dom}(s)$。显然 S,R 满足 DC(κ) 中的假设。故由 DC(κ) 知,存在函数 $f:\kappa\to S$ 使得对任意 $\alpha<\kappa$ 都有 $(f|\alpha)Rf(\alpha)$。显然,f 就是集族 $\{X_\alpha:\alpha<\kappa\}$ 上的选择函数。

再证 DC(κ)$\Rightarrow$T(κ)。

设 X 为一集合,要证 $|X|\leqslant\kappa$ 或者 $|X|\geqslant\kappa$。假设 $|X|\not\leqslant\kappa$,下证 $|X|\geqslant\kappa$。设 $S=X$,定义 $R\subseteq P_\kappa(S)\times S$ 如下:对任意 $s\in P_\kappa(S)$ 及 $x\in S$,sRx 当且仅当 $x\in\mathrm{ran}(s)$。因为 $|S|\not\leqslant\kappa$,故对任意 $s\in P_\kappa(S)$ 都有 $x\in S$ 使得 sRx。由 DC(κ) 知,存在 κ 到 S 上的函数 f 使得对任意 $\alpha<\kappa$ 都有 $(f|\alpha)Rf(\alpha)$。不难看出 f 是单射。故有 $\kappa\leqslant|S|$,即 $|X|\geqslant\kappa$。　　□

定理 1.16 $\forall\kappa$DC(κ)$\Leftrightarrow$AC1,$\forall\kappa$T(κ)$\Leftrightarrow$AC1。

证明：对任意 κ 都有 $DC(\kappa) \Rightarrow T(\kappa)$，故 $\forall \kappa DC(\kappa) \Rightarrow \forall \kappa T(\kappa)$。因此，只需证明 $\forall \kappa T(\kappa) \Leftrightarrow AC1$。$AC1 \Rightarrow \forall \kappa T(\kappa)$ 是显然的（应用 T1）。下面证 $\forall \kappa T(\kappa) \Rightarrow WO3$。

对任意集合 X，$|\Gamma(X)|$ 为一基数。因此，有 $T(|\Gamma(X)|)$ 成立。从而，要么 $|X| \leqslant |\Gamma(X)|$，要么 $|\Gamma(X)| \leqslant |X|$。而后者是不可能的。于是 WO3 成立。 □

定理 1.17 如果 $AC(\kappa)$ 成立，则 κ 多个势为 κ 的集合的并集的势仍为 κ。

证明：与定理 1.4 的证明类似。 □

推论 1.18 如果 $AC(\kappa)$ 成立，则 κ^+ 为正则基数。

定理 1.19 设 $AC(\kappa)$ 和 $\forall \lambda < \kappa T(\lambda)$ 成立，则对任意集合 X，若 $|X| \not< \kappa$，则 X 有势为 κ 的子集。

证明：设 X 为一集合，其势不小于 κ。对任意基数 $\lambda < \kappa$，令 $A_\lambda = \{S \subseteq X : |S| = \lambda\}$。由 $\forall \lambda < \kappa T(\lambda)$ 知，每个 A_λ 都不空。再根据 $AC(\kappa)$，可以从每个 A_λ 中选出一个元素 S_λ。显然，集合 $A = \bigcup\{S_\lambda : \lambda < \kappa\}$ 的势为 κ。 □

最后我们来考察有穷的概念与选择公理的关系。

定义 1.20 设 X 为一集合，

(1) 如果 $|X|$ 为一自然数，则称 X 为有穷集；

(2) 如果 X 与其每一真子集都不等势，则称 X 为 Dedekind 有穷集，简称 D-有穷集。

有穷与 D-有穷这两个概念的等价性依赖于选择公理。如果选择公理成立，则它们等价；否则，它们不等价（将在第五章讨论）。

引理 1.21 一集合 S 是 D-有穷的当且仅当 S 不含可数无穷子集。

证明：充分性：设 S 不含可数无穷子集，要证 S 是 D-有穷的。假设 S 不是 D-有穷的，则 S 必与其一真子集 S' 等势。于是存在 S 到 S' 上的双射 f。取 $a \in S - S'$，则集合

$$\{a, f(a), f(f(a)), \cdots\}。$$

就是 S 的可数无穷子集,矛盾。故 S 必为 D- 有穷的。

必要性:设 S 是 D- 有穷集,要证 S 不含可数无穷子集。假设 S 有可数无穷子集 $\{a_n : n \in \omega\}$,则集合 $S' = (S - \{a_n : n \in \omega\}) \bigcup \{a_{2n} : n \in \omega\}$ 是 S 的一个真子集。显然 S 与 S' 等势。与 S 是 D- 有穷集矛盾。故 S 不含可数子集。　　　　　　　　　　　　　　　□

定理 1.22　假设 AC1,则一集合 S 是有穷的当且仅当 S 是 D- 有穷的。

证明:必要性显然。下证充分性。假设 S 是 D- 有穷的,要证 S 是有穷的。若不然,则由 AC1 知,存在 $P(S) - \{\varnothing\}$ 上的选择函数 f。令

$$a_1 = f(S), a_2 = f(S - \{a_1\}), a_3 = f(S - \{a_1, a_2\}), \cdots$$

从而 S 有可数子集。由引理 1.21 知 S 不是 D- 有穷的,矛盾。故 S 必是有穷的。　　　　　　　　　　　　　　　　　　　□

依赖选择公理(DC(ω))是贝尔奈斯于 1942 年提出的,但它是由塔斯基命名的(1948 年),勒维于 1964 年把它推广到了更高层的基数上。康托尔于 1870 年证明了可数并定理(定理 1.4)。康托尔于 1895 年、波雷尔于 1898 年、罗素于 1902 年都证明了定理 1.8。而罗素指出了这个证明如何使用了可数选择公理(AC(ω))。定理 1.10 和推论 1.11 是由谢宾斯基首先证明的。戴德金有穷的概念是戴德金于 1888 年给出的。谢宾斯基研究了 D- 有穷与有穷的关系(定理 1.22)。

3.2　选择公理在分析与拓扑学中的应用

在数学分析中,聚点、连续性和紧集的概念都有两种定义方法。这两种定义的等价性依赖于选择公理。

定义 2.1

(a) 聚点:一点 x_0 是集合 A 的聚点,如果

(1) x_0 的每一邻域与 $A - \{x_0\}$ 的交都不空。

(2) 存在 $A - \{x_0\}$ 中点的序列 $\{x_n : n < \omega\}$ 使得 $x_0 = \lim x_n$。

(b) 连续性:一函数 f 在点 x_0 处是连续的,如果

(1) $\forall \epsilon > 0 \exists \delta > 0 \forall x(\,|x - x_0| < \delta \rightarrow |F(x) - f(x_0)| < \epsilon)$。

(2) 对任意序列 $\{x_n : n < \omega\}$,若 $\lim x_n = x_0$ 则 $\lim f(x_n) = f(x_0)$。

(c) 紧集:一集合 A 是紧集,如果

(1) A 是有界闭集。

(2) A 中的任意点列 $\{x_n : n < \omega\}$ 都有一敛子列,且其极限属于 A。

定理 2.2　假设 $AC(\omega)$,则定义 2.1 中 (a),(b),(c) 的两种定义 (1) 和 (2) 分别是等价的。

证明:我们只证明 (a) 中的 (1) 和 (2) 是等价的。(b) 和 (c) 中的 (1) 和 (2) 的等价性的证明类似。

(1) $\Rightarrow$ (2):设 (1) 成立,对每一 $n > 0$,令 $I_n = (x_0 - \dfrac{1}{n}, x_0 + \dfrac{1}{n}) \cap A$。则对每一 $n > 0, I_n$ 都不空。由 $AC(\omega)$,可从每个 I_n 中选取一个元素 x_n。显然 $\lim x_n = x_0$。

(2) $\Rightarrow$ (1):这个证明不需要选择公理,故略去。　　　　$\square$

定义 2.3　设 X 为一拓扑空间,D 为 X 的一子集。如果 $\overline{D} = X$,则称 D 为 X 的稠密子集。

定义 2.4　具有可数稠密子集的拓扑空间称为可分空间。

定理 2.5　假设 $AC(\omega)$,则可分度量空间的子空间仍是可分的。

证明:设 X 为可分度量空间,则它有可数稠密子集 $\{x_0, x_1, \cdots,$

$x_n,\cdots\}$。对每一 x_n，记 U_{mn} 为 x_n 的 $\dfrac{1}{m}$ - 邻域。则集族 $\{U_{mn}:m,n\in\omega\}$ 是 X 的可数基。

设 T 为 X 的任意子空间，集族

$$\{U_{mn}\cap T:m,n\in\omega\}$$

是 T 的可数基。由 $\mathrm{AC}(\omega)$，可从每个 $U_{mn}\cap T$ 中选取一个元素 y_{mn}（若 $U_{mn}\cap T$ 不空）。不难验证 $\{y_{mn}:m,n\in\omega\}$ 为 T 的可数稠密子集。故 T 为可分空间。 □

定义 2.6 设 X 为拓扑空间，如果 X 具有可数基，则称 X 为满足第二可数性公理的空间。

定理 2.7 假设 $\mathrm{AC}(\omega)$，则每一满足第二可数性公理的拓扑空间都是可分的。

证明：设 X 为满足第二可数性公理的拓扑空间，且设 $\{X_n:n\in\omega\}$ 为 X 的基。由 $\mathrm{AC}(\omega)$，可从每一 X_n（若 X_n 不空）中选取一点 b_n。不难验证，$\{b_n:n\in\omega\}$ 为 X 的稠密子集。故 X 是可分的。 □

在拓扑学中，正规拓扑空间的定义也有两种，它们的等价性也依赖于选择公理。

定义 2.8 一拓扑空间是正规的，如果

(1) 对任意两个闭集 A,B，若 $A\cap B=\varnothing$，则存在开集 U,V 使得 $A\subseteq U,B\subseteq V$，且 $U\cap V=\varnothing$。

(2) 对任意两个闭集 A,B，若 $A\cap B=\varnothing$，则存在连续映射 $f:X\to[0,1]$ 使得当 $x\in A$ 时，$f(x)=0$；而当 $x\in B$ 时，$f(x)=1$。

定理 2.9（乌尔逊引理） 假设 $\mathrm{DC}(\omega)$，则定义 2.8 中的 (1) 和 (2) 等价。

证明：(2)$\Rightarrow$(1) 的证明是容易的且不用选择公理，故略去。下证 (1)$\Rightarrow$(2)。

设 A,B 为 X 的两个不相交的闭集，令

$$\mathbf{U} = \{U : U \text{ 为开集且 } A \subseteq U\}。$$

定义 $\mathbf{U}$ 上的二元关系 R 如下:对任意 $U, V \in \mathbf{U}$,

$$URV \text{ 当且仅当 } \overline{V} \subseteq U。$$

不难验证,对任意 $U \in \mathbf{U}$ 存在 $V \in \mathbf{U}$ 使得 URV。因此,由 $\mathrm{DC}(\omega)$ 知,存在 $\mathbf{U}$ 中元素的序列

$$U_1, U_2, \cdots, U_n, \cdots$$

使得对每一自然数 n 都有 $U_n R U_{n+1}$。定义函数 $f : X \to [0, 1]$ 如下:对任意 $x \in X$,

$$f(x) = \begin{cases} \inf\{\dfrac{1}{n} : x \in U_n\}, & \text{如果 } x \notin B \\ 1 & \text{如果 } x \in B \end{cases}$$

当 $x \in A$ 时,x 属于每一个 U_n,故 $f(x) = 0$。不难验证 f 是连续函数。   □

定义 2.10 设 $\mathbf{A}$ 为集族,B 为集合。如果 $B \subseteq \bigcup \mathbf{A}$,则称 $\mathbf{A}$ 为集合 B 的覆盖。当 $\mathbf{A}$ 可数时,则称 $\mathbf{A}$ 为 B 的可数覆盖;当 $\mathbf{A}$ 有穷时,则称 $\mathbf{A}$ 为 B 的有穷覆盖。

若 $\mathbf{A}$ 为集合 B 的覆盖,且 $\mathbf{A}$ 的子族 $\mathbf{A}'$ 也是 B 的覆盖,则称 $\mathbf{A}'$ 为 $\mathbf{A}$ 的子覆盖。

若集合 B 的覆盖 $\mathbf{A}$ 是拓扑空间 X 的开(闭)集族,则称 $\mathbf{A}$ 为 B 的开(闭)覆盖。

定义 2.11 设 X 为拓扑空间,如果 X 的每一开覆盖都有可数子覆盖,则称 X 为林德洛夫空间。

定理 2.12 假设 $\mathrm{AC}(\omega)$,则满足第二可数性公理的拓扑空间都是林德洛夫空间。

证明：设 X 为满足第二可数性公理的拓扑空间。令 $\mathbf{B}$ 为 X 的可数基。设 $\mathbf{A}$ 为 X 的开覆盖。令

$$\mathbf{B}_1 = \{B \in \mathbf{B} : \exists A \in \mathbf{A} (B \subseteq A)\},$$

则不难验证 $\mathbf{B}_1$ 为 X 的可数开覆盖。对每一 $B \in \mathbf{B}_1$，令

$$\mathbf{B}_B = \{A \in \mathbf{A} : B \subseteq A\},$$

显然，对每一 $B \in \mathbf{B}_1$，$\mathbf{B}_B$ 均不空。由 $\mathrm{AC}(\omega)$，可从每个 $\mathbf{B}_B$ 中选取一个元素 A_B。记

$$\mathbf{A}_1 = \{A_B : B \in \mathbf{B}_1\}。$$

则 $\mathbf{A}_1$ 是 $\mathbf{A}$ 的可数子族，且有

$$\bigcup \mathbf{A}_1 \supseteq \bigcup \mathbf{B} = X。$$

所以 $\mathbf{A}_1$ 是 $\mathbf{A}$ 的可数子覆盖。故 X 是林德洛夫空间。　　　□

定理2.13　假设 AC1，则林德洛夫空间的每一闭子空间都是林德洛夫空间。

证明：设 Y 是林德洛夫空间 X 的闭子空间，且设 $\mathbf{A}$ 为 Y 的开覆盖（$\mathbf{A}$ 中的元素都是 Y 的开集）。对每一 $A \in \mathbf{A}$，令

$$\mathbf{U}_A = \{U : U \text{ 为 } X \text{ 的开集且 } A = U \cap Y\},$$

显然，每一 $\mathbf{U}_A$ 都不空，故由 AC1，可从每个 $\mathbf{U}_A$ 中选取一元素 U_A。令

$$\mathbf{A}_1 = \{U_A : A \in \mathbf{A}\},$$

则 $\mathbf{A}_I \cup \{X - Y\}$ 为 X 的开覆盖。由于 X 是林德洛夫空间,故 $\mathbf{A}_I \cup \{X - Y\}$ 有可数子覆盖,设为 $\{U_{A_1}, U_{A_2}, \cdots\} \cup \{X - Y\}$,易见 $\{U_{A_1}, U_{A_2}, \cdots\}$ 为 Y 的覆盖。于是

$$\bigcup\{A_i : i \in \omega\} = \bigcup\{U_{A_i} \cap Y : i \in \omega\}$$
$$= Y \cap (\bigcup\{U_{A_i} : i \in \omega\}) = Y,$$

即 $\{A_1, A_2, \cdots\}$ 为 Y 的可数开覆盖,而它是 $\mathbf{A}$ 的子覆盖。这就证明了 Y 是林德洛夫空间。 $\square$

定义 2.14 设 X 为拓扑空间,如果对 X 中的任意一点 x 及任意不包含 x 的闭集 A 都存在 x 的开邻域 U 及 A 的开邻域 V 使 $U \cap V = \varnothing$,则称 X 为正则空间。

定理 2.15(季洪诺夫定理) 假设 AC1,则每一正则的林德洛夫空间都是正规空间。

证明: 设 X 是正则的林德洛夫空间,设 A, B 是 X 的两个不相交的闭集,对任意 $x \in A$,令

$$\mathbf{U}_x = \{U : U \text{ 为 } X \text{ 的开邻域且 } U \subseteq X - B\}。$$

由于 X 是正则空间,故对任意 $x \in A$(显然 $x \notin B$),$\mathbf{U}_x$ 都不空。由 AC1,可从每一 $\mathbf{U}_x$ 中取出一元素 U_x。不难看出,$\{U_x : x \in A\}$ 为闭集 A 的开覆盖。由此根据定理 2.13 可证存在 A 的开邻域 U^* 及 B 的开邻域 V^* 使得 $U^* \cap V^* = \varnothing$。故 X 为正规空间。 $\square$

定理 2.5 是豪斯道夫在 1927 年利用可数选择公理证明的。定理 2.12 是谢宾斯基在 1934 年证明的,但当时他并没有意识到使用了选择公理。库拉托夫斯基指出了谢宾斯基的证明使用了可数选择公理,但当他证明定理 2.7 时(1934 年)却没有注意到使用了可数选择公理。定理 2.9(乌尔逊引理)是在 1924 年乌尔逊游泳溺死之后由亚历山大罗夫整理发表的(他们都是鲁津的学生)。

3.3　素理想定理及其等价

在第二章第 6 节中,我们已经给出了理想、极大理想、滤子、极大滤子的概念。实际上,在布尔代数中,理想与滤子、素理想与超滤子是两对对偶的概念。设 B 为一布尔代数,$I \subseteq B$。令 $I^* = \{ b^{-1} : b \in I \}$,则

I 是 B 的理想当且仅当 I^* 是 B 的滤子;

I 是 B 的素理想当且仅当 I^* 是 B 的超滤子。

利用 AL1 我们不难得到下列命题:

PIT(素理想定理):每一布尔代数都有素理想。

IEP:在每一布尔代数中,每一真理想都可扩充为素理想。

定理 3.1　PIT⇔IEP。

证明:显然 IEP 比 PIT 强,只需证 PIT⇒IEP。

设 B 为一布尔代数,I 为 B 的理想。考虑如下等价关系:

$$a \sim b \text{ 当且仅当 } (a \wedge b^{-1}) \vee (b \wedge a^{-1}) \in I。$$

令 C 为所有等价类组成的集合,定义 C 上的 $\wedge$,$\vee$,$^{-1}$ 如下:

$$[a] \wedge [b] = [a \wedge b],[a] \vee [b] = [a \vee b],[a]^{-1} = [a^{-1}]。$$

则 C 也是布尔代数,称为 B 的商代数,记为 $C = B/I$。由 PIT 知,C 有素理想 K。容易验证,集合

$$J = \{ a \in B : [a] \in K \}$$

就是 B 的素理想且 $I \subseteq J$。　　　　　　　　　　□

根据理想与滤子的对偶性知,下面两个命题都与 PIT 等价:

BFT:每一布尔代数都有超滤子。

BFE:布尔代数中的每一真滤子都可扩充为超滤子。

特别地,S 为非空集合时,$P(S)$ 在集合的并、交、补运算下构成布尔代数。在第二章第 7 节中定义的 S 上的滤子和超滤子的概念与 $P(S)$ 的滤子和超滤子的概念分别巧合。因此有

UFT(超滤子定理):集合 S 上的任意真滤子都可扩充为超滤子。

EUF:对任意集合 S,都存在 S 上的超滤子。

值得注意的是,UFT 与 EUF 并不等价。实际上,EUF 总是成立的,根本不需要选择公理。例如,任取 $a \in S$,则集合 $\{X \subseteq S : a \in X\}$ 就是 S 上的超滤子。我们称这样的超滤子为 S 上的主超滤子。如果把 EUF 改成如下命题:

ENP:对任意无穷集合 S,存在 S 上的非主超滤子。

当没有选择公理(或其弱形式)时,ENP 是不可证的。但是,ENP 还是比 UFT 弱。

定义 3.2 设 S 为一非空集合,$A \subseteq P(S)$,如果 A 中任意有穷多个元素的交不空,则称 A 具有有穷交性。

不难看出,具有有穷交性的集族一定是滤基。所以 UFT 与下列命题等价:

UFT′:设 $A \subseteq P(S)$,若 A 具有有穷交性,则 A 可扩充为 S 的一个超滤子。

定义 3.3 设 S 为一集合,$A \subseteq P(S)$。如果 $S \in A$ 且 A 在并、交、补

运算下构成布尔代数,则称 A 为集代数。

不难验证 UFT 与下列命题等价:

SUF:集代数上的每个真滤子都可扩充为超滤子。

引理3.4　设 B 为布尔代数,A 为集代数,$\pi: B \to A$ 为同态映射,则有

(1)若 F 为 A 的超滤子,则集合

$$\pi^{-1}(F) = \{a : \pi(a) \in F\}$$

为 B 的超滤子。

(2)若 F 为 B 的滤子,则 $\pi(F) = \{\pi(a) : a \in F\}$ 为 A 的滤子。

证明:显然。　　　□

定理3.5　PIT⇔UFT。

证明:PIT⇒UFT 是显然的。下证 UFT⇒PIT。

设 B 为一布尔代数,令 $S = \{U : U$ 是 B 的超滤子$\}$。

定义 $\pi: B \to S$ 如下:

$$\pi(a) = \{U \in S : a \in U\}。$$

容易验证 π 具有如下性质:

$$\pi(a \wedge b) = \pi(a) \wedge \pi(b);$$
$$\pi(a \vee b) = \pi(a) \vee \pi(b);$$
$$\pi(a^{-1}) = S - \pi(a)。$$

故 $A = \{\pi(a) : a \in B\}$ 为一集代数且 π 是 B 到 A 的同态映射。由引理 3.4 及 UFT 知,B 的每一滤子都可扩充为超滤子,即 PIT 成立。　　　□

SPT(斯通表现定理):每个布尔代数都与一集代数同构。

定理 3.6 PIT⇔SPT。

证明: PIT⇒SPT:我们只需要验证定理 3.5 中的 π 为单射即可。对任意 $a,b\in B$,若 $a\neq b$,则要么 $\{a,b^{-1}\}$,要么 $\{a^{-1},b\}$ 可以生成一个真滤子。不妨设 $\{a,b^{-1}\}$ 生成一个真滤子 D,则由 PIT 知,D 可扩充为超滤子 U。显然 $U\in\pi(a)$ 但 $U\notin\pi(b)$。故 $\pi(a)\neq\pi(b)$,即 π 为单射。从而 B 与 A 同构。

SPT⇒PIT:设任意布尔代数 B 与一集代数 A 同构,π 为同构映射。任取 $p\in\bigcup A$,令

$$U=\{a\in B:p\in\pi(a)\}。$$

显然 U 为 B 的超滤子。从而 PIT 成立。 □

在逻辑学中,LOG3 有一个弱形式也与 PIT 等价。

CT(紧致性定理):设 Q 为形式语言 **L** 的语句集。若 Q 的每一有穷子集都有模型,则 Q 有模型。

为证 CT 与 PIT 等价,我们再引进 PIT 的一个等价形式。

定义 3.7 设 S 为一集合,称 M 为 S 的一个团(mess),如果它满足下列条件:

(1)对任意 $t\in M,t$ 为有穷函数,$\mathrm{dom}(t)\subseteq S$ 且 $\mathrm{ran}(t)\subseteq\{0,1\}$;

(2)对 S 上的每一有穷子集 P,都存在一 $t\in M$ 使得 $\mathrm{dom}(t)=P$;

(3)对每一 $t\in M$ 及每一有穷集 $P\subseteq S$,都有 $t|P\in M$。

定义 3.8 设 $f:S\to\{0,1\}$ 为函数,M 为 S 上的团。如果对 S 的每个有穷子集 P 都有 $f|P\in M$,则称 f 与 M 是一致的。

CP:对任意集合 S 及 S 上的一个团 M,都存在 S 到 $\{0,1\}$ 的函数 f,使得 f 与 M 一致。

定理 3.9　UFT$\Rightarrow$CP。

证明：设 M 为 S 上的团，令 I 为 S 的所有有穷子集组成的集合。对每一 $P \in I$，令

$$M_P = \{ t \in M : \mathrm{dom}(t) = P \}。$$

再令 Z 为所有满足下列条件的 z 组成的集合：

（1）$\mathrm{dom}(z) \subseteq I$；

（2）对每一 $P \in \mathrm{dom}(z)$，$z(P) \in M_P$；

（3）对任意 $P, Q \in \mathrm{dom}(z)$，函数 $z(P)$ 和 $z(Q)$ 相容（即 $z(P) \cup z(Q)$ 仍为函数）。

对每一 $P \in I$，令

$$X_P = \{ z \in Z : P \in \mathrm{dom}(z) \}。$$

不难验证集族 $\{ X_P : P \in I \}$ 具有有穷交性。根据 UFT，它可扩充为 Z 上的超滤子 U。

对每一 $P \in I, M_P$ 必为有穷集，设为 $\{ t_1, t_2, \cdots, t_m \}$，不难看出

$$X_P = X_{t_1} \cup \cdots \cup X_{t_m},$$

其中

$$X_t = \{ z \in Z : z(P) = t \}。$$

由于 U 是超滤子，故 $t_i (i = 1, \cdots, m)$ 中只有一个 t 使得 $X_t \in U$，把它记为 t_P。可以证明 $\{ t_P : P \in I \}$ 中的任意两个元素都是相容的。令 $f = \bigcup \{ t_P : P \in I \}$，则 f 与 M 是一致的。　　　　□

定理 3.10　CP$\Rightarrow$CT。

证明：设 Q 为形式语言 $\mathbf{L}$ 的语句集，且 Q 协调（即推不出矛盾）。

设集合 $\{\Phi:\Phi$ 为 $\mathbf{L}$ 的公式且 Φ 中只有一个自由变元 $\}$ 的势为 κ,取 $\mathbf{L}$ 之外的常项符号集 C 使 $|C| = \kappa$,则对每个 $\Phi(x)$ 都对应 C 中一个元素,记为 c_{Φ}。如果 Q 是完全理论,则可通过 C 构造出 Q 的一个模型(见参考文献[54],下同)。因此,下面的任务是证明存在包含 Q 的完全理论 Q^{*}。

设 S 为形式语言 $\mathbf{L}$ 的所有语句组成的集合,定义 M 如下:

$$t \in M \quad 当且仅当 \quad \exists A(A \text{ 是 } Q \cap \operatorname{dom}(t) \text{ 的模型且}$$
$$\forall \Phi \in \operatorname{dom}(t)(t(\Phi) = 1 \rightarrow A \models \Phi))$$

因为 Q 的每一有穷子集都有模型,所以不难验证 M 为 S 上的团。由 CP 知,存在 S 上的与 M 一致的函数 f,令

$$Q^{*} = \{\Phi \in S : f(\Phi) = 1\},$$

则 Q^{*} 是完全理论且 $Q \subseteq Q^{*}$。 □

定理 3.11　CT⇒PIT。

证明:令 Q 为下列语句组成的集合:

$$I(0), I(1);$$
$$I(a) \vee I(a^{-1}) (a \in B);$$
$$I(a) \wedge I(b) \rightarrow I(a \wedge b) (a, b \in B)。$$

其中,I 为一元谓词符号。首先注意到,B 的每一有穷子布尔代数都有素理想。因而 Q 有模型,由此可证 B 有素理想。 □

由定理 3.9 – 3.11 知,CP,CT 都与 PIT 等价。

1936 年美国代数学家斯通证明了斯通表现定理,并证明了它与素理想定理等价。事实上,另一位美国代数学家伯克霍夫(G. Birkhoff)(与斯通同在哈佛大学)早在 1933 年就证明了斯通表现定理的更一般的形式:每一可分配格都同构于一集格。另外,塔斯基、斯科特、拉杜

（R. Rado）也都研究了素理想定理。恒钦于 1954 年证明了 CT 与 PIT
等价。超滤子定理是嘉当在 1937 年证明的。

3.4　素理想定理的应用

OP（线序原则）：每一集合都可被线序。

定理 4.1　PIT⇒OP。

证明：由于 CT 与 PIT 等价，只需证 CT⇒OP 即可。设 P 为一集
合，令 Q 为下列语句组成的集合：

$$a \leqslant b \wedge b \leqslant c \rightarrow a \leqslant c \, (a,b,c \in P)$$
$$a \leqslant b \wedge b \leqslant a \rightarrow a = b \, (a,b \in P)$$
$$a \leqslant b \vee b \leqslant a \, (a,b \in P)$$

显然，Q 的每一有穷集都有模型。由 CT 知，Q 有模型。由此可证 P 可
被线序。　　　　　　　　　　　　　　　　　　　　　　　　□

定义 4.2　称域 F 为有序域，如果存在 F 上的线序 $\leqslant$ 使得

（1）若 $a \leqslant b$，则对任意 c 都有 $a + c \leqslant b + c$；

（2）若 $a \leqslant b$，且 $c \geqslant 0$，则 $ac \leqslant bc$。

定理 4.3（阿廷－施赖埃尔定理）　假设 PIT，若 F 为域，且 1 不能
表示成平方和的形式，则存在 F 上的线序 $\leqslant$，使得 F 成为有序域。

证明：仍使用 CT。设 Q 为由域公理，定理 4.1 中的语句以及如下
语句组成的集合：

$$a \leqslant b \rightarrow (a + c \leqslant b + c) \, (a,b,c \in F)$$
$$a \leqslant b \wedge c \geqslant 0 \rightarrow ac \leqslant bc \, (a,b,c \in F)$$

不难证明，Q 的每一有穷子集都有模型，因而 Q 有模型。由此可证存

在 F 上的线序使之成为有序域。 □

引理 4.4 设 X 为豪斯道夫空间,若 U 为 X 上的超滤子,则集合

$$\bigcap\{\bar{A} : A \in U\}$$

只多含一个元素。

证明:如果集合 $\bigcap\{\bar{A} : A \in U\}$ 含有两个元素 x_1 和 x_2,则必有 x_1 的一个邻域 A_1 和 x_2 的一个邻域 A_2 使得 $A_1 \cap A_2 = \varnothing$。从而 $A_1 \in U$ 且 $X - A_1 \in U$,与 U 是超滤子矛盾。 □

定理 4.5 假设 UFT,若 $\{X_i : i \in I\}$ 为一族紧的豪斯道夫空间,则它们的积空间 $\prod\{X_i : i \in I\}$ 不空。

证明:令 $X = \prod\{X_i : i \in I\}$,且令

$$Z = \{f : f \text{ 为函数且 } \mathrm{dom}(f) \subseteq I \text{ 且 } \forall i \in \mathrm{dom}(f)\,(f(i) \in X_i)\}\text{。}$$

对任意 $i \in I$,再令

$$Z_i = \{f \in Z : i \in \mathrm{dom}(f)\}\text{。}$$

不难验证,$\{Z_i : i \in I\}$ 为滤基。由 UFT 知,它可扩充为超滤子 U。对任意 $i \in I$,设

$$U_i = \{\mathrm{Pr}_i(A) : A \in U\}\text{,}$$

则每一 U_i 都是 X_i 上的超滤子。由 X_i 的紧性知,集合

$$A_i = \bigcap\{\bar{A} : A \in U_i\}$$

不空。再由引理 4.4 知,每个 A_i 中只有一个元素,记为 x_i。则 $\langle x_i : i \in I \rangle$ 属于 $\prod\{X_i : i \in I\}$。 □

定理 4.6 假设 UFT,若 $\{X_i : i \in I\}$ 为一族紧的豪斯道夫空间,则积空间 $\prod\{X_i : i \in I\}$ 为紧空间。

证明:令 $X = \prod\{X_i : i \in I\}$,由 UFT 知 X 的每一滤子都可扩充为超滤子。因此,要证 X 为紧空间,只需证对任意超滤子 U,集合

$$\bigcap\{\bar{A} : A \in U\}$$

不空。设 U 为 X 的超滤子,则对任意 $i \in I$,$U_i = \{\mathrm{Pr}_i(A) : A \in U\}$ 为 X_i 上的超滤子。则由 X_i 的紧性知集合

$$A_i = \bigcap\{\bar{A} : A \in U_i\}$$

不空。再由引理 4.4 知,A_i 中只有一个元素 x_i,由 U 的极大性不难验证

$$\langle x_i : i \in I \rangle \in \bigcap\{\bar{A} : A \in U\}。 \qquad \square$$

定义 4.7 设 B 为布尔代数,$\mu : B \to \{0,1\}$ 为函数。如果 μ 满足:
(1) $\mu(0) = 0, \mu(1) = 1$;
(2) 对任意 $a, b \in B$,若 $a \wedge b = 0$,则 $\mu(a \vee b) = \mu(a) + \mu(b)$,
则称 μ 为 B 上的二值测度。

如果 S 为集合,则 $P(S)$ 上的二值测度也称为是 S 上的二值测度。

EM:对任意无穷集合 S,存在 S 上的二值测度 μ 使得对任意 $s \in S$,有 $\mu(\{s\}) = 0$。

定理 4.8 PIT$\Rightarrow$EM。

证明:令 $I = \{p : p \subseteq S$ 为有穷集合$\}$,则 I 为 S 上的理想。由 PIT 知,I 可扩充为 S 上的素的理想 I^*。定义 $\mu : B \to \{0,1\}$ 如下:对任意 $X \subseteq S$,

$$\mu(X) = \begin{cases} 0, & \text{如果 } X \in I^*; \\ 1, & \text{否则。} \end{cases}$$

容易验证 μ 满足我们的要求。 □

线序原则是施罗德于 1898 年提出的。定理 4.3 是阿廷和施赖埃尔在 1927 年证明的。定理 4.6 是布尔巴基于 1940 年证明的。定理 4.8 是塔斯基在 1930 年证明的。

3.5 选择公理在代数学中的应用

在 1935 年之前,选择公理在代数学中的应用多以良序原则(WO1)的形式出现。1935 年佐恩第一次把佐恩引理应用到代数学中。之后,佐恩引理(M1)和图吉引理(M3)很快在代数学中得到了广泛应用。

定理 5.1 假设 M3,则任意向量空间都有基底。

证明: 设 V 为一向量空间,$B \subseteq V$。如果 B 满足条件:

(1)B 是 V 的一组生成员,

(2)B 中任意有穷多个向量都是线性无关的,

则称 B 为 V 的基底。下证存在满足上述条件的 B。令

$$F = \{P \subseteq V : P \text{ 中任意有穷多个向量都是线性无关的}\},$$

则 F 不空。容易看出,f 具有有穷特性。由 M3 知,f 有极大元 B。显然 B 满足条件(2)。下证 B 满足条件(1)。

对任意 $x \in V - B$,由 B 的极大性知,B 中必有某些元素 $x_1, \cdots, x_n$ 与 x 线性相关,即存在不全为零的数 $\alpha, \alpha_1, \cdots, \alpha_n$ 使得

$$\alpha x + \alpha_1 x_1 + \cdots + \alpha_n x_n = 0。$$

由于 $x_1,\cdots,x_n$ 线性无关，故 $\alpha\neq 0$，从而

$$x = \frac{1}{\alpha}(\alpha_1 x_1 + \cdots + \alpha_n x_n)。$$

从而对任意 $x\in V, x$ 均可表示成 B 中元素的线性组合，即 B 是 V 的一组生成元。从而 B 是 V 的基底。 $\square$

定理 5.2 假设 M1，则线性空间的任意两个基底都等势。

证明： 设 V 是线性空间，B_1, B_2 为 V 的两个基底。下证 $|B_1| \leq |B_2|$。令

$$F = \{f : f \text{为单射且} \operatorname{dom}(f)\subseteq B_1 \text{ 且 } \operatorname{ran}(f)\subseteq B_2\}。$$

定义 F 上的序关系 R 为：fRg 当且仅当 $\operatorname{dom}(f)\subseteq\operatorname{dom}(g)$ 且 $f = g\lvert\operatorname{dom}(f)$。容易看出，$R$ 为 F 上的偏序。对 F 的任意链 C，我们定义一函数 $f_0 = \bigcup\{f : f\in C\}$。显然 $f_0\in F$ 且 f_0 为 C 的上界。从而由 M1 知，f 有极大元 f。可以证明 $\operatorname{dom}(f) = B_1$，从而 $|B_1| \leq |B_2|$。

同理可证，$|B_2| \leq |B_1|$。根据康托尔－伯恩斯坦定理（定理 1.3.2）知，$|B_1| = |B_2|$。 $\square$

定理 5.3 假设 M1，若 F 为任意域，则存在 F 的代数闭包。

证明： 设 F 为一域。令

$$N = \{\langle f(x),n\rangle : f(x)\in F[x], n\in\omega\}。$$

取 N 的一个子集

$$F_0 = \{\langle x-c,0\rangle : c\in F\}。$$

定义 F 到 F_0 的映射 φ 如下：对任意 $c\in F, \varphi(c) = \langle x-c,0\rangle$。则 φ 是 F 到 F_0 的双射。从而可利用 F 上的加减乘除来定义 F_0 上的加减乘除，

使得 F_0 成为一个域,且 F 与 F_0 同构。令 F 是满足如下性质的域 G 组成的集族:

(1) $G \subseteq N$;

(2) G 是 F_0 的扩域;

(3) $\forall z \in G(z = \langle f(x), n \rangle \rightarrow f(z) = 0)$。

容易看出 $F_0 \in F$,故 F 不空。定义 F 上的偏序 $\leqslant$ 如下:对任意 $G_1, G_2, \in F$,

$$G_1 \leqslant G_2 \text{ 当且仅当 } G_2 \text{ 是 } G_1 \text{ 的扩域。}$$

显然 F 的任意链的并集仍属于 F,且为该链的上界。从而由 M1 知,f 有极大元。设 K 为 F 的极大元,可以证明 K 是 F_0 的代数闭包。由于 F_0 与 F 同构,故 K 也是 F 的代数闭包(在同构意义下)。 □

定义 5.4　称一群 G 为自由群,如果存在一集合 A 满足下列性质:对 G 中的任意元素 g,若 $g \neq 1$,则 g 可表示成如下形式:

$$g = a_1^{\pm 1} a_1^{\pm 2} \cdots a_n^{\pm 1},$$

其中 $a_i \in A$ 且 a_i 与 a_i^{-1} 不相邻,称这样的 A 为 G 的生成子。

定理 5.5(尼尔森 – 施赖埃尔定理)　假设 WO1,则自由群的每一子群也是自由群。

证明: 该定理证明非常复杂,故只给出证明思路。设 G 为自由群,$H \subseteq G$ 为 G 的子群。根据 WO1,H 可被良序。从而可以利用超穷归纳法构造 H 的生成子。 □

定义 5.6　设 V 为实线性空间,p 为 V 上的泛函。如果对任意 $x, y \in V$ 及非负数 r 都有

$$p(x + y) \leqslant p(x) + p(y), \quad p(rx) = rp(x),$$

则称 p 为半线性泛函。

定义5.7　设 V 为实线性空间，φ 为 V 的一子空间 E 上的线性泛函，ψ 为 V 的一子空间 E_1 的线性泛函。如果 $E \subseteq E_1$ 且对任意 $x \in E$ 都有 $\varphi(x) = \psi(x)$，则称 ψ 为 φ 的线性扩张，记为 $\varphi \leqslant_l \psi$。显然 $\leqslant_l$ 是一偏序。

定理5.8（巴拿赫定理）　设 p 为实线性空间 V 上的半线性泛函，φ 为 V 的一子空间 E 上的且满足对任意 $x \in E$ 都有 $\varphi(x) \leqslant p(x)$ 的线性泛函，则存在 V 上的线性泛涵 ψ，使得对任意 $x \in V$ 都有 $\psi(x) \leqslant p(x)$ 且 ψ 为 φ 的线性扩张。

证明：令 $F = \{\psi : \psi$ 为 φ 的线性扩张且对任意 $x \in \mathrm{dom}(\psi)$ 都有 $\psi(x) \leqslant p(x)\}$，则 $\langle F, \leqslant_l \rangle$ 满足 M1 中的条件。从而由 M1 知，f 中存在极大元。设 ψ 为 F 的极大元，不难证明 ψ 在 V 上处处有定义。　　□

定理5.1 是斯坦尼兹在 1910 年证明的，他还利用选择公理证明了许多有关域的结论。定理5.3 是豪斯道夫在 1932 年证明的。定理5.5 是尼尔森和施赖埃尔在 1927 年证明的。定理5.8 是巴拿赫在 1929 年利用良序原则证明的，1951 年洛斯（A. Los）和纳佐斯基（Ryll-Nardze-wski）利用素理想定理也证明了该定理。

3.6　选择公理在描述集合论中的应用

在描述集合论中，许多定理，如"存在勒贝格不可测集""存在不具有拜尔性质的集合"等等，也需要选择公理（或其弱形式）。如不特别说明，本节出现的集合都是实数集。全体实数组成的集合记为 **R**。

我们用 $\mu(X)$ 表示集合 X 的勒贝格测度（关于勒贝格测度的定义可参考有关的实变函数书）。众所周知，μ 具有如下性质：

（1）对任意区间 $[a,b]$，$\mu([a,b]) = b - a$；

（2）μ 具有可数可加性，即若 $X_n, n \in \omega$ 是互不相交的可测集，则

$$\mu\left(\bigcup\{X_n : n \in \omega\}\right) = \sum \mu(X_n);$$

（3）μ 具有平移不变性，即对任意可测集 X 及实数 a 都有 $\mu(X + a) = \mu(X)$，其中 $X + a = \{x + a : x \in X\}$。

定义 6.1

（1）称一集合 X 为稠密集，如果 $\overline{X} = \mathbf{R}$。

（2）称一集合 X 为无处稠密集，如果 $\mathbf{R} - X$ 包含一个开稠密子集。

（3）称一集合 X 为第一范畴集，如果 X 可表示成可数多个无处稠密集的并。

（4）不是第一范畴集的集合称为第二范畴集。

（5）称一集合 X 具有拜尔性质，如果存在开集 G 使得 X 与 G 的对称差 $X \Delta G = (X - G) \cup (G - X)$ 是第一范畴集。

定义 6.2

（1）设 X 为一集合，a 为一实数。如果 a 的每个邻域与 $X - \{a\}$ 的交都不空，则称 a 为 X 的聚点。如果 $a \in X$ 且 a 不是 X 的聚点，则称 a 为 X 的孤立点。

（2）称一集合 X 为完备集，如果 X 是不空闭集且没有孤立点。

定理 6.3 假设 WO2 成立，则存在势为 2^{ω} 的集合 X，它没有完备子集。

证明：不难看出至多有 2^{ω} 多个完备集。根据 WO2，可设

$$P_0, P_1, \cdots, P_{\alpha}, \cdots, \quad \alpha < 2^{\omega}$$

为所有完备集的枚举。且可设

$$r_0, r_1, \cdots, r_{\alpha}, \cdots, \quad \alpha < 2^{\omega}$$

为全体实数的枚举。下面我们构造两个集合 $A = \{a_{\alpha} : \alpha < 2^{\omega}\}$ 和 $B = \{b_{\alpha} : \alpha < 2^{\omega}\}$。

设 α 为一序数，且设对任意序数 $\beta < \alpha$，a_{β}, b_{β} 均已定义。取 a_{α} 为 r_{η}，其中 η 为使得 $r_{\eta} \notin \{a_{\beta} : \beta < \alpha\} \cup \{b_{\beta} : \beta < \alpha\}$ 的最小的序数。再取 b_{α} 为 r_{ξ}，其中 ξ 为使得 $r_{\xi} \in P_{\alpha} - \{a_{\beta} : \beta \leqslant \alpha\}$ 的最小的序数。显然，$A \cap$

$B = \varnothing$。下证 A 就是我们所求的集合。假设不然,则 A 包含一个完备子集,设为 P_α,从而 $b_\alpha \in P_\alpha - \{a_\beta : \beta \leqslant \alpha\} \subseteq A$,与 $A \cap B = \varnothing$ 矛盾。 □

定理 6.4 假设 $\mathrm{AC}(\omega)$,则可数多个具有拜尔性质的集合的并仍具有拜尔性质。

证明: 设集合 $X_n, n \in \omega$,具有拜尔性质,要证 $\bigcup X_n$ 也具有拜尔性质。对每一 n,令

$$A_n = \{G : G \text{ 为开集且 } G\Delta X_n \text{ 为第一范畴集}\}。$$

因为 X_n 具有拜尔性质,故 A_n 不空。由 $\mathrm{AC}(\omega)$,可从每个 A_n 中选取一个元素 G_n。于是

$$\left(\bigcup G_n\right)\Delta\left(\bigcup X_n\right) \subseteq \left(\bigcup G_n\Delta X_n\right)。$$

由于每个 $G_n\Delta X_n$ 都为第一范畴集,所以 $\bigcup(G_n\Delta X_n)$ 也是第一范畴集(可数集的并仍可数)。故 $\bigcup X_n$ 具有拜尔性质。 □

定理 6.5 假设 $\mathrm{AC}(\omega)$,若 $X_n, n \in \omega$,为可数多个集合,则

$$\mu^*\left(\bigcup\{X_n : n \in \omega\}\right) \leqslant \sum \mu^*(X_n), \tag{6.1}$$

其中 μ^* 表示勒贝格外测度。

证明: 对每一 n,令

$$A_n = \left\{G : X_n \subseteq G \text{ 且 } \mu(G) \leqslant \mu^*(X_n) + \frac{\epsilon}{n^2}\right\}。$$

根据外测度的定义知每一 A_n 都不空,从而由 $\mathrm{AC}(\omega)$,可从每个 A_n 中选取一元素 G_n。于是,$\bigcup\{X_n : n \in \omega\} \subseteq \bigcup\{G_n : n \in \omega\}$ 且

$$\mu^*\left(\bigcup\{X_n : n \in \omega\}\right) \leqslant \mu^*\left(\bigcup\{G_n : n \in \omega\}\right)$$

选择公理

$$\leqslant \sum \mu(G_n) \leqslant \sum \mu^*(X_n) + 2\epsilon_\circ$$

由 ϵ 的任意性知(6.1)式成立。 ☐

定理 6.6 假设 $\mathrm{AC}(\omega)$,则可数多个零测度集的并仍是零测度集。

证明: 设 $X_n, n \in \omega$,为零测度集。要证 $\bigcup X_n$ 也是零测度集,只需证对任意 ϵ,都存在开集 G 使得 $\bigcup X_n \subseteq G$ 且 $\mu(G) < \epsilon$。对每一 n,令

$$A_n = \left\{ G : X_n \subseteq G \text{ 且 } \mu(G) < \frac{\epsilon}{n^2} \right\}_\circ$$

由于每个 X_n 都是零测度集,故每个 A_n 都不空。由 $\mathrm{AC}(\omega)$,可从每个 A_n 中取出一元素 G_n。从而 $\bigcup\{X_n : n \in \omega\} \subseteq \bigcup\{G_n : n \in \omega\}$ 且

$$\mu\left(\bigcup\{G_n : n \in \omega\}\right) \leqslant \sum \mu(G_n) < \epsilon_\circ$$

由 ϵ 的任意性知 $\bigcup X_n$ 为零测度集。 ☐

定理 6.7(维塔利定理) 假设 AC2,则存在勒贝格不可测集。

证明: 首先定义 $[0,1]$ 区间上的关系 $\sim$ 如下:

$$x \sim y \text{ 当且仅当 } x - y \in \mathbf{Q}$$

($\mathbf{Q}$ 表示全体有理数组成的集合)。显然 $\sim$ 为定价关系。对每一 $x \in [0,1]$,记 $[x]$ 为 x 所在的等价类。令 $F = \{[x] : x \in [0,1]\}$。根据 AC2,存在一集合 M 使得对每一 $x \in [0,1]$,M 只有 $[x]$ 中的一个元素,即对每一 $x \in [0,1]$,都存在惟一的 $y \in M$ 及惟一的 $r \in \mathbf{Q}$ 使 $x = y + r$。对每一 $r \in \mathbf{Q}$,令

$$M_r = \{y + r : y \in M\},$$

· 78 ·

则有

（1）对任意两个有理数 $r_1, r_2, M_{r_1} \cap M_{r_2} = \varnothing$；

（2）$\mathbf{R} = \bigcup \{ M_r : r \in \mathbf{Q} \}$。

下证 M 是不可测的。假设 M 可测，则要么 $\mu(M) = 0$，要么 $\mu(M) > 0$。如果 $\mu(M) = 0$，则根据平移不变性知，对任意 $r \in \mathbf{Q}, \mu(M_r) = 0$，从而

$$\mu(\mathbf{R}) = \mu\left(\bigcup \{ M_r : r \in \mathbf{Q} \}\right) = \sum \mu(M_r) = 0。$$

矛盾。如果 $\mu(M) > 0$，则对任意 $r \in \mathbf{Q}, \mu(M_r) > 0$。从而

$$\mu([0,2]) \geqslant \mu\left(\bigcup \{ M_r : r \in \mathbf{Q} \cap [0,1] \}\right) = \sum \mu(M_r) = \infty。$$

又矛盾。综上可知 M 不可测。　　　　　　　　　　　　　□

定理 6.8　假设 AC2，则存在不具有拜尔性质的集合。

证明：我们证明定理 6.7 中的 M 不具有拜尔性质。首先注意，"第一范畴集"和拜尔性质也具有平移不变性。假设 M 具有拜尔性质，则必有一区间 (a,b) 使 $(a,b) - M$ 为第一范畴集。对任意有理数 $r \neq 0$，$M_r \cap M = \varnothing$，从而 $M_r \cap (a,b)$ 为第一范畴集，从而 $(a-r, b-r) \cap M$ 为第一范畴集。于是

$$M = \bigcup \{ (a-r, b-r) \cap M : r \in \mathbf{Q} \text{ 且 } r \neq 0 \}$$

为第一范畴集，从而 $\mathbf{R} = \bigcup \{ M_r : r \in \mathbf{Q} \}$ 为第一范畴集。矛盾。故 M 不具有拜尔性质。　　　　　　　　　　　　　□

3.7 巴拿赫 – 塔斯基分球定理

本节介绍如何使用选择公理证明分球定理。首先考虑三维欧几里得空间 $\mathbf{R}^3$ 中集合的一种关系 $\equiv$：$X \equiv Y$ 当且仅当 X 和 Y 能分解成同样多个互不相交的集合的并，即

$$X = \bigcup \{X_i : i = 1, \cdots, m\}, Y = \bigcup \{Y_i : i = 1, \cdots, m\},$$

使得对每一 $i = 1, \cdots, m$，X_i 与 Y_i 全等（即经过若干次平移和旋转后 X_i 与 Y_i 重合）。

设 φ, ψ 是两个旋转映射并分别满足 $\varphi^2 = 1$ 和 $\psi^3 = 1$；设 $\alpha_\varphi, \alpha_\psi$ 是经过球心的两个轴使得 φ 是绕 α_φ 旋转 180 度，ψ 是绕 α_ψ 旋转 120 度；设 G 是由 φ 和 ψ 生成的群。

引理 7.1 我们可以确定两个轴 α_φ 和 α_ψ 使得 G 中不同的元素表示由 φ 和 ψ 生成的不同的旋转映射。

证明： 我们的任务是要确定 α_φ 和 α_ψ 的夹角 θ 使得 G 中的元素除 1 之外均不表示恒等映射。考察 G 的如下形式的元素

$$a = \varphi \cdot \psi^{\pm} \cdot \cdots \cdot \varphi \cdot \cdots \cdot \psi^{\pm} \tag{7.1}$$

利用正交变换和三角变换可以证明方程

$$a = 1$$

只有有穷多个解，其中 a 为形如 (7.1) 式的元素。因而除可数多个夹角（G 为可数集）之外，任选一个夹角 θ 就满足我们的要求。 □

设 φ, ψ 是使得 α_φ 和 α_ψ 的夹角为引理 7.1 中的 θ 的旋转映射，则

我们有：

引理 7.2 群 G 可分解成三个互不相交的子集 $\mathbf{A},\mathbf{B},\mathbf{C}$，即

$$G = \mathbf{A} \cup \mathbf{B} \cup \mathbf{C}$$

使得

$$\mathbf{A} \cdot \varphi = \mathbf{B} \cup \mathbf{C}, \quad \mathbf{A} \cdot \psi = \mathbf{B}, \quad \mathbf{A} \cdot \psi^2 = \mathbf{C}。$$

证明：施归纳于 G 中元素的长度来构造 $\mathbf{A},\mathbf{B},\mathbf{C}$。令

$$1 \in \mathbf{A}, \quad \varphi, \psi \in \mathbf{B}, \quad \psi^2 \in \mathbf{C}。$$

设 $a \in G$ 是以 $\psi^{\pm}$ 或 φ 结尾的元素，那么

若 $a \in \mathbf{A}$，则 $a\varphi \in \mathbf{B}, a\psi \in \mathbf{B}, a\psi^{-1} \in \mathbf{C}$；

若 $a \in \mathbf{B}$，则 $a\varphi \in \mathbf{A}, a\psi \in \mathbf{C}, a\psi^{-1} \in \mathbf{A}$；

若 $a \in \mathbf{C}$，则 $a\varphi \in \mathbf{C}, a\psi \in \mathbf{A}, a\psi^{-1} \in \mathbf{B}$。

容易验证 $\mathbf{A},\mathbf{B},\mathbf{C}$ 满足引理要求。　　　　□

定理 7.3（豪斯道夫分球面定理） 假设 AC2，则一球面 S 能分解为四个互不相交的子集 A,B,C 和 Q，即 $S = A \cup B \cup C \cup Q$，使得

（1）A,B,C 相互全等；

（2）$B \cup C$ 与 A,B,C 全等；

（3）Q 为可数集合。

证明：令 Q 为 G 中所有元素的不动点组成的集合。因为 G 中的每一元素至多有两个不动点，所以 Q 可数。今定义 $S-Q$ 上的等价关系 $\sim$ 如下：$x \sim y$ 当且仅当存在 $a \in G$ 使 $xa = y$。对任意 $x \in S-Q$，记 P_x 为 x 所在的等价类，即 $P_x = \{xa : a \in G\}$。令 $F = \{P_x : x \in S-Q\}$。根据 AC2 知存在一集合 M 使得对任意 x, M 仅含有 P_x 中的一个元素。令

$$A = M \cdot \mathbf{A}, \ B = M \cdot \mathbf{B}, \ C = M \cdot \mathbf{C},$$

容易验证 A,B,C 满足要求。 □

引理 7.4 关系 $\equiv$ 具有如下性质：

（1）$\equiv$ 是等价关系。

（2）设 X 是两个不相交集 X_1,X_2 的并，Y 是两个不相交集 Y_1,Y_2 的并。如果 $X_1 \equiv Y_1$，$X_2 \equiv Y_2$，则 $X \equiv Y$。

（3）如果 $Z \subseteq Y \subseteq X$ 且 $X \equiv Z$，则 $X \equiv Y$。

证明：（1）和（2）容易证明，只需证（3）。设

$$X = X_1 \cup \cdots \cup X_n, Z = Z_1 \cup \cdots \cup Z_n$$

满足对每一 $i = 1,\cdots,n$，都有 X_i 与 Z_i 全等。对每一 $i = 1,\cdots,n$，取 f_i：$X_i \to Z_i$ 为全等映射，设 $f = \bigcup \{f_i : i = 1,\cdots,n\}$。令

$$W_0 = X, W_1 = f[W_0], W_2 = f[W_1], \cdots,$$
$$V_0 = Y, V_1 = f[V_0], V_2 = f[V_1], \cdots,$$

其中 $f[X] = \{f(x) : x \in X\}$，令

$$W = \bigcup \{W_m - V_m : m \in \omega\},$$

则 $f[W]$ 与 $X - W$ 不交，且 $W \equiv f[W]$。从而

$$X = W \cup (X - W), Y = f[W] \cup (X - W),$$

于是，由（2）知 $X \equiv Y$。 □

定理 7.5（巴拿赫 - 塔斯基分球定理） 假设 AC2，则一个闭球 U 能分解为两个不相交集合 X,Y 的并，即 $U = X \cup Y$，使 $U \equiv X$，$U \equiv Y$ 且 $X \cap Y = \varnothing$。

证明：设 S 为闭球 U 的表面，则根据定理 7.3 知 S 能分解成 4 个互不相交的集合的并，即 $S = A \cup B \cup C \cup Q$。若 $X \subseteq S$，则记 $\overline{X} = \{x \in U : x$ 不是球心且 x 向球面的投影在 X 中$\}$。则有

$$U = \overline{A} \cup \overline{B} \cup \overline{C} \cup \overline{Q} \cup \{c\},$$

其中 c 为球心。显然有

$$\overline{A} \equiv \overline{B} \equiv \overline{C} \equiv \overline{B} \cup \overline{C}。$$

令 $X = \overline{A} \cup \overline{Q} \cup \{c\}$，$Y = U - X$，由引理 7.4 知

$$\overline{A} \equiv \overline{A} \cup \overline{B} \cup \overline{C},$$

从而 $X \equiv U$。容易找到一个旋转 α，使得 Q 与 $Q \cdot \alpha$ 不交。从而由

$$\overline{C} \equiv \overline{A} \cup \overline{B} \cup \overline{C},$$

知存在 $T \subset C$ 使 $\overline{T} \equiv \overline{Q}$。设 p 为 $\overline{C} - \overline{T}$ 中的一个点，则有

$$\overline{A} \cup \overline{Q} \cup \{c\} \equiv \overline{B} \cup \overline{T} \cup \{p\}。$$

因为 $\overline{B} \cup \overline{T} \cup \{p\} \subseteq Y \subseteq U$，故根据引理 7.4(3) 知 $Y \equiv U$。　□

从直观上看，分球定理是说，一个球可以分解成两个集合，这两个集合经过重新排列后形成与原来的球同样大小的两个球。这岂非怪事。然而分球定理并不是矛盾的，问题在于关系 $\equiv$ 不保可测性（在选择公理下）。实际上，定理 7.5 中的 X 和 Y 是不可测的（尽管 $X \equiv U$，$Y \equiv U$）。

3.8 无穷性引理及其应用

定义 8.1　一棵树就是一满足如下条件的偏序 $\langle T, \leqslant \rangle$：对任意 $x \in T$，集合 $\{y \in T : y < x\}$ 在 $<$ 下为一良序集。

定义 8.2　设 T 为一棵树，对任意 $x \in T$ 集合 $\{y \in T : y < x\}$ 的序型称作是 x 在 T 中的高度，记为 $\mathrm{ht}(x)$。对任意序数 α，令 $T_\alpha = \{x \in T : \mathrm{ht}(x) = \alpha\}$。称 T_α 为 T 的第 α 层。树 T 的高度定义为使 $T_\alpha = \varnothing$ 的最小的序数 α。

定义 8.3　设 T 为树，$A \subseteq T$，如果 A 中的任意二元素可比较，则称 A 是 T 的链。

定义 8.4　设 T 为树，如果 T 的高度为 ω 且对任意 $n < \omega$，$|T_n| < \omega$，则称 T 是 ω – 树。

定理 8.5　假设选择公理成立，则每个 ω – 树都有无穷链。

证明：设 T 为一 ω – 树，由于 T_0 有穷，故必有 $x_0 \in T_0$ 使 $\{y \in T : y \geqslant x_0\}$ 是无穷集。显然 $\{y \in T : y \geqslant x_0\}$ 也是一棵 ω 树，记为 $T^{(1)}$。由于 $T_1^{(1)}$ 有穷，故取 $x_1 \in T_1^{(1)}$ 使 $\{y \in T^{(1)} : y \geqslant x_1\}$ 是无穷集。如此继续下去，设 x_n 已经取好且设 x_n 使得 $\{y \in T^{(n)} : y \geqslant x_n\}$ 是无穷集。显然 $\{y \in T^{(n)} : y \geqslant x_n\}$ 也是 ω – 树，记为 $T^{(n+1)}$。由于 $T_{n+1}^{(n+1)}$ 有穷，故可取 $x_{n+1} \geqslant x_n$ 使 $\{y \in T^{(n+1)} : y \geqslant x_{n+1}\}$ 无穷。这样我们就得到一序列

$$x_0 \leqslant x_1 \leqslant x_2 \leqslant \cdots \leqslant x_n \leqslant \cdots$$

显然 $\{x_n : n \in \omega\}$ 是无穷链。　　　　　□

本定理归功于柯尼希，故也称之为柯尼希无穷性引理或柯尼希引理。实际上只要假设依赖选择公理，本定理的结论就成立。无穷性引理起初主要应用于图论和对策论，后来也应用于其他分支。

无穷性引理的一个直接应用是如下论断:如果人类决不灭亡,则必有一个人存在,使得在任何将来时间,他的某一后代仍然活着。

无穷性引理的一个人为的应用就是对一张包含无穷多个国家的地图的着色问题。

命题 8.6 如果一张包含任何有穷多个国家的地图都能用 p(p 是一个固定的自然数)种颜色着色,使得任何具有共同边界的国家的颜色不同。则任何一张包含可数多个国家的地图也可用 p 种颜色着色。

证明: 现已知道任何包含有穷多个国家的地图的着色只需 p 种颜色。为方便起见,不妨设 $p=4$。下面证明,即使有可数多个国家,4 种颜色也足够了。取 4 种颜色,红、黄、绿、白。这可数多个国家设为 C_0,C_1,$\cdots$ 下面构造一棵树:位于第 n 层的点是那些对 C_0,C_1,$\cdots$,C_n 的合理着色(即任何相邻国家的颜色不同)。规定:第 $n+1$ 层的节点与第 n 层的节点有连线(即可比较)当且仅当这两种着色对 C_0,C_1,$\cdots$,C_n 的着色是一样的。这样得到一棵树(图 3 - 1)。

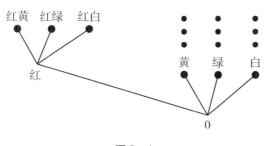

图 3 - 1

由于对包含国家 C_0,C_1,$\cdots$,C_n 的地图的着色只有有穷多个方案,故该树的每一层只有有穷多个点。因而该树是一 ω - 树。由无穷性引理知,存在一无穷链。不难看出该无穷链确定了对包含国家 C_0,C_1,$\cdots$ 的地图的一种合理着色。 □

下面给出无穷性引理在分析中应用的一个例子。这个例子并不需要高深的知识。

命题 8.7 设 E 为 $(0,1)$ 区间中的一个闭子集(即对任意点 x,如果 x 的每一邻域都含有 E 中的点,则 $x \in E$)。I 是由一些区间组成的集

合。如果 E 中的点均属于 I 中的某一区间,则存在一自然数 n,使得当我们把$(0,1)$区间分成 2^n 等分之后,每个包含 E 中的点的小区间$(\frac{m}{2^n}, \frac{m+1}{2^n})$必包含在 I 的某一区间中。

证明:用反正法。假设对每个 n,诸区间$(0, \frac{1}{2^n}), \cdots, (\frac{2^n-1}{2^n}, 1)$中有一区间,它包含有 E 中的点,但不包含在 I 的任何区间中。注意,当 n 增加 1 时,对$(0,1)$区间的 2^{n+1} 等分实际上是把 2^n 等分的每一等分再进行二等分。因此我们可以用一棵树 T 来表示对$(0,1)$区间的等分:这棵树 T 的第 n 层上的结点是诸区间$(0, \frac{1}{2^n}), \cdots, (\frac{2^n-1}{2^n}, 1)$。规定:第 $n+1$ 层上的结点与第 n 层上的结点有连线当且仅当有两个区间有包含关系(如图 3-2 所示)。

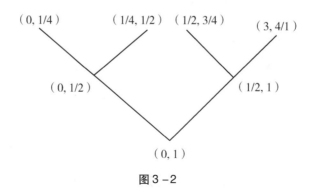

图 3-2

由假设知,T 中含有 E 中的点但不包含在 I 的任何区间中的结点构成了 T 的一个子树。这个子树也是 ω-树。由无穷性引理知存在一无穷链,亦即存在一区间序列 $J_1, J_2, J_3, \cdots$,其长度依次为 $1, \frac{1}{2}, \frac{1}{2^2}, \cdots$,使得每个 J_i 不包含在 I 的任意区间之中,但每个 J_i 都含有 E 中的点。对每个 i,取 p_i 为 J_i 的中点,则 p_i 必收敛于一点 p。显然 p 的每个邻域必包含某个 J_i,因而 p 的每个邻域必含有 E 中的点。由 E 是闭集知,$p \in E$。有已知条件知,p 必然属于 I 中的某个区间 C。注意 p 属于每个

J_i 且 J_i 的长度趋向于 0,故必存在一个 m,使当 $i>m$ 时,$J_i \subseteq C$。这与区间序列 $J_1, J_2, \cdots$ 的选取相矛盾,故命题成立。　　□

　　最后我们着重讨论无穷性引理在骨牌游戏中的应用。假定已给了一个由方块(骨牌型)组成的有穷集合(骨牌集)。这些方块大小相同(比如说,都是单位面积),而且每一骨牌型的四边上都着了色。再假定每一骨牌型都有无穷多个样品,我们不允许旋转或翻转骨牌。如图 3–3 所示的三个骨牌应认为具有不同类型:

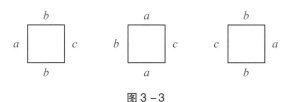

图 3–3

　　现在我们想用这些骨牌铺满整个平面使得任何两个骨牌要么只在一个角上接触,要么在整个一条边上接触,要么完全不接触。不过我们提出一个简单的要求,即是任何两条相连的边应具有相同的颜色。在这一限制下,我们来讨论给定骨牌集的求解问题。

　　定义 8.8　一骨牌集称为是可解的当且仅当存在某种利用该集合中的骨牌铺满整个平面的方法(这些方法称作该骨牌集的解)。

　　在上面的三个骨牌的例子中,如果 a, b, c 是不同的颜色,则由前面两个骨牌组成的集是不可解的(或称是无解的)。而由第一个和第三个骨牌组成的集合是可解的,这是因为我们可把具有颜色 c 的边连在一起(图 3–4)。

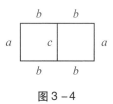

图 3–4

　　容易看出,由这两个方块组成的块可以在每个方向上重复,因为它的底部和顶部具有相同的颜色且左右两边也具有相同的颜色。

定义 8.9　设 P 为一骨牌集,如果利用 P 中的骨牌能按上面的要求(即相连的边具有相同的颜色)铺盖 $n \times n$ 的一块平面,则称 P 有大小为 $n \times n$ 的部分解。

命题 8.10　对给定的骨牌集 P,如果对每一 n,P 都有大小为 $n \times n$ 的部分解,则 P 可解。

证明：我们考虑大小为 $(2n-1) \times (2n-1)$ 的部分解,$n = 1, 2, \cdots$。下面构造一棵树 T。树 T 的第 n 层上的结点是大小为 $(2n-1) \times (2n-1)$ 的解。规定:第 $n+1$ 层上的结点 K 与第 n 层上的结点 H 可比较当且仅当 H 是 K 的中心。由已知条件知,树 T 是 $\omega -$ 树。根据无穷性引理 T 有一无穷链。显然该链确定了 P 的一个解。　　　　□

命题 8.11　一个骨牌集在整个平面上可解当且仅当它在一个象限上可解(即能按要求铺盖一个象限)。

证明：如果它在整个平面上可解,它自然在一个象限上可解。反之,若它在一个象限上可解,则对任意 n,它均有大小为 $n \times n$ 的部分解。由命题 8.10 知,它在这个平面上可解。　　　　□

命题 8.12　给定一骨牌集 P,假设 P 中骨牌能够形成两个无穷行使得对每一 m,任何出现在上行中的 $1 \times m$ 块必然出现在下行中,则 P 可解。

证明：设 A 是上行,B 是下行。对每一 m,由于 A 是一无穷行,故 A 中必有 $1 \times m$ 块 C_m。由题设知,C_m 也在 B 行中出现。与 B 行中的 C_m 相对应的 A 行中的块记为 D_m。则 D_m 可放在 C_m 之上。由于 D_m 在 A 中出现,故它在 B 行中也出现。与 B 行中的 D_m 相对应的 A 行中的块记为 E_m。则 E_m 可放在 D_m 之上。重复这一过程适当次后,我们可得到 P 的一大小为 $m \times m$ 的部分解。这样由命题 8.10 知 P 可解。　　　　□

无穷性引理应用于骨牌游戏还有许多结果,限于篇幅略去。

3.9　选择原则和有穷选择公理

先考虑选择原则(selection principle)。

SP:对任意集族 F,如果其中每一元素均为非空集,则存在函数 f 使得

(1)对任意 $X \in F$, $f(X) \neq \varnothing$ 且 $f(X) \subseteq X$;

(2)对任意 $X \in F$,若 X 不是单点集则 $f(X) \neq X$。

我们称 f 是 F 上的选择函子。

定理9.1　SP 与述下命题等价:

对任意集合 M,存在一序数 α 及 M 到 $P(\alpha)$ 内的单射 g。

证明:该命题蕴涵 SP 的证明不难。我们只证明另一个方向。假设 SP 成立。设 f 是 $P(M) - \{\varnothing\}$ 上的选择函子。下面我们利用超穷归纳法来构造集合 M_t,其中 t 是 $0 - 1$ 序列。

$M_{\langle 0 \rangle} = f(M)$, $M_{\langle 1 \rangle} = M - M_{\langle 0 \rangle}$,

$M_{t^\frown \langle 0 \rangle} = f(M_t)$, $M_{t^\frown \langle 1 \rangle} = M_t - M_{t^\frown \langle 0 \rangle}$,

$M_t = \bigcap \{M_s : s \subset t\}$, t 的长度为极限序数。

显然对任意 $s \subset t$,都有 $M_t \subseteq M_s$。由于 M 是一集合,故必有一序数 α 使得对任意 $t \in {}^\alpha 2$ 都有 $|M_t| \leqslant 1$。我们断言:对任意 $a \in M$,都存在 $t \in {}^\alpha 2$ 使 $M_t = \{a\}$。

对任意 $a \in M$,归纳定义 $t \in {}^\alpha 2$ 如下:对任意 $\beta < \alpha$,设 $t|\beta$ 已定义且 $a \in M_{t|\beta}$。则令

$$
t(\beta) = \begin{cases} 0, & \text{如果 } a \in M_{(t|\beta)^\frown \langle 0 \rangle} \\ 1, & \text{如果 } a \in M_{(t|\beta)^\frown \langle 1 \rangle} \end{cases}
$$

则 $a \in M_{t|(\beta+1)}$。设 β 是极限序数,且设对任意 $\gamma < \beta$, $t|\gamma$ 都已定义且

$a \in M_{t\,|\,\gamma}$,则令

$$t\,|\,\beta = \bigcup \{t\,|\,\gamma : \gamma < \beta\}。$$

显然有

$$a \in \bigcap \{M_{t\,|\,\gamma} : \gamma < \beta\} = M_{t\,|\,\beta}。$$

至此我们定义了 $t \in {}^{\alpha}2$ 使得 $a \in M_t$。由于 M_t 中至多有一个元素,故 $M_t = \{a\}$。

这样,对任意 $a \in M$,均存在 $t \in {}^{\alpha}2$ 使 $M_t = \{a\}$。由前面的构造知,这样的 t 是惟一的,记作 t_a。显然映射 $g : a \to t_a$ 是一个单射(注意 ${}^{\alpha}2$ 与 $P(\alpha)$ 的关系)。 □

推论 9.2 SP⇒OP。

证明:设 SP 成立,我们要证线序原则成立。对任意 M,根据定理 9.1,存在 α 及 M 到 $P(\alpha)$ 的单射。由于 $P(\alpha)$ 是可线序的,故 M 也可线序。从而 OP 成立。 □

下面讨论一下有穷选择公理。

ACF:对任意集族 F,如果 F 中的每个元素都是有穷非空集合,则 F 有选择函数。

AC(n):对任意集族 F,如果 F 中的每个集合都只有 n 个元素,则 F 有选择函数。

命题 9.3 对任意 n,都有 ACF⇒AC(n)。

命题 9.4 AC(2)⇒AC(4)。

证明:设 F 为一集族,f 中的每个集合都只有 4 个元素。则对任意 $A \in F$,A 共有六个只有 2 个元素的子集。令 F' 是所有这些只有 2 个

元素的集合组成的集族。由 AC(2) 知,有选择函数 g。对任意 $A \in F$ 及 $a \in A$,令

$q(a)$ = 所有使得 $\{a,b\} \subset A$ 且 $g(\{a,b\}) = a$ 的无序对 $\{a,b\}$ 的个数,

再令 q 为所有 $q(a)(a \in A)$ 中的最小值。令 $B = \{a \in A : q(a) = q\}$,则 B 至多有 3 个元素。定义 F 上的选择函数 f 如下:对任意 $A \in F$,令

$$f(A) = \begin{cases} B \text{ 中的元素}, & \text{如果 } B \text{ 中只有 } 1 \text{ 个元素} \\ A - B \text{ 中的元素}, & \text{如果 } B \text{ 中只有 } 3 \text{ 个元素} \\ g(B), & \text{如果 } B \text{ 中只有 } 2 \text{ 个元素} \end{cases}$$ □

定义 9.5　设 m,n 为两个自然数,S(m,n) 代表如下命题:

n 不能分解成若干个大于 m 的素数的和,即 n 不能表示成如下形式:$n = p_1 + \cdots + p_t$ 使得每个 p_i 都大于 m 且每个 p_i 都是素数。

定理 9.6　假设 m,n 为两个自然数且 S(m,n) 成立。如果对任意 $k \leq m$,AC(k) 均成立,则 AC(n) 也成立。

证明:任意固定 m,我们归纳于 n 来证明本定理成立。假设对任意 $l < n$ 本定理成立。由于 S(m,n) 成立,故 n 必可被某素数 p 整除。可以肯定 $p \leq m$(若 $p > m$,则 n 可表示成 $p + \cdots + p$,矛盾)。设 F 为一集族,其中每一集合恰有 n 个元素。令 $F' = \{X : X$ 恰有 p 个元素且 X 是 F 中某集合的子集$\}$。再设 g 是 F' 上的选择函数,对任意 $A \in F$,令 P_A 为 A 的所有恰有 p 个元素的子集组成的集族。对每个 $a \in A$,令 $q(a)$ 为 P_A 中的使得 $g(X) = a$ 的 X 的个数。令 q 为所有 $q(a)(a \in A)$ 中的最小值,再令 $B = \{a \in A : q(a) = q\}$。显然 B 不空。可以证明 $A - B$ 也不空(即 $B \neq A$)。令 $|B| = l_1$,$|A - B| = l_2$,则 S(m,l_1) 和 S(m, l_2) 必有一个成立(若不然,则有 $l_1 = p_1 + \cdots + p_r$,$l_2 = p_{r+1} + \cdots + p_t$,其中 $p_i > m$ 为素数。从而 $n = p_1 + \cdots + p_t$,矛盾)。对任意 $l < n$,令

$$F_l = \{X : X \text{ 恰有 } l \text{ 个元素且 } X \text{ 是 } F \text{ 中某集合的子集}\}。$$

如果 $S(m,l)$ 成立,则由归纳假设,令 g_l 为 F_l 上的选择函数。下面定义 F 上的选择函数 f:对任意 $A \in F$,令

$$f(A) = \begin{cases} g_{l_1}(B), & \text{如果 } S(m,l_1) \\ g_{l_2}(A-B), & \text{如果 } S(m,l_2) \end{cases}$$

至此定理证毕。 □

注意利用第五章的方法,可以证明,如果 $S(m,n)$ 不成立,则 $\forall k \leqslant m \mathrm{AC}(k)$ 推不出 $\mathrm{AC}(n)$。且可证明 $\forall n \mathrm{AC}(n)$ 推不出 ACF。不过,限于篇幅,我们不打算给出这些证明。

命题 9.7 OP⇒ACF。

证明:设 F 为一集族,其中元素均为有穷非空集合。由 OP 知,$\bigcup F$ 可被线序。设 $<$ 为 $\bigcup F$ 上的线序,由于对任意 $A \in F$,A 是有穷集,故 $<$ 限制在 A 上是良序。下面定义 F 上的选择函数 f:对任意 $A \in F$,令

$$f(A) = A \text{ 中关于 } < \text{ 的最小元。} \qquad \square$$

推论 9.8 SP⇒ACF。

第四章

选择公理的相对协调性

在第二章中,我们发现,选择公理有一些"奇怪"的结论(如分球定理)。那么选择公理是不是矛盾呢?哥德尔在 1939 年证明了选择公理相对于 ZF 系统是协调的(无矛盾的),即如果 ZF 系统协调,则 ZF 加上选择公理(ZFC)也是协调的。从而选择公理是不矛盾的。本章主要介绍哥德尔的工作。

4.1　ZF 公理系统

在第二章中,我们给出了形式语言的定义。这里我们首先给出一种特殊的形式语言,即集合论形式语言,或称 ZF 语言。这一形式语言中有

（1）变元符号: $x, y, z, \cdots$（或加下标）,有可数多个;

（2）二目谓词符号: $\in$（属于关系）;

（3）等词: $=$;

（4）逻辑联结词: $\neg, \wedge, \vee, \rightarrow$;

（5）量词: $\forall, \exists$;

（6）括号: $($, $)$ 。

注意,变元的取值只能是集合,集合与属于关系 $\in$ 是两个原始概念。集合与集合之间的联系是由公理系统来刻画的。下面我们介绍 ZF 公理系统。

1. 外延公理

$$\forall x \forall y (\forall z (z \in x \leftrightarrow z \in y) \rightarrow x = y)$$

这一公理是说,一个集合是由其中的元素决定的。如果两个集合中的元素一样,则这两个集合相等。

2. 空集合存在公理

$$\exists x \forall y (y \notin x)$$

这一公理是说,存在一集合 x,对于任意的集合 y,y 都不属于 x,这一集合就是空集合。由外延公理知,空集合是惟一的,因此我们用 $\varnothing$ 表示空集合。

3. 无序对公理

$$\forall x \forall y \exists z (\forall u (u \in z \leftrightarrow u = x \lor u = y))$$

无序对公理是说,对任意两个集合 x,y,都存在惟一的集合 $\{x,y\}$。由无序对公理及外延公理可定义有序对。对任意两个集合 x,y,定义集合 $\langle x,y \rangle$ 为 $\{\{x\},\{x,y\}\}$。

4. 幂集合公理

$$\forall x \exists y \forall z (z \in y \leftrightarrow z \subseteq x)$$

其中 $z \subseteq x$ 是公式 $\forall u (u \in z \rightarrow u \in x)$ 的缩写。这一公理是说,对任意集合 x,都存在一集合 y,它是 x 的所有子集组成的集合,称为 x 的幂集合,记作 $P(x)$。

5. 并集合公理

$$\forall x \exists y \forall z (z \in y \leftrightarrow \exists u (u \in x \land z \in u))$$

　　并集合公理是说,对任意集合 x,存在一集合 y,它恰好是 x 中所有元素的元素组成的集合,记为 $\bigcup x$。

　　6. 分离公理模式

　　对于 ZF 语言中的任意公式 $\Phi(x)$,都有

$$\forall y \exists z \forall u(u \in z \leftrightarrow u \in y \wedge \Phi(u))$$

其中 x 为 Φ 中惟一的自由变元。

　　由并集合公理和分离公理模式可知,对任意非空集合 x,存在一集合 y,它恰好是 x 中所有元素的公共元素组成的集合,记为 $\bigcap x$。

　　7. 替换公理模式

　　对 ZF 语言中的任意公式 $\Phi(x,y)$ 都有

$$\forall x \exists ! y \Phi(x,y) \rightarrow \forall x \exists y \forall z(z \in y \leftrightarrow \exists u \in x \Phi(u,z))$$

其中 x,y 为 Φ 中的自由变元。公式 $\exists ! y \Phi(x,y)$ 是公式

$$\exists y(\Phi(x,y) \wedge \forall z(\Phi(x,z) \rightarrow z=y))$$

的缩写,是指存在惟一的 y 使得 $\Phi(x,y)$ 成立。而公式 $\exists u \in x \Phi(u,z)$ 是公式 $\exists u(u \in x \wedge \Phi(x,z))$ 的缩写。

　　8. 无穷公理

$$\exists x(\varnothing \in x \wedge \forall y \in x(y \cup \{y\} \in x))$$

其中 $\forall y \in x\ \Phi(x,y)$ 为公式 $\forall y(y \in x \rightarrow \Phi(x,y))$ 的缩写。

　　9. 正则公理

$$\forall x(x \neq \varnothing \rightarrow \exists y \in x \forall z \in y(z \notin x))$$

正则公理是说,对任意非空集合 x,存在一集合 y,y 属于 x,但 y 中的任意元素都不属于 x,称这样的 y 为 x 的极小元。

上述公理 1 至公理 9 就是通常的 ZF 系统。从 ZF 系统中去掉无穷公理(公理 8)后得到的系统记为 Z。在 ZF 语言中选择公理可表示成如下公式。

10. 选择公理

$$\forall x(\forall y \in x(y \neq \varnothing) \rightarrow \exists f(\mathrm{Fun}(f) \wedge \forall y \in x(f(y) \in y)))$$

其中 $\mathrm{Fun}(f)$ 表示 f 是一函数,它是如下公式的缩写:

$$\forall x \in f(\exists y \exists z(x = \langle y, z \rangle)$$
$$\wedge \forall y \in \mathrm{dom}(f) \exists! z(\langle y, z \rangle \in f)$$

其中 $\mathrm{dom}(f)$ 为 f 的定义域,$y \in \mathrm{dom}(f)$ 是公式 $\exists z(\langle y, z \rangle \in f)$ 的缩写。

在 ZF 系统中加上选择公理后得到的系统即是 ZFC 系统。

需要指出的是,第二章和第三章中的证明都是在 ZF 系统中进行的,也就是说第二章和第三章中的证明都使用了 ZF 系统中的一些公理。

一集合 S 是传递的,如果

$$\forall x(x \in S \rightarrow x \subseteq S)_{\circ}$$

一集合 X 是序数,如果 X 传递且满足

$$\forall x, y \in X(x \in y \vee x = y \vee y \in x)_{\circ}$$

今后在本章中我们用小写希腊字母 $\alpha, \beta, \gamma, \cdots$ 表示序数。不难看出,对任意 α, β,都有

$$\alpha \in \beta \vee \alpha = \beta \vee \beta \in \alpha。$$

通常我们用 $\alpha < \beta$ 代替 $\alpha \in \beta$。

不难看出,$\varnothing$ 是序数,把它记作 0;集合 $\{0\}$ 也是序数,记作 1;集合 $\{0,1\}$ 也是序数,记作 2;$\cdots$;集合 $\{0,1,\cdots,n-1\}$ 也是序数,记作 n。由无穷公理知,$\{0,1,\cdots,n,\cdots\}$ 是一集合,显然它也是序数,记作 ω。一般地,对任意序数 α 都有 $\alpha = \{\beta \mid \beta < \alpha\}$。

设 α 为一序数,则集合 $\alpha \cup \{\alpha\}$ 也是一序数,记作 $\alpha + 1$。称 $\alpha + 1$ 为后继序数。不是后继序数的非零序数称为极限序数,ω 是最小的极限序数。

我们把所有序数组成的类记作 On。对任意 $\alpha \in On$,归纳定义 V_α 如下:

$$V_0 = \varnothing;$$
$$V_{\alpha+1} = P(V_\alpha);$$
$$V_\alpha = \bigcup \{V_\beta \mid < \alpha\},\alpha \text{ 为极限序数。}$$

令 $V = \bigcup \{V_\alpha \mid \alpha \in On\}$,由正则公理可证,任意一集合都属于 V,即 V 是所有集合组成的类。对任意集合 x,令 $\mathrm{rank}(x)$ 为使得 $x \in V_{\alpha+1}$ 的最小序数 α,称 $\mathrm{rank}(x)$ 为集合 x 的秩。

4.2　哥德尔函数与受囿公式

定义 2.1 设 Φ 为一公式,如果 Φ 中的量词都是以如下形式出现

$$\forall x \in y, \exists x \in y,$$

则称 Φ 为受囿公式。

定义 2.2 下列函数称为哥德尔函数：

$F_1(x,y) = \{x,y\}$，

$F_2(x,y) = x \times y$，

$F_3(x,y) = \{\langle u,v \rangle \mid u \in x \land v \in y \land u \in v\}$，

$F_4(x,y) = x - y$，

$F_5(x,y) = x \cap y$，

$F_6(x) = \bigcup x$，

$F_7(x) = \mathrm{dom}(x)$，

$F_8(x) = \{\langle u,v \rangle \mid \langle v,u \rangle \in x\}$，

$F_9(x) = \{\langle u,v,w \rangle \mid \langle u,w,v \rangle \in x\}$，

$F_{10} = \{\langle u,v,w \rangle \mid \langle v,w,u \rangle \in x\}$。

命题 2.3 下列公式都是受囿公式。

(1) $x \in y$	(2) $x \subseteq y$	(3) $x = 0$
(4) x 是无序对	(5) x 是单点集	(6) x 是有序对
(7) x 是二元关系	(8) $x = \bigcup y$	(9) $x = \bigcup\bigcup y$
(10) $x \in \bigcup y$	(11) $x \in \bigcup\bigcup y$	(12) $x = \mathrm{dom}(y)$
(13) $x \in \mathrm{dom}(y)$	(14) $x = \mathrm{ran}(y)$	(15) $x \in \mathrm{ran}(y)$
(16) x 传递	(17) x 是序数	(18) x 是极限序数
(19) x 是后继序数	(20) x 是自然数	(21) $x = \omega$
(22) $z = x \cup y$		

证明：

(1) $x \in y$ 中无量词，故是受囿公式。

(2) $x \subseteq y \leftrightarrow \forall z \in x(z \in y)$。

(3) $x = 0 \leftrightarrow \forall y \in x(y \neq y)$。

(4) x 是无序对 $\leftrightarrow \exists y \in x \exists z \in x \forall u \in x(u = y \lor u = z)$。

(5) x 是单点集 $\leftrightarrow \exists y \in x \forall z \in x(z = y)$。

(6) x 是有序对 $\leftrightarrow$

$$\exists\, y \in x \,\exists\, u \in y \,\exists\, v \in y \,\forall z \in x(z = \{u,v\} \,\bigvee z = \{u\})\,\circ$$

（7）x 是二元关系 $\leftrightarrow \forall y \in x(y$ 是有序对$)\,\circ$

（8）$x = \bigcup y \leftrightarrow \forall z \in x \,\exists\, u \in y(z \in u)\,\forall u \in y \,\forall z \in u(z \in x)\,\circ$

（9）$x = \bigcup \bigcup y \leftrightarrow \forall z \in x \,\exists\, u \in y \,\exists\, v \in u(z \in v)\,\circ$

（10）$x \in \bigcup y \leftrightarrow \exists\, u \in y(x \in u)\,\circ$

（11）$x \in \bigcup \bigcup y \leftrightarrow \exists\, u \in y \,\exists\, v \in u(x \in v)\,\circ$

（12）$x = \mathrm{dom}(y) \leftrightarrow$

$$\forall z \in x \,\exists\, u \in y \,\exists\, v \in u \,\exists\, w \in v(\langle z,w\rangle \in y)\,\circ$$

（13）$x \in \mathrm{dom}(y) \leftrightarrow \exists\, u \in y \,\exists\, v \in u \,\exists\, w \in v(\langle x,w\rangle \in y)\,\circ$

（14）$x = \mathrm{ran}(y) \leftrightarrow$

$$\forall z \in x \,\exists\, u \in y \,\exists\, v \in u \,\exists\, w \in v(\langle w,z\rangle \in y)\,\circ$$

（15）$x \in \mathrm{ran}(y) \leftrightarrow \exists\, u \in y \,\exists\, v \in u \,\exists\, w \in v(\langle w,x\rangle \in y)\,\circ$

（16）x 传递 $\leftrightarrow \forall y \in x \,\forall z \in y(z \in x)\,\circ$

（17）x 是序数 $\leftrightarrow x$ 传递 $\bigwedge \forall y \in x(y$ 传递$) \bigwedge$

$$\forall y \in x \,\forall z \in x(y \in z \,\bigvee y = z \,\bigvee z \in y)\,\circ$$

（18）x 是极限序数 $\leftrightarrow x$ 是序数 $\bigwedge \forall y \in x \,\exists\, z \in x(y \in z) \bigwedge x \neq 0\,\circ$

（19）x 是后继序数 $\leftrightarrow x$ 是序数 $\bigwedge \exists\, y \in x(x = y \cup \{y\})\,\circ$

（20）x 是自然数 $\leftrightarrow (x = 0 \,\bigvee x$ 是后继序数$) \bigwedge \forall y \in x(y = 0 \,\bigvee y$ 是后继序数$)\,\circ$

（21）$x = \omega \leftrightarrow x$ 是极限序数 $\bigwedge \forall y \in x(y$ 是自然数$)\,\circ$

（22）$z = x \cup y \leftrightarrow \forall u \in z(u \in x \,\bigvee u \in y)\,\circ$ □

命题 2.4 如果 Φ 为一受囿公式，则

$$\forall x \in \mathrm{dom}(y)\Phi(x)\,, \qquad \exists\, x \in \mathrm{dom}(y)\Phi(x)\,,$$

$$\forall x \in \mathrm{ran}(y)\Phi(x)\,, \qquad \exists\, x \in \mathrm{ran}(y)\Phi(x)\,,$$

都是受囿公式。

证明：

（1）$\forall x \in \mathrm{dom}(y)\Phi(x) \leftrightarrow$

$$\forall z \in y \,\forall u \in z \,\forall x,v \in u(z = \langle x,v\rangle \rightarrow \Phi(x))\,\circ$$

$(2)\ \exists x \in \mathrm{dom}(y)\Phi(x)\leftrightarrow$

$\qquad \exists z \in y \exists u \in z \exists x,v \in u(z=\langle x,v\rangle \bigwedge \Phi(x))_{\circ}$

$(3)\ \forall x \in \mathrm{ran}(y)\Phi(x)\leftrightarrow$

$\qquad \forall z \in y \forall u \in z \forall x,v \in u(z=\langle v,x\rangle \rightarrow \Phi(x))_{\circ}$

$(4)\ \exists x \in \mathrm{ran}(y)\Phi(x)\leftrightarrow$

$\qquad \exists z \in y \exists u \in z \exists x,v \in u(z=\langle v,x\rangle \bigwedge \Phi(x))_{\circ}$ $\qquad\qquad$ □

命题 2.5 公式 $z=F_i(x,y)$, $i=1,\cdots,10$, 均是受囿公式。

证明:

$z=F_1(x,y)\leftrightarrow \forall u \in z(u=x \bigvee u=y)_{\circ}$

$z=F_2(x,y)\leftrightarrow \forall u \in z \exists v_1 \in x \exists v_2 \in y(u=\langle v_1,v_2\rangle)_{\circ}$

$z=F_3(x,y)\leftrightarrow \forall u \in z \exists v_1 \in x \exists v_2 \in y(u=\langle v_1,v_2\rangle \bigwedge v_1 \in v_2)_{\circ}$

$z=F_4(x,y)\leftrightarrow \forall u \in z(u \in x \bigwedge u \notin y)_{\circ}$

$z=F_5(x,y)\leftrightarrow \forall u \in z(u \in x \bigwedge x \in y)_{\circ}$

$z=F_6(x)\leftrightarrow \forall u \in z \exists v \in x(u \in v)_{\circ}$

$z=F_7(x)$ 见命题 2.3(12)

$z=F_8(x)\leftrightarrow \forall u \in z \exists v \in \mathrm{ran}(x) \exists w \in \mathrm{dom}(x)(u=\langle v,w\rangle) \bigwedge$

$\qquad\qquad \forall v \in \mathrm{ran}(x) \forall w \in \mathrm{dom}(x)(\langle w,v\rangle \in x \rightarrow$

$\qquad\qquad\qquad\qquad \exists u \in z(u=\langle v,w\rangle))_{\circ}$

$z=F_9(x)$ 与 $z=F_8(x)$ 类似。

$z=F_{10}(x)$ 与 $z=F_8(x)$ 类似。 $\qquad\qquad\qquad\qquad\qquad\qquad$ □

定理 2.6 如果 $\Phi(u_1,\cdots,u_n)$ 为一受囿公式,则存在一函数 F,它是哥德尔函数 F_i, $i=1,\cdots,10$, 的复合,且满足对任意 $x_1,\cdots,x_n$ 都有

$$F(x_1,\cdots,x_n)=$$
$$\{\langle u_1,\cdots,u_n\rangle \mid u_1 \in x_1 \bigwedge \cdots \bigwedge u_n \in x_n \bigwedge \Phi(u_1,\cdots,u_n)\}_{\circ}$$

证明: 施归纳于受囿公式的复杂性。为简单起见,假设受囿公式中不出现全称量词 $\forall$ 和等词 $=$。

情形 1：$\Phi(u_1, \cdots, u_n)$ 为原子公式 $u_i \in u_j$。下面我们证明结论对 $u_i \in u_j$ 成立。

子情形 1a：$n = 2$。这时我们有

$$\{\langle u_1, u_2 \rangle : u_1 \in x_1 \wedge u_2 \in x_2 \wedge u_1 \in u_2\} = F_3(x_1, x_2)$$
$$\{\langle u_1, u_2 \rangle : u_1 \in x_1 \wedge u_2 \in x_2 \wedge u_2 \in u_1\} = F_8(F_3(x_2, x_1))$$

子情形 1b：$n > 2$ 且 $i, j \neq n$。由归纳假设知，存在函数 F，它是哥德尔函数的复合且满足

$$\{\langle u_1, \cdots, u_{n-1} \rangle : u_1 \in x_1 \wedge \cdots \wedge u_{n-1} \in x_{n-1} \wedge u_i \in u_j\}$$
$$= F(x_1, \cdots, x_{n-1})。$$

不难看出

$$\{\langle u_1, \cdots, u_n \rangle : u_1 \in x_1 \wedge \cdots \wedge u_n \in x_n \wedge u_i \in u_j\}$$
$$= F(x_1, \cdots, x_{n-1}) \times x_n = F_2(F(x_1, \cdots, x_{n-1}), x_n)。$$

子情形 1c：$n > 2$ 且 $i, j \neq n - 1$。由子情形 1b 知存在 F，它是哥德尔函数的复合且满足

$$\{\langle u_1, \cdots, u_{n-2}, u_n, u_{n-1} \rangle : u_1 \in x_1 \wedge \cdots \wedge u_n \in x_n \wedge u_i \in u_j\}$$
$$= F(x_1, \cdots, x_n)。$$

注意到

$$\{\langle u_1, \cdots, u_{n-2}, u_n, u_{n-1} \rangle = \langle \langle u_1, \cdots, u_{n-2} \rangle, u_n, u_{n-1} \rangle$$

故有

$$\{\langle u_1, \cdots, u_n \rangle : u_1 \in x_1 \wedge \cdots \wedge u_n \in x_n \wedge u_i \in u_j\}$$
$$= F_9(F(x_1, \cdots, x_n))。$$

子情形 1d：$i = n-1, j = n$，由子情形 1a 知

$$\{\langle u_{n-1}, u_n \rangle : u_{n-1} \in x_{n-1} \wedge u_n \in x_n \wedge u_{n-1} \in u_n\} = F_3(x_{n-1}, x_n)。$$

从而存在函数 F，它是哥德尔函数的复合且满足

$$\{\langle\langle u_{n-1}, u_n \rangle, \langle u_1, \cdots, u_{n-2} \rangle\rangle : u_1 \in x_1 \wedge \cdots \wedge u_n \in x_n \wedge u_{n-1} \in u_n\}$$
$$= F_3(x_{n-1}, x_n) \times (x_1 \times \cdots \times x_{n-2}) = F(x_1, \cdots, x_n)。$$

注意到

$$\langle\langle u_{n-1}, u_n \rangle, \langle u_1, \cdots, u_{n-2} \rangle\rangle = \langle u_{n-1}, u_n, \langle u_1, \cdots, u_{n-2} \rangle\rangle$$
$$\langle u_1, \cdots, u_n \rangle = \langle\langle u_1, \cdots, u_{n-2} \rangle, u_{n-1}, u_n\rangle$$

从而有

$$\{\langle u_1, \cdots, u_n \rangle : u_1 \in x_1 \wedge \cdots \wedge u_n \in x_n \wedge u_{n-1} \in u_n\}$$
$$= F_{10}(F(x_1, \cdots, x_n))。$$

子情形 1e：$i = n, j = n-1$。与子情形 1d 类似。

情形 2：Φ 是 $\neg \Phi_1(u_1, \cdots, u_n)$。设结论对 Φ_1 成立，则存在函数 G_1，它是哥德尔函数的复合且满足

$$\{\langle u_1, \cdots, u_n \rangle : u_1 \in x_1 \wedge \cdots \wedge u_n \in x_n \wedge \Phi_1(u_1, \cdots, u_n)\}$$
$$= G_1(x_1, \cdots, x_n)。$$

从而可以看出，存在函数 F，它是哥德尔函数的复合且满足

$$\{\langle u_1,\cdots,u_n\rangle : u_1 \in x_1 \wedge \cdots \wedge u_n \in x_n \wedge \Phi(u_1,\cdots,u_n)\}$$
$$= (x_1 \times \cdots \times x_n) - G_1(x_1,\cdots,x_n) = F(x_1,\cdots,x_n)。$$

情形 3：Φ 是 $\Phi_1 \wedge \Phi_2$。设结论对 Φ_1 和 Φ_2 都成立，则存在函数 G_1 和 G_2，它们都是哥德尔函数的复合且满足

$$\{\langle u_1,\cdots,u_n\rangle : u_1 \in x_1 \wedge \cdots \wedge u_n \in x_n \wedge \Phi_1(u_1,\cdots,u_n)\}$$
$$= G_1(x_1,\cdots,x_n)。$$

$$\{\langle u_1,\cdots,u_n\rangle : u_1 \in x_1 \wedge \cdots \wedge u_n \in x_n \wedge \Phi_2(u_1,\cdots,u_n)\}$$
$$= G_2(x_1,\cdots,x_n)。$$

从而

$$\{\langle u_1,\cdots,u_n\rangle : u_1 \in x_1 \wedge \cdots \wedge u_n \in x_n \wedge \Phi(u_1,\cdots,u_n)\}$$
$$= G_1(x_1,\cdots,x_n) \cap G_2(x_1,\cdots,x_n)$$
$$= F_5(G_1(x_1,\cdots,x_n),G_2(x_1,\cdots,x_n))。$$

情形 4：Φ 是 $\exists u_{n+1} \in u_i \Phi_1(u_1,\cdots,u_n,u_{n+1})$。设结论对 Φ_1 成立，由情形 3 知，结论对 $\Phi_1(u_1,\cdots,u_n,u_{n+1}) \wedge u_{n+1} \in u_i$ 也成立。从而存在函数 G_1，它是哥德尔函数的复合且满足

$$\{\langle u_1,\cdots,u_{n+1}\rangle : u_1 \in x_1 \wedge \cdots \wedge u_{n+1} \in x_{n+1}$$
$$\wedge \Phi_1(u_1,\cdots,u_n,u_{n+1}) \wedge u_{n+1} \in u_i\} = G_1(x_1,\cdots,x_{n+1})。$$

为简便起见，记 $u = \langle u_1,\cdots,u_n\rangle$，$x = x_1 \times \cdots \times x_n$。不难看出，对 $u \in x$ 都有

$$\Phi(u) \leftrightarrow \exists v \in u_i \Phi_1(u,v)$$
$$\leftrightarrow \exists v(v \in u_i \wedge \Phi_1(u,v) \wedge v \in \bigcup x_i)$$

$$\leftrightarrow u \in \mathrm{dom}(\{\langle u,v \rangle \in x \times \bigcup x_i : \Phi_1(u,v) \wedge v \in u_i\}) \text{。}$$

从而可以看出,存在函数 F,它是哥德尔函数的复合且满足

$$\{\langle u_1,\cdots,u_n \rangle : u_1 \in x_1 \wedge \cdots \wedge u_n \in x_n \wedge \Phi(u_1,\cdots,u_n)\}$$
$$= (x_1 \times \cdots \times x_n) \cap \mathrm{dom}(G_1(x_1,\cdots,x_n,\bigcup x_i))$$
$$= F(x_1,\cdots,x_n) \text{。} \qquad\qquad \square$$

定义 2.7 设 W 为一集合。如果 W 关于哥德尔运算是封闭的,则称 W 是哥德尔闭的(简称闭的)。

对任集合 M,归纳于自然数 n 定义 W_n 如下:

$$W_0 = M,$$
$$W_{n+1} = W_n \cup \{F_i(x,y) : x,y \in W_n, i = 1,\cdots,10\} \text{。}$$

再令

$$W = \bigcup \{W_n : n < \omega\},$$

则 W 是包含 M 的最小的闭集,记为 $\mathrm{cl}(M)$,称其为 M 的哥德尔闭包(简称闭包)。

4.3 ZF 的传递模型

设 M 为一类,E 为 M 上的二元关系。则 $\langle M,E \rangle$ 为集合论语言的一个模型(把 $\in$ 解释为 E)。设 Φ 为一公式,我们归纳于 Φ 的复杂性来定义 $M \models \Phi$(读作 M 满足 Φ 或者 Φ 在 M 中真)如下:

(1) $M \models x \in y$ 当且仅当 xEy;

（2）对任意 Φ_1 和 Φ_2，

$M \models \neg\,\Phi_1$ 当且仅当 $M \not\models \Phi_1$，

$M \models \Phi_1 \wedge \Phi_2$ 当且仅当 $M \models \Phi_1$ 且 $M \models \Phi_2$，

$M \models \Phi_1 \vee \Phi_2$ 当且仅当 $M \models \Phi_1$ 或者 $M \models \Phi_2$，

$M \models \Phi_1 \rightarrow \Phi_2$ 当且仅当 $M \models \Phi_1$ 蕴涵 $M \models \Phi_2$；

（3）对任意 $\Phi_1(x)$，

$M \models \forall x \Phi_1(x)$ 当且仅当对任意 $x \in M$ 都有 $M \models \Phi_1(x)$，

$M \models \exists x \Phi_1(x)$ 当且仅当存在 $x \in M$ 使得 $M \models \Phi_1(x)$。

今后我们把 E 取为属于关系 $\in$。我们有如下定理。

定理 3.1（同构定理） 如果 M 满足外延公理，则 M 与一个传递模型同构。

证明： 略去，可参考文献 [21,57]。 □

定义 3.2 设 Φ 为一公式，称 Φ 是绝对的，如果对任意传递模型 M 及任意 $u_1, \cdots, u_n \in M$ 都有

$$\Phi(u_1, \cdots, u_n) \text{ 当且仅当 } M \models \Phi(u_1, \cdots, u_n) \qquad (3.1)$$

定理 3.3 如果 Φ 是受囿公式，则 Φ 是绝对的。

证明： 归纳于 Φ 的复杂性证明。为方便起见，不妨设 Φ 中不出现全称量词。当 Φ 是原子公式时，显然（3.1）式成立。如果（3.1）式对 Φ_1 和 Φ_2 成立，则容易证明（3.1）式对 $\neg\,\Phi_1, \Phi_1 \wedge \Phi_2, \Phi_1 \vee \Phi_2, \Phi_1 \rightarrow \Phi_2$ 也都成立。

设 Φ 为 $\exists u \in x \Psi(u, x, \cdots)$ 且设（3.1）式对 Ψ 成立。下证（3.1）式对 Φ 也成立。

如果 $M \models \Phi$，则 $M \models \exists u(u \in x \wedge \Psi)$，即

$$\exists u \in M(u \in x \wedge M \models \Psi)$$

根据归纳假设知，$\exists u \in x \Psi$ 成立（即 Φ 成立）。

反之，假设 Φ 成立，即 $\exists u \in x \Psi$ 成立。从而存在 $u \in x$ 使得

$$\Psi(u,x,\cdots)$$

成立。由于 $x \in M$ 且 M 传递,故 $u \in M$。再由归纳假设知,有

$$\exists u(u \in M \wedge u \in x \wedge M \models \Psi),$$

于是 $M \models \exists u \in x \Psi(u,x,\cdots)$,即 $M \models \Phi$。 □

定义3.4 设 M 为一类,如果对每一集合 $x \subseteq M$ 都存在某集合 $y \in M$ 使得 $x \subseteq y$,则称 M 是几乎全的。

定理3.5 设 $\Phi(u_1,\cdots,u_n)$ 为一公式,且设它有 k 个量词。把 Φ 中的量词 $\exists x_i$,$\forall x_i$ 分别换为 $\exists x_i \in y_i$,$\forall x_i \in y_i (i=1,\cdots,k)$ 后得到的受囿公式记为 $\Phi'(u_1,\cdots,u_n,y_1,\cdots,y_k)$。再设 M 为几乎全的类,则对每一 $x \in M$,都存在 $y_1,\cdots,y_k \in M$,使得对任意 $u_1,\cdots,u_n \in x$ 都有

$$M \models \Phi(u_1,\cdots,u_n) \text{ 当且仅当 } \Phi'(u_1,\cdots,u_n,y_1,\cdots,y_k)。$$

证明: 施归纳于 Φ 的复杂性来证明。不妨设 Φ 不出现全称量词。如果 Φ 是受囿公式,则 $\Phi = \Phi'$。这时显然结论成立。如果结论对 Φ_1 和 Φ_2 成立,则易证结论对 $\neg \Phi_1$,$\Phi_1 \wedge \Phi_2$,$\Phi_1 \vee \Phi_2$ 以及 $\Phi_1 \rightarrow \Phi_2$ 也都成立。设 Φ 为 $\exists z \Psi$ 且设结论对 Ψ 成立。设 Ψ 有 k 个量词,则

$$\Phi' = \exists z \in y_{k+1} \Psi'(u_1,\cdots,u_n,z,y_1,\cdots,y_k)。$$

设 $x \in M$。现在我们找 $y_1,\cdots,y_{k+1} \in M$ 使得对任意 $u_1,\cdots,u_n \in x$ 都有

$$M \models \exists z \Psi(u_1,\cdots,u_n,z) \text{ 当且仅当}$$
$$\exists z \in y_{k+1} \Psi'(u_1,\cdots,u_n,z,y_1,\cdots,y_k)。 \tag{3.2}$$

利用替换公理,知存在一集合 N 使得 $x \subseteq N \subseteq M$ 且对任意 $u_1,\cdots,u_n \in x$

都有

$$\exists z \in M(M \models \Psi(u_1, \cdots, u_n, z)) \text{当且仅当}$$
$$\exists z \in N(M \models \Psi(u_1, \cdots, u_n, z))。\qquad (3.3)$$

因为 M 是几乎全的,故存在 $y \in M$ 使得 $N \subseteq y$。从而对任意 $u_1, \cdots, u_n \in x$ 都有

$$\exists z \in M(M \models \Psi(u_1, \cdots, u_n, z)) \text{当且仅当}$$
$$\exists z \in y(M \models \Psi(u_1, \cdots, u_n, z))。$$

根据归纳假设,知存在 $y_1, \cdots, y_k \in M$ 使得对任意 $u_1, \cdots, u_n, z \in y$ 都有

$$M \models \Psi(u_1, \cdots, u_n, z) \text{当且仅当} \Psi'(u_1, \cdots, u_n, y_1, \cdots, y_k)。$$

令 $y_{k+1} = y$。因为 $x \subseteq y$,故对任意 $u_1, \cdots, u_n \in x$ 有

$$M \models \exists z \Psi(u_1, \cdots, u_n, z)$$
$$\text{当且仅当} \exists z \in M(M \models \Psi(u_1, \cdots, u_n, z))$$
$$\text{当且仅当} \exists z \in y(M \models \Psi(u_1, \cdots, u_n, z))$$
$$\text{当且仅当} \exists z \in y_{k+1} \Psi'(u_1, \cdots, u_n, z, y_1, \cdots, y_k)。\qquad \square$$

定理 3.6　如果 M 是闭的传递类,则对任意受囿公式 $\Phi(u)$ 都有

$$M \models \forall x \exists y \forall u(u \in y \leftrightarrow u \in x \land \Phi(u))。$$

证明：设 Φ 为一受囿公式。对任意 $x \in M$,令 $Y = \{u \in x : \Phi(u)\}$。根据定理 3.3,知 Φ 是绝对的,故只需证 $Y \in M$。由定理 3.5 知,存在一函数 F,它是哥德尔函数的复合且满足

$$F(x) = \{u : u \in x \land \Phi(x)\}。$$

由于 M 关于哥德尔运算封闭,故 $F(x) \in M$,即 $Y \in M$。 $\square$

定义 3.7 设 M 为一类。如果 ZF 系统中的任意公理都在 M 中真,则称 M 是 ZF 系统的(类)模型。

定理 3.8 如果 M 是闭的、几乎全的传递类,则 M 是 ZF 系统的一个模型。

证明:

1. 外延公理　传递类都满足外延公理。

2. 无序对公理　由于 $z = \{x, y\}$ 是绝对公式,而 M 又对无序对运算封闭,故 M 也满足无序对公理。

3. 分离公理模式　任设 Φ 为一公式,$x \in M$。我们将证明集合

$$Y = \{u \in x : M \models \Phi(u)\}$$

属于 M。由定理 3.5 知,存在 $y_1, \cdots, y_k$(设 Φ 中有 k 个量词)使得

$$Y = \{u \in x : \Phi'(u, y_1, \cdots, y_k)\},$$

其中,Φ' 为受囿公式。由定理 3.6 知 Y 属于 M。

4. 并集定理　因为 $y = \bigcup x$ 是受囿公式。且因 M 对并运算封闭,故 M 满足并集公理。

5. 幂集公理　我们要证

$$M \models \forall x \exists y \forall u (u \subseteq x \leftrightarrow u \in y)。$$

由于 M 满足分离公理,故只需证

$$M \models \forall x \exists y \forall u (u \subseteq x \rightarrow u \in y)。 \tag{3.4}$$

又"$u \subseteq x$"为一绝对公式,故(3.4)式等价于

$$\forall x \in M \exists y \in M((P(x) \cap M) \subseteq y) \qquad (3.5)$$

由于 M 是几乎全的,故(3.5)式成立。

6. 无穷公理 要证 $\omega \in M$,先归纳证明 $\omega \subseteq M$。因为 M 是传递类,故 $0 \in M$。设 $n \in M$ 且 n 为自然数。由于 $x = y \cup \{y\}$ 是受囿公式且 M 是哥德尔闭的,根据定理 3.5 知 $n+1 \in M$。从而 $\omega \subseteq M$。由于 M 是几乎全的,故存在 $X \in M$ 使得 $\omega \subseteq X$。由分离公理知,

$$\omega = \{n : n \in X \text{ 且 } n \text{ 是自然数}\} \in M。$$

7. 替换公理模式 设 $\Phi(x, y)$ 为一公式,$X \in M$,且设

$$M \models \forall x \in X \exists! \, y \Phi(x, y)。$$

要证 $\{y \in M : M \models \exists x \in X \Phi(x, y)\} \in M$。由于 M 是几乎全的,故存在 $Z \in M$ 使得

$$\{y \in M : M \models \exists x \in X \Phi(x, y)\} \subseteq Z。$$

由于 M 满足分离公理,故有

$$\{y \in M : M \models \exists x \in X \Phi(x, y)\} =$$
$$\{y \in M : M \models y \in Z \wedge \exists x \in X \Phi(x, y)\} \in M。$$

8. 正则公理 要证对任意 $S \in M$,都有

$$M \models \exists x \in S(S \cap x = \varnothing)。$$

由于正则公理在 V 中成立,故有

$$V \models \exists x \in S(S \cap x = \varnothing)。$$

而 $\exists x \in S(S \cap x = \varnothing)$ 是一个受囿公式,由定理 3.3 知有

$$M \models \exists x \in S(S \cap x = \varnothing)。 \qquad \square$$

4.4　可构成集类

定义 4.1　对任意集合 X,令

$$\mathrm{def}(X) = \mathrm{cl}(X \cup \{X\}) \cap P(X),$$

其中 $\mathrm{cl}(X \cup \{X\})$ 表示 $X \cup \{X\}$ 的哥德尔闭包。

定义 4.2　设 X 为一集合,$Y \subseteq X$。如果有公式 $\Phi(x, x_1, \cdots, x_n)$ 及 $a_1, \cdots, a_n \in X$ 使得

$$Y = \{x \in X : \Phi(x, a_1, \cdots, a_n)\},$$

则称 Y 是 X 的可定义子集。

命题 4.3　对任意传递集合 X,$\mathrm{def}(X)$ 恰好是 X 的所有可定义子集合组成的集合。

证明：略去。 $\qquad \square$

定义 4.4　今定义可构成分层如下：

$$L_0 = \varnothing,$$
$$L_\alpha = \bigcup \{L_\beta : \beta < \alpha\}, \alpha \text{ 为极限序数},$$
$$L_{\alpha+1} = \mathrm{def}(L_\alpha),$$
$$L = \bigcup \{L_\alpha : \alpha \in On\}。$$

我们称 L 中的集合为可构成集合。

命题 4.5 L 是传递的。

证明: 归纳于 α 容易证明每个 L_α 都是传递的,故 L 也是传递的。 □

命题 4.6 $On \subseteq L$。

证明: 下面归纳于 α 证明对每个序数 α 都有 $L_\alpha \cap On = \alpha$。

显然 $L_0 \cap On = 0$。

设 $L_\alpha \cap On = \alpha$。由于"$u$ 是一个序数"可表示成受囿公式,故存在一函数 F,它是哥德尔函数的复合且满足

$$F(x) = \{u \in x : u \text{ 是一个序数}\}。$$

从而有

$$F(L_\alpha) = \{u \in L_\alpha : u \text{ 是一个序数}\} = \alpha \in L_{\alpha+1}。$$

故有 $L_{\alpha+1} \cap On = \alpha + 1$。

设 α 是一极限序数,且设对任意 $\beta < \alpha$ 都有,$L_\beta \cap On = \beta$,则

$$
\begin{aligned}
L_\alpha \cap On &= (\bigcup \{L_\beta : \beta < \alpha\}) \cap On \\
&= \bigcup \{L_\beta \cap On : \beta < \alpha\} \\
&= \bigcup \{\beta : \beta < \alpha\} = \alpha。
\end{aligned}
$$
□

命题 4.7 L 是几乎全的。

证明：设 $Y \subseteq L$ 为一集合，则对任意 $y \in Y$，都有 α 使得 $y \in L_{\alpha}$，取 α_y 为最小的这样的序数。令 $\alpha = \bigcup\{\alpha_y : y \in Y\}$。显然 $Y \subseteq L_{\alpha}$。而 $L_{\alpha} \in L$，故命题得证。 □

命题 4.8 L 是哥德尔闭的。

证明：不难验证，对任意 β 及任意 $x, y \in L_{\beta}$ 都有 $F_i(x, y) \in L_{\beta+1}$（$i = 1, 2, \cdots, 10$）。故对任意极限序数 α, L_{α} 是哥德尔闭的。从而 L 也是哥德尔闭的。 □

定理 4.9 L 是 ZF 的传递模型。

证明：由命题 4.5 – 4.8 及定理 3.8 即得。 □

4.5 可构成公理

可构成公理（$V = L$）：$\forall x(x \in L)$。

直观地说，可构成公理的意思是，每一集合都是可构成集。

定理 5.1

（1）如果 M 是 ZF 的传递模型且 $On \subseteq M$，则 $L \subseteq M$。

（2）L 满足可构成公理，即 $L \models V = L$。

为证明定理 5.1，我们先考察关于 ZF 的传递模型绝对的函数。设 $\Phi(x, y)$ 为一公式，则我们可以定义一函数 F 如下：

$$F(x) = \{u : \Phi(x, u)\}。 \tag{5.1}$$

设 M 为一传递类，则 $F(x)$ 在 M 上的限制，$F^M(x)$ 定义为

$$F^M(x) = \{u \in M : M \models \Phi(x, u)\}。 \tag{5.2}$$

注意，对于 $x \in M, F^M(x)$ 未必属于 M（即使 $\Phi(x, u)$ 为受囿公式）。例如，幂集函数 $P(x)$ 定义为：$P(x) = \{u : u \subseteq x\}$。而

$$P^M(x) = \{u \in M : M \models u \subseteq x\} = \{u \in M : u \subseteq x\}$$
$$= P(x) \cap M。$$

实际上,对任意受囿公式 $\Phi(x, u)$ 都有

$$F^M(x) = \{u \in M : M \models \Phi(x, u)\}$$
$$= \{u \in M : \Phi(x, u)\} = F(x) \cap M。 \quad (5.3)$$

定义5.2 设 F 是由 $\Phi(x, u)$ 按(5.1)式定义的函数,且设 M 为一传递模型。称函数 F 关于 M 是绝对的,如果对任意 $x \in M$ 都有 $F(x) = F^M(x)$。

命题5.3 设 F, M 如定义 5.2,F 关于 M 是绝对的当且仅当

(1)对任意 $x \in M$ 都有 $F(x) \subseteq M$,且

(2)Φ 关于 M 是绝对的,即对任意 $x, u \in M$,有
$$\Phi(x, u) \text{ 当且仅当 } M \models \Phi(x, u)。$$

证明:显然。 □

命题5.4 设 F, M 如定义 5.2,F 关于 M 是绝对的当且仅当

(1)对任意 $x \in M$,都有 $F^M(x) \subseteq M$,且

(2)$y = F(x)$ 是关于 M 绝对的公式。

证明:显然。 □

值得注意的是,即使 F 关于 M 是绝对的,也未必有 $F(x) = F^M(x) \in M$。如果对任意 $x \in M$ 都有 $F^M(x) \in M$,则称 F 在 M 中有定义。

引理5.5 (1)假设函数 F 关于 M 是绝对的且在 M 中有定义,且假设 $\Phi(x)$ 是绝对公式,则 $\Phi(F(x))$ 也是绝对的(关于 M)。

(2)假设函数 F 关于 M 是绝对的且在 M 中有定义,且假设 G 也是关于 M 绝对的函数,则 $G \cdot F$ 也是绝对的。

证明:(1)任设 $x \in M$,由于 F 关于 M 是绝对的且在 M 中有定义,故 $F(x) = F^M(x)$。再由 $\Phi(x)$ 的绝对性知

$$M \models \Phi(F(x)) \text{ 当且仅当 } \Phi(F(x))。$$

（2）由命题5.4知 $z = G(y)$ 为绝对公式。再由（1）知 $z = G(F(x))$ 也是绝对的。由于 $F(x) = F^M(x) \in M$ 且 G 是绝对的，故 $G \cdot F(x) = G(F(x)) \subseteq M$。从而由命题5.4知 $G \cdot F$ 是绝对的。　　□

注意，上面我们考察的是一元函数。实际上，上面的讨论对于如下定义的多元函数 $F(x_1, \cdots, x_n)$ 也是适用的。设 $\Phi(x_1, \cdots, x_n, u)$ 为一公式，则定义

$$F(x_1, \cdots, x_n) = \{u : \Phi(x_1, \cdots, x_n, u)\}。$$

引理5.6　设 M 是哥德尔闭的传递类，且函数 F 是哥德尔函数的复合，则 F 关于 M 是绝对的。

证明：显然对任意 $x, y \in M$，$F_i(x, y) \in M$。由于 M 是传递的，故 $F_i(x, y) \subseteq M$。根据命题2.5及命题5.4知，每个 F_i 都关于 M 是绝对的。再由引理5.5(2)知 F 也是绝对的。　　□

引理5.7　设 M 是 ZF 的传递模型，G 是 V 上的一个函数，G 关于 M 是绝对的且 $\mathrm{dom}(G^M) = M$。则函数 $F(\alpha) = G(F|\alpha)$ 也关于 M 是绝对的，且 $\mathrm{dom}(F^M) = M \cap On$。

证明：设 $\Phi(f, \alpha)$ 如下公式：

$$(f \text{为一函数}) \wedge (\mathrm{dom}(f) = \alpha)$$
$$\wedge \forall \beta \in \alpha(f(\beta) = G(f|\beta)) \tag{5.4}$$

则函数 F 可定义如下：

$$y = F(\alpha) \text{当且仅当}(\alpha \text{为序数}) \wedge \exists f(\Phi(f, \alpha+1) \wedge y = f(\alpha))。$$

不难看出，函数 $H(f, \beta) = f|\beta$ 关于 M 是绝对的。由于 M 是 ZF 的传递模型，故 H 在 M 中有定义。因 G 关于 M 绝对，故由引理5.5知，$G(H(f, \alpha))$ 也关于 M 是绝对公式。

下面我们证明，对任意 $\alpha \in M$ 都有 $F(\alpha) = F^M(\alpha)$。在 ZF 系统中

可以证明,对任意序数 α,都存在 α 上的函数 f 使得对任意 $\beta < \alpha$ 有 $f(\beta)$ $= G(f|\beta)$。而 M 是 ZF 系统的传递模型,故有

$$M \models \exists f \Phi(f, \alpha + 1)。$$

取这样的函数 $f \in M$,设 $y = f(\alpha)$,则 $y = F(\alpha)$。又 $f \in M$,故 $f(\alpha) \in M$。从而

$$M \models \exists f(\Phi(f, \alpha + 1) \wedge y = f(\alpha))。$$

故 $y = F^M(\alpha)$,于是 $F(\alpha) = F^M(\alpha)$。故 F 关于 M 是绝对的。　　□

引理 5.8　(1)函数 $\alpha \mapsto L_\alpha$ 关于 ZF 系统的传递模型是绝对的。

(2)如果 M 是 ZF 系统的传递模型且 $On \subseteq M$,则公式 $x \in L$ 关于 M 是绝对的,即 $L = L^M$。

证明:(1)设 M 为 ZF 系统的一个传递模型。函数 $\alpha \mapsto L_\alpha$ 可归纳定义为:

$$L_0 = \varnothing,$$
$$L_{\alpha+1} = \operatorname{def}(L_\alpha),$$
$$L_\alpha = \cup \{L_\beta : \beta < \alpha\},\alpha \text{ 是极限序数},$$

其中 $\operatorname{def}(X)$ 按如下式子定义:

$$u \in \operatorname{def}(X) \leftrightarrow u \in \operatorname{cl}(X \cup \{X\}) \wedge u \subseteq X。 \tag{5.5}$$

并且

$$\operatorname{cl}(Y) = \bigcup \operatorname{ran}(W), \tag{5.6}$$

其中 W 是如下定义的函数

$$W(0) = Y,$$
$$W(n+1) = W(n) \cup \{F_i(x,y) : x, y \in W(n), 1 \leqslant i \leqslant 10\} \, .$$

(5.7)

显然 $Z = \{F_i(x,y) : x,y \in Y, 1 \leqslant i \leqslant 10\}$ 可写成如下公式：

$$\forall z \in Z \exists x, y \in Y \,(z = F_1(x,y) \bigvee \cdots \bigvee z = F_{10}(x,y)) \bigwedge$$
$$\forall x, y \in Y \exists z_1, \cdots, z_{10} \in Z \,(\bigwedge_{1 \leqslant i \leqslant 10} (z_i = F_i(x,y)))$$

(5.8)

由于 $z = F_i(x,y)$ 为受囿公式，故 (5.8) 式也是受囿公式，从而是绝对的。根据引理 5.6 知，由 (5.7) 式定义的函数 W 是绝对的。因而由 (5.6) 式知，对任意 $Y \in M$ 都有

$$\mathrm{cl}^M(Y) = \mathrm{cl}(Y) \, .$$

进而可以看出，$u \in \mathrm{def}(X)$ 为绝对公式。又对任意 $X \in M, \mathrm{def}(X) \subseteq M$，故函数 $\mathrm{def}(X)$ 关于 M 是绝对的，即对任意 $X \in M$ 有

$$\mathrm{def}^M(X) = \mathrm{def}(X) \, .$$

(5.9)

（2）因为 M 是 ZF 系统的传递模型且 $On \subseteq M$，故 $\alpha \mapsto L_\alpha^M$ 在 M 中有定义。根据绝对性知，对任意 $x \in M$ 有

$$x \in L \leftrightarrow \exists \alpha (x \in L_\alpha) \leftrightarrow \exists \alpha (x \in L_\alpha^M) \leftrightarrow x \in L^M \, .$$

从而 $L^M = L$。 $\qquad\qquad\square$

定理 5.1 的证明：

（1）设 M 是 ZF 系统的传递模型且 $On \subseteq M$。由 $5.8(2)$ 知 $L^M = L$，故 $L \subseteq M$。

（2）由于 L 是 ZF 系统的传递模型且 $On \subseteq L$，故由引理 5.8（2）知，$L^L = L$，即对任意 x 有

$$x \in L \text{ 当且仅当 } L \models x \in L。$$

故 $L \models V = L$。 □

4.6 选择公理的相对协调性

本节我们将证明，可构成集类 L 满足选择公理，从而也就证明了 AC 相对于 ZF 系统的协调性。

定理 6.1 假设 $V = L$，则存在 L 上的一个可定义良序。从而选择公理成立。

证明：我们将定义可构成集类 L 上的一个良序 $<_L$。为此对每一序数 α，我们归纳定义 L_α 上的良序 $<_\alpha$ 使得对任意 β, α，若 $\beta < \alpha$，则 $<_\alpha$ 是 $<_\beta$ 的 end – 扩充，即

（1）如果 $x <_\beta y$，则 $x <_\alpha y$；　　　　　　　　　　　　　　（6.1）

（2）如果 $x \in L_\beta$ 且 $y \in L_\alpha - L_\beta$，则 $x <_\alpha y$。

首先，设 α 为极限序数且设对任意 $\beta < \alpha$，$<_\beta$ 都已定义，且设对任意 $\beta_1 < \beta_2 < \alpha$，$<_{\beta_2}$ 是 $<_{\beta_1}$ 的 end – 扩充。这时令

$$<_\alpha = \bigcup \{ <_\beta : \beta < \alpha \}。 \tag{6.2}$$

即，如果 $x, y \in L_\alpha$，则

$$x <_\alpha y \text{ 当且仅当 } \exists \beta < \alpha (x <_\beta y) \tag{6.3}$$

其次，设 L_α 上的良序已经定义，下面构造 $L_{\alpha+1}$ 上的良序 $<_{\alpha+1}$。先

回顾一下 $L_{\alpha+1}$ 的定义：

$$L_{\alpha+1} = \mathrm{cl}(L_\alpha \cup \{L_\alpha\}) \cap P(L_\alpha) = (\bigcup\{W_n^\alpha : n \in \omega\}) \cap P(L_\alpha),$$

其中

$$W_0^\alpha = L_\alpha \cup \{L_\alpha\},$$
$$W_{n+1}^\alpha = \{F_i(x,y) : x,y \in W_n^\alpha, 1 \leqslant i \leqslant 10\}。$$

下面我们归纳定义 W_n^α 上的良序 $<_{\alpha+1}^n$：

(i) $<_{\alpha+1}^0 = <_\alpha \cup \{\langle x, L_\alpha \rangle : x \in L_\alpha\}$，

(ii) $<_{\alpha+1}^{n+1}$ 定义为：$x <_{\alpha+1}^{n+1} y$ 当且仅当

$$(x <_{\alpha+1}^n y) \vee (x \in W_n^\alpha) \wedge y \notin W_n^\alpha)$$

$\vee (x,y \notin W_n^\alpha \wedge$（满足 $\exists u, v \in W_n^\alpha(x = F_i(u,v))$ 的最小的 i 小于满足 $\exists s, t \in W_n^\alpha(y = F_j(s,t))$ 的最小的 j))

$\vee (x, y \notin W_\alpha^n \wedge$（最小的 i = 最小的 j）$\wedge$（满足 $\exists v \in W_n^\alpha(x = F_i(u,v))$ 的 $<_\alpha^n$ – 最小的 $u <_\alpha^n$ 满足 $\exists t \in W_n^\alpha(y = F_i(s,t))$ 的 $<_\alpha^n$ – 最小的 s))

$\vee (x, y \notin W_\alpha^n \wedge$（最小的 i = 最小的 j）$\wedge$（最小的 u = 最小的 s）$\wedge$（满足 $x = F_i(u,v)$ 的 $<_{\alpha+1}^n$ – 最小的 $v <_\alpha^n$ 满足 $y = F_i(u,t)$ 的 $<_\alpha^n$ – 最小的 t))

令

$$<_{\alpha+1} = (\bigcup\{<_{\alpha+1}^n : n \in \omega\}) \cap (P(L_\alpha) \times P(L_\alpha))。$$

显然 $<_{\alpha+1}$ 是 $<_\alpha$ 的 end – 扩充，且 $<_{\alpha+1}$ 是良序。

现定义 $<_L$ 如下：

$$x <_L y \text{ 当且仅当 } \exists \alpha(x <_\alpha y)。$$

显然 $<_L$ 是 L 上的良序。　　　　　　　　　　　　　　□

事实上,广义连续假设在 L 中也成立,其证明需要下面引理。

引理 6.2　假设 $V=L$。如果 $X \subseteq \omega_\alpha$,则存在 $\gamma < \omega_{\alpha+1}$ 使得 $X \in L_\gamma$。

证明: 限于篇幅,略去。　　　　　　　　　　　　　　□

引理 6.3　假设 $V=L$,则对任意 $\gamma \geqslant \omega$ 都有 $|L_\gamma| = |\gamma|$。

证明: 利用超穷归纳法不难证明。　　　　　　　　　　　□

定理 6.4　假设 $V=L$,则 GCH 成立。

证明: 由引理 6.2 知,对任意 α,$P(\omega_\alpha) \subseteq L_{\omega_{\alpha+1}}$。再由引理 6.3 知 $|L_{\omega_{\alpha+1}}| = \omega_{\alpha+1}$。故 $|P(\omega_\alpha)| \leqslant \omega_{\alpha+1}$。从而 $|P(\omega_\alpha)| = \omega_{\alpha+1}$。　　□

需要指出的是,还有许多命题在 L 中也成立,其证明几乎都是使用了 L 上的良序 $<_L$,因而使用了 AC。所以,选择公理对于 L 的研究起着非常重要的作用。

4.7　相对可构成集合

定义 7.1　设 A 为一集合,X 为一传递集合。令

$$\mathrm{def}_A(X) = \mathrm{cl}(X \cup \{X\} \cup \{A \cap X\}) \cap P(X)。$$

不难验证 $\mathrm{def}_A(X)$ 也是传递的且

$$X \in \mathrm{def}_A(X) \subseteq P(X),\mathrm{def}_A(X) = \mathrm{def}_{A \cap X}(X)。$$

定义 7.2　对任意序数 α,归纳定义 $L_\alpha[A]$ 如下:

$L_0[A] = \varnothing,$

$L_{\alpha+1}[A] = \mathrm{def}_A(L_\alpha[A]),$

$L_\alpha[A] = \cup\{L_\beta[A] : \beta < \alpha\},\alpha$ 为极限序数。

再令

$$L[A] = \bigcup \{L_\alpha[A] : \alpha \in On\}。$$

我们称 $L[A]$ 中的集合为相对于 A 的可构成集。

引理 7.3 令 $\overline{A} = A \cap L[A]$。则 $L[\overline{A}] = L[A]$，从而 $\overline{A} \in L[A]$。

证明： 我们归纳于 α 证明对每一序数 α 都有 $L_\alpha[\overline{A}] = L_\alpha[A]$。当 α 为极限序数且对任意 $\beta < \alpha$ 都有 $L_\beta[\overline{A}] = L_\beta[A]$ 时，显然有 $L_\alpha[\overline{A}] = L_\alpha[A]$。因此，设 $L_\alpha[\overline{A}] = L_\alpha[A]$，下证 $L_{\alpha+1}[\overline{A}] = L_{\alpha+1}[A]$。

我们把 $L_\alpha[A]$ 记为 U，则

$$A \cap U = A \cap U \cap L[A] = \overline{A} \cap U。$$

由定义知：

$$L_{\alpha+1}[A] = \mathrm{def}_A(U) = \mathrm{def}_{A \cap U}(U) = \mathrm{def}_{\overline{A} \cap U}(U)$$
$$= \mathrm{def}_{\overline{A}}(U) = L_{\alpha+1}[\overline{A}]。$$

从而有 $L[A] = L[\overline{A}]$。进而，由于 A 是集合，必有一序数 α 使得

$$A \cap L[A] = A \cap L_\alpha[A]。$$

于是，$\overline{A} \in L_{\alpha+1}[A] \subseteq L[A]$。 □

引理 7.4 如果 M 是 ZF 系统的传递模型且 $A \in M$，则函数 $\alpha \mapsto L_\alpha[A]$ 关于 M 是绝对的。

证明： 与引理 5.8 类似。 □

定理 7.5 $L[A]$ 是 ZFC 的传递模型。

证明： 不难证明 $L[A]$ 是 ZF 系统的传递模型。由引理 7.3 – 7.4 知，

$$L[A] \models V = L[\overline{A}] \text{。}$$

由此,仿照定理6.1的证明方法,不难定义 $L[A]$ 上的一良序关系。从而 $L[A]$ 满足选择公理。　　　　　　　　　　　　　　　　□

下面我们再给出相对可构集类的几个性质。

引理7.6　对任意 $\alpha < \omega_1$,都存在 $A \subseteq \omega$ 使得 α 在 $L[A]$ 中也可数。

证明:设 $W \in \omega \times \omega$ 为一良序,且设其序型为 α。设 Γ 为 $\omega \times \omega$ 到 ω 上的配对函数 $(\Gamma \in L)$。令 $A = \Gamma(W)$,则 $L[A] = L[W]$。从而 α 在 $L[A]$ 中可数。　　　　　　　　　　　　　　　　□

引理7.7　如果 ω_1 在 L 中不是极限基数,则存在 $A \subseteq \omega$ 使得 $\omega_1 = \omega_1^{L[A]}$。

证明:设 $\alpha < \omega_1$ 在 L 中的后继基数是 ω_1。由引理7.6,取 $A \subseteq \omega$ 使得 α 在 $L[A]$ 中可数,从而有 $\omega_1 = \omega_1^{L[A]}$。　　　　　　　□

定理7.8　假设 AC,则存在 $A \subseteq \omega_1$ 使得 $\omega_1 = \omega_1^{L[A]}$。

证明:对每一个 $\alpha < \omega_1$,选取一个 $A_\alpha \subseteq \omega$ 使得 α 在 $L[A_\alpha]$ 中可数。令

$$A = \{\langle \alpha, \xi \rangle : \xi \in A_\alpha\} \text{。}$$

显然,对任意 α 都有 $A_\alpha = \{\xi : \langle \alpha, \xi \rangle \in A\}$,从而对任意 $\alpha < \omega_1$,α 在 $L[A]$ 中可数。于是,有 $\omega_1 = \omega_1^{L[A]}$(注:$A$ 可配对成为 ω_1 的子集)。　　□

4.8 序数可定义集合

定义8.1 对任意序数 α，令

$$\mathrm{OD}_\alpha = \mathrm{cl}(\{V_\beta : \beta < \alpha\}),\qquad(8.1)$$

$$\mathrm{OD} = \bigcup\{\mathrm{OD}_\alpha : \alpha \in On\}。\qquad(8.2)$$

称 OD 中的集合为序数可定义集合。

引理8.2 对任意 x，$x \in \mathrm{OD}$ 当且仅当存在一公式 Φ 及序数 α_1，$\cdots$，α_n 使得

$$x = \{u : \Phi(u, \alpha_1, \cdots, \alpha_n)\}。$$

证明： 见 [21,133 页]。　　　　　　　　　　□

定理8.3 存在 OD 上的良序。

证明： 我们先证明对任意 α，存在 OD_α 上的良序 $<_\alpha$。注意到

$$\mathrm{OD}_\alpha = \mathrm{cl}(\{V_\beta : \beta < \alpha\}) = \bigcup\{W_n^\alpha : n \in \omega\},\qquad(8.3)$$

其中

$$W_0^\alpha = \{V_\beta : \beta < \alpha\},$$
$$W_{n+1}^\alpha = \{F_i(x, y) : x, y \in W_n^\alpha, 1 \leq i \leq 10\}。$$

下面我们归纳构造 W_n^α 上的良序 $<_\alpha^n$：

（1）$<_\alpha^0$：$V_{\beta_1} <_\alpha^0 V_{\beta_2}$ 当且仅当 $\beta_1 < \beta_2$。

（2）$<_\alpha^{n+1}$：$x <_\alpha^{n+1} y$ 当且仅当

$$(x, y \in W_n^\alpha \wedge x <_\alpha^n y)$$

$$\vee (x \in W_n^\alpha \wedge y \notin W_n^\alpha)$$

$\vee (x, y \notin W_n^\alpha \wedge ($ 满足 $\exists u, v \in W_n^\alpha (x = F_i(u, v))$ 的最小的 i 小于满足 $\exists s, t \in W_n^\alpha (y = F_j(s, t))$ 的最小的 $j))$

$\vee (x, y \notin W_\alpha^n \wedge ($ 最小的 i = 最小的 $j) \wedge ($ 满足 $\exists v \in W_n^\alpha (x = F_i(u, v))$ 的 $<_\alpha^n$ -最小的 $u <_\alpha^n$ 满足 $\exists t \in W_n^\alpha (y = F_i(s, t))$ 的 $<_\alpha^n$ -最小的 $s))$

$\vee (x, y \notin W_\alpha^n \wedge ($ 最小的 i = 最小的 $j) \wedge ($ 最小的 u = 最小的 $s) \wedge ($ 满足 $x = F_i(u, v)$ 的 $<_{\alpha-1}^n$ -最小的 $v <_\alpha^n$ 满足 $y = F_i(u, t)$ 的 $<_\alpha^n$ -最小的 $t))$

令 $<_\alpha = \bigcup \{<_\alpha^n : n \in \omega\}$。显然，$<_\alpha$ 为 OD_α 上的良序。再令 $<_{OD} = \bigcup \{<_\alpha : \alpha \in On\}$，则 $<_{OD}$ 为 OD 上的良序。

定义 8.4　设 x 为一集合，记 $TC(\{x\})$ 为包含 x 的最小的传递集合，即有

$$x \in TC(\{x\}) \wedge (TC(\{x\}) 传递) \wedge$$
$$\forall y (x \subseteq y \wedge y \ 传递 \to TC(\{x\}) \subseteq y)$$

定义 8.5　令

$$HOD = \{x : TC(\{x\}) \subseteq OD\}。$$

我们称 HOD 中的集合为遗传序数可定义集合。

命题 8.6　HOD 是传递类。

证明：设 $x \in HOD$，$TC(\{x\}) \subseteq OD$。从而 $x \subseteq TC(\{x\}) \subseteq OD$。又对任意 $y \in x$，$TC(\{y\}) \subseteq TC(\{x\}) \subseteq OD$，故 $y \in HOD$。从而 $x \subseteq HOD$。

命题 8.7　$On \subseteq HOD$。

证明："x 是序数"是一个受囿公式,故由定理 2.6 知,存在函数 F,它是哥德尔函数的复合且满足

$$F(X) = \{x \in X : x \text{ 是序数}\}。$$

从而,对任意 α 有

$$F(V_\alpha) = \{x \in V_\alpha : x \text{ 是序数}\} = \alpha。$$

于是 $\alpha \in \mathrm{OD}$。从而 $On \subseteq \mathrm{OD}$。又每个 α 都传递,故 $On \subseteq \mathrm{HOD}$。 □

命题 8.8 HOD 是哥德尔闭的。

证明:由定义知 OD 是哥德尔闭的,对任意 $x, y \in \mathrm{HOD}$ 都有

$$\mathrm{TC}(\{x\}) \cup \mathrm{TC}(\{y\}) \subseteq \mathrm{OD}。$$

又

$$\mathrm{TC}(\{F_1(x,y)\}) = \mathrm{TC}(\{\{x,y\}\}) = \mathrm{TC}(\{x\}) \cup \mathrm{TC}(\{y\})。$$

故 $F_1(x,y) \in \mathrm{HOD}$。

对于其他的 $F_i(x,y)$,也不难验证,对任意 $x, y \in \mathrm{HOD}$ 都有 $\mathrm{TC}(\{F_i(x,y)\}) \subseteq \mathrm{OD}$。故对任意 $i = 1, \cdots, 10$ 以及任意 $x, y \in \mathrm{HOD}$,都有 $F_i(x,y) \in \mathrm{HOD}$。 □

命题 8.9 HOD 是几乎全的。

证明:设集合 $y \subseteq \mathrm{HOD}$,则必有一序数 α 使得 $y \subseteq V_\alpha$。从而 $y \subseteq V_\alpha \cap \mathrm{HOD}$。下面证明 $V_\alpha \cap \mathrm{HOD} \in \mathrm{HOD}$。显然,$V_\alpha \cap \mathrm{HOD}$ 是传递的,故只需证明 $V_\alpha \cap \mathrm{HOD} \in \mathrm{OD}$ 即可。由于 $V_\alpha \cap \mathrm{HOD}$ 等于如下集合

$$\{u : u \in V_\alpha \wedge \forall z \in \mathrm{TC}(\{u\}) \exists \beta (z \in \mathrm{cl}(\{V_\gamma : \gamma < \beta\}))\},$$

故由引理 8.2 知，$V_\alpha \cap \text{HOD} \in \text{OD}$。 □

定理 8.10 HOD 是 ZF 系统的传递模型且 $On \subseteq \text{HOD}$。

证明： 由命题 8.6 - 8.9 直接得到。 □

定理 8.11 $\text{HOD} \models AC$。

证明： 由定理 8.3 知，我们可以定义 OD 上的一个良序，从而我们可以定义 OD 到 On 上的一一对应 G。要证明 $\text{HOD} \models AC$，只需证明，对任意序数 α，存在 $g \in \text{HOD}$ 使得 g 是 $V_\alpha \cap \text{HOD}$ 到 α 内的单射。令 $g = G \restriction (V_\alpha \cap \text{HOD})$，则 g 是 $V_\alpha \cap \text{HOD}$ 到 α 内的单射。由于 $g \subseteq \text{HOD}$，故只需证明 $g \in \text{OD}$ 即可。因为

$$g = \{x \mid \exists \beta, v(\beta < \alpha \wedge v \in V_\alpha \wedge x = \langle v, \beta \rangle \wedge$$
$$\forall z \in \text{TC}(\{v\}) \exists \delta(z \in \text{cl}(\{V_\gamma : \gamma < \delta\}) \wedge G(v) = \beta)\},$$

故由引理 8.2 知，$g \in \text{OD}$。 □

由引理 6.1(1) 知，L 是满足 $On \subseteq L$ 的 ZF 系统的最小的传递模型，故 $L \subseteq \text{HOD}$。然而，HOD 不像 L 那样有很好的绝对性。即，若 M, N 为 ZF 系统的两个传递模型且 $On \subseteq M, N$，那么，HOD^M 未必等于 HOD^N。特别地，HOD^{HOD} 未必等于 HOD。

我们还可以定义相对于某一集合 A 的序数可定义集合：

$$\text{OD}[A] = \bigcup \{\text{cl}(\{V_\beta : \beta < \alpha\} \cup \{A\}) : \alpha \in On\}。$$

我们称 $\text{OD}[A]$ 中的元素为相对于 A 的序数可定义集合。类似于定理 8.3 我们也可定义 $\text{OD}[A]$ 上的一个良序。令

$$\text{HOD}[A] = \{x : \text{TC}(\{x\}) \subseteq \text{OD}[A]\}。$$

我们称 $\text{HOD}[A]$ 中的元素为相对于 A 的遗传序数可定义集合。同样可证明 $\text{HOD}[A]$ 也是 ZFC 的传递模型。

4.9　ω_1 – 可构成集类与选择公理

ω_1 – 可构成集是可构成集的推广,是由 C. C. Chang 引进的。为定义 ω_1 – 可构成集,我们首先介绍无穷长语言。

设 κ,λ 为两个基数,无穷长语言 $\mathcal{L}_{\kappa,\lambda}$ 是由如下符号组成的:

谓词符号:$\in$, = ,

变元符号:$v_\xi,\xi<\kappa$,

联结词:$\neg$, $\bigvee_{\xi<\alpha}$, $\bigwedge_{\xi<\alpha}$, $\alpha<\kappa$

量词:$\exists_{\xi<\alpha}$, $\forall_{\xi<\alpha}$, $\alpha<\lambda$。

$\mathcal{L}_{\kappa,\lambda}$ 的原子公式是形如 $v_\xi\in v_\eta,v_\xi=v_\eta$ 的公式。如果 $\Phi_\xi,\xi<\alpha<\kappa$,是 $\mathcal{L}_{\kappa,\lambda}$ 的公式,则 $\bigwedge_{\xi<\alpha}\Phi_\xi$(表示诸 Φ_ξ 的合取)和 $\bigvee_{\xi<\alpha}\Phi_\xi$(表示诸 Φ_ξ 的析取)也都是 $\mathcal{L}_{\kappa,\lambda}$ 的公式。如果 $\Phi(v_0,v_1,\cdots,v_\xi)$ 为 $\mathcal{L}_{\kappa,\lambda}$ 的公式,则 $\exists_{\xi<\alpha}v_\xi\Phi$ 和 $\forall_{\xi<\alpha}v_\xi\Phi$ 也是 $\mathcal{L}_{\kappa,\lambda}$ 的公式($\alpha<\lambda$)。

设 M 为一集合,Φ 为 $\mathcal{L}_{\kappa,\lambda}$ 的公式。类似于有穷长语言,我们可以归纳于 Φ 的结构复杂性定义满足关系 $M\models\Phi$(具体定义略去)。

显然,$\mathcal{L}_{\omega\omega}$ 就是 ZF 语言。本节主要使用可数长语言 $\mathcal{L}_{\omega_1\omega_1}$。

定义 9.1　设 A 为一集合,$X\subseteq A$。称 X 为 A 的 ω_1 – 可定义子集,如果存在 $\mathcal{L}_{\omega_1\omega_1}$ 的公式 $\Phi(x,x_0,x_1,\cdots,x_n,\cdots)$ 及 $a_0,a_1,\cdots\in A$ 使得

$$X=\{x\in A:A\models\Phi(x,a_0,a_1,\cdots)\}。$$

令 $\mathrm{def}_1(A)$ 为 A 的所有 ω_1 – 可定义子集组成的集合。

定义 9.2　归纳于序数 α 定义 C_α 如下:

$$C_0=\varnothing,$$
$$C_{\alpha+1}=\mathrm{def}_1(C_\alpha),$$
$$C_\alpha=\bigcup\{C_\beta:\beta<\alpha\},\alpha\text{ 是极限序数。}$$

令

$$C = \bigcup \{C_\alpha : \alpha \in On\}。$$

我们称 C 中的元素为 ω_1 - 可构成集合,称 C 为 ω_1 - 可构成集类。

命题9.3 C 是一个传递类。

证明: 利用超无穷归纳法,不难证明,每个 C_α 都是传递的。从而 C 也是传递的。 □

命题9.4 C 关于可数序列封闭,即 C 的每一可数子集仍属于 C。

证明: 设 $X = \{x_\xi \in C : \xi < \alpha\}$,其中 α 为可数序数。则必有序数 β 使得 $X \subseteq C_\beta$。从而有

$$X = \{x \in C_\beta : C_\beta \models \bigvee_{\xi < \alpha} (x = x_\xi)\} \in C_{\beta+1} \subseteq C。$$ □

命题9.5 $On \subseteq C$。

证明: 显然。 □

命题9.6 C 是哥德尔闭的。

证明: 设 $x, y \in C$,则必有序数 α 使得 $x, y \in C_\alpha$。设 F 为哥德尔函数(或哥德尔函数的复合),则必有一受囿公式(有穷长)$\Phi(u_1, u_2)$ 使得

$$F(x, y) = \{\langle u_1, u_2 \rangle : u_1 \in x \wedge u_2 \in y \wedge \Phi(u_1, u_2)\}。$$

由于 Φ 是受囿公式,故它是绝对的。从而

$$F(x, y) = \{\langle u_1, u_2 \rangle : C_\alpha \models u_1 \in x \wedge u_2 \in y \wedge \Phi(u_1, u_2)\}$$
$$\in C_{\alpha+1}。$$ □

命题9.7 C 是几乎全的。

证明: 设 Y 为一集合且 $Y \subseteq C$。不难验证存在一序数 α 使得 $Y \subseteq$

C_α，而 $C_\alpha \in C$。 □

定理 9.8 C 是 ZF 系统的一个传递模型且 $On \subseteq C$。

证明： 由命题 9.3 – 9.7 直接得到。 □

引理 9.9 设 M 是 ZF 系统的一个传递模型，且 M 关于可数序列封闭。如果 $A \in M$，则 $\mathrm{def}_1^M(A) = \mathrm{def}_1(A)$。

证明： 显然 $\mathrm{def}_1^M(A) \subseteq \mathrm{def}_1(A)$，因此只需证 $\mathrm{def}_1(A) \subseteq \mathrm{def}_1^M(A)$。设 $X \in \mathrm{def}_1(A)$，则存在一 $\mathcal{L}_{\omega_1\omega_1}$ 公式 $\Phi(x, x_0, x_1, \cdots)$ 及 $a_0, a_1, \cdots$ 使得

$$X = \{ x \in A : A \models \Phi(x, a_0, a_1, \cdots,) \}。$$

由于 $A \in M$ 且 M 传递，故有

$$X = \{ x \in A \cap M : M \cap A \models \Phi(x, a_0, a_1, \cdots) \}$$
$$\{ x \in A \cap M : M \models (A \models \Phi(x, a_0, a_1, \cdots)) \}$$
$$\in \mathrm{def}_1^M(A)。$$ □

定理 9.10 设 M 为 ZF 系统的传递模型，且设 M 关于可数序列封闭且 $On \subseteq M$，则 $C^M = C$。

证明： 我们归纳于 α 证明 $C_\alpha^M = C_\alpha$。显然有 $C_0^M = C_0$。设 α 为极限序数，且设对任意 $\beta < \alpha$ 都有 $C_\beta^M = C_\beta$。这时则有

$$C_\alpha^M = \bigcup \{ C_\beta^M : \beta < \alpha \} = \bigcup \{ C_\beta : \beta < \alpha \} = C_\alpha。$$

设 $C_\alpha^M = C_\alpha$，则由引理 9.9 知

$$C_{\alpha+1}^M = \mathrm{def}_1^M(C_\alpha^M) = \mathrm{def}_1^M(C_\alpha) = \mathrm{def}_1(C_\alpha)。$$ □

定理 9.10 是说，C 是包含所有序数，且关于可数序列封闭的 ZF 系统的最小的传递模型，从而 $C \models V = C$（$V = C$ 代表公式 $\forall x (x \in C)$）。

然而 C 未必满足选择公理。C. C. Chang 在文献[3]中指出 ZF $+ V = C$ $+ \neg AC$ 是协调的。本节我们将证明,如果存在 $On^{<\omega} = \{x \in On : x$ 可数$\}$ 上的绝对良序,则 C 满足选择公理。为简便起见,我们给出 C 的另一种定义方法。

定义 9.11 设 X 为一类(或一集合),令

$$X^{<\omega_1} = \{x : x \in X \wedge x \text{ 可数}\} 。$$

定义 9.12 归纳于序数 α,定义 D_α 如下:

$$D_0 = \varnothing ,$$
$$D_{\alpha+1} = \operatorname{def}(D_\alpha) \cup D_\alpha^{<\omega_1} ,$$
$$D_\alpha = \bigcup \{D_\beta : \beta < \alpha\} , \alpha \text{ 是极限序数}。$$

再令

$$D = \bigcup \{D_\alpha : \alpha \in On\} 。$$

定理 9.13 D 是 ZF 系统的传递模型,D 关于可数序列封闭且 $On \subseteq D$。

证明:容易证明 D 关于可数序列封闭且 $On \subseteq D$。要证 $D \models$ ZF,只需验证 D 是哥德尔闭的,几乎全的且传递即可。 □

推论 9.14 $C \subseteq D$。

引理 9.15 $D \subseteq C$。

证明:只需证明每个 D_α 都包含在 C 中。显然 $D_0 \subseteq C$。设 α 为极限序数,且设对任意 $\beta < \alpha$ 都有 $D_\beta \subseteq C$。这时则有

$$D_\alpha = \bigcup \{D_\beta : \beta < \alpha\} \subseteq C。$$

设 $D_\alpha \subseteq C$。由于 C 关于可数序列封闭,且是哥德尔闭的,故有

$$D_{\alpha+1} = \mathrm{def}(D_\alpha) \cup D_\alpha^{<\omega_1} \subseteq C。 \qquad\qquad \square$$

定理 9. 16 $D = C$。

证明:由推论 9. 14 和引理 9. 15 直接得到。 $\qquad\qquad \square$

引理 9. 17   设 M 是 ZF 系统的传递模型,$On \subseteq M$,且设 M 关于可数序列封闭。则对任意序数 α 都有,$D_\alpha = D_\alpha^M$。

证明:根据 $\mathrm{def}(X)$ 的绝对性及 M 关于可数序列的封闭性,不难归纳证明,对任意序数 α 都有 $D_\alpha = D_\alpha^M$。

定义 9. 18   用 AC^* 代表如下命题:

$$\forall \alpha \exists f \in C(f \text{ 为单射} \wedge \mathrm{dom}(f) = \alpha^{<\omega_1} \wedge \mathrm{ran}(f) \text{ 为序数})。$$

显然 AC^* 是说,对每个 α,集合 $\alpha^{<\omega_1}$ 可良序,且该良序属于 C。记 ZF^* 为 $ZF + AC^*$。根据 C 的绝对性,在 ZF^* 系统中可以证明 C 是 ZF^* 的模型。

定理 9. 19   在 ZF^* 中可以证明 C 满足选择公理。

证明:我们只需证明,对每个极限序数 α,如果 $|D_\alpha|^\omega = |D_\alpha|$,则 D_α 可良序。设 $|D_\alpha| = \kappa$。由 AC^* 知存在 $f \in C$ 使得 f 是 $\kappa^{<\omega_1}$ 到 κ 上的双射。由 f 可定义 $\kappa^{<\omega_1}$ 上的良序 $<_f$:对任意 $x, y \in \kappa^{<\kappa_1}$,$x <_f y$ 当且仅当 $f(x) < f(y)$。下面归纳于 $\beta < \alpha$ 来定义 D_β 上得良序 $<_\beta$ 使得

(1)对任意 $\beta < \gamma < \alpha$,$<_\gamma$ 为 $<_\beta$ 的 $\mathrm{end-}$扩充;

(2)如果 $\beta < \gamma < \alpha, x \in D_\beta, y \in D_\gamma - D_\beta$,则 $x <_\gamma y$。

设 γ 为极限序数,且设对任意 $\beta < \gamma$,$<_\beta$ 已定义且满足上面的(1)和(2)。这时令

$$<_\gamma = \bigcup \{ <_\beta : \beta < \gamma \}。$$

设 $\gamma = \beta + 1$，且设 $<_\beta$ 已定义。根据定理 6.1 和定理 8.3 的证明，我们不难发现，如果 X 可良序，则 $\mathrm{def}(X)$ 也可良序。因此根据归纳假设，我们可以定义 $\mathrm{def}(D_\beta)$ 到某一序数上的双射 g。下面定义 D_γ 上得良序 $<_\gamma$：

$$x <_\gamma y \text{ 当且仅当} (x, y \in \mathrm{def}(D_\beta) \wedge g(x) < g(y))$$
$$\vee (x \in \mathrm{def}(D_\beta) \wedge y \notin \mathrm{def}(D_\beta))$$
$$\vee (x, y \notin \mathrm{def}(D_\beta) \wedge \mathrm{ran}(g|x) <_f \mathrm{ran}(g|y))。$$

令

$$<_\alpha = \bigcup \{ <_\beta : \beta < \alpha \}。$$

则 $<_\alpha$ 为 D_α 上的良序。　　　　　　　□

第五章

选择公理的独立性

我们所说的独立性是指相对于 ZF 系统的独立性。所谓选择公理的独立性，是指选择公理在 ZF 系统中不可证。早在 20 世纪 20 年代和 30 年代弗兰科尔和莫斯托夫斯基等人就研究了选择公理相对于允许有原子的集合论系统 ZFA 的独立性。直到 1963 年，科恩才利用力迫方法证明了选择公理相对于 ZF 系统的独立性：设 M 是 ZFC 的一个可数传递模型，利用力迫方法可以构造 M 的脱殊模型 $M[G]$，且可证明 $M[G]$ 也是 ZFC 的传递模型。利用弗兰科尔的思想，科恩定义了脱殊模型的一个子模型，即对称模型，并证明了对称模型是 ZF 系统的模型，但选择公理在其中不成立。从而也就证明了选择公理的独立性。本章主要介绍科恩的工作。

5.1 布尔值模型

定义 1.1 设 $B = (B, \wedge, \vee, ^{-1}, 0, 1)$ 为布尔代数，$\leqslant$ 为相应的偏序。如果 B 的每一非空子集 A 都有上确界（最小上界）和下确界（最大下界），则称 B 为完备的布尔代数。

设 B 为完备的布尔代数，A 为 B 的非空子集。则记 $\sum A$ 为 A 的上确界，记 $\prod A$ 为 A 的下确界。

设 $a, b \in B$，定义 $a \rightarrow b = a^{-1} \vee b$。

定义 1.2 设 M 为 ZFC 的传递模型，$B \in M$ 为一完备的布尔代数，

归纳于 α 定义

$M_0^B = \varnothing$,

$M_\alpha^B = \bigcup \{M_\beta^B : \beta < \alpha\}$, α 为极限序数,

$M_{\alpha+1}^B = \{x \in M : x \text{ 是函数} \wedge \mathrm{dom}(x) \subseteq M_\alpha^B \wedge \mathrm{ran}(x) \subseteq B\}$,

$M^B = \bigcup \{M_\alpha^B : \alpha \in On\}$ 。

称 M^B 为 M 的布尔值模型。

定义 1.3 对任意 $x \in M$,归纳于属于关系 $\in$ 定义函数 $\hat{} : M \to M^B$ 如下: $\hat{x} = \{\langle \hat{y}, 1\rangle : y \in x\}$ 。称 $\hat{}$ 为 M 到 M^B 的自然嵌入。

定义 1.4 设 $x \in M^B$,令 $\rho(x)$ 为最小的序数 α 使得 $x \in M_{\alpha+1}^B$ 。对任意 $x, y \in M^B$,我们归纳于 $\langle \rho(x), \rho(y)\rangle$ 可定义公式 $x \in y$ 和 $x = y$ 的布尔值 $\|x \in y\|$ 和 $\|x = y\|$:

$$\|x \in y\| = \sum \{y(z) \wedge \|z = x\| : z \in \mathrm{dom}(y)\} ,$$

$$\|x = y\| = \left(\prod \{x(z) \to \|z \in y\| : z \in \mathrm{dom}(x)\}\right) \wedge$$

$$\left(\prod \{y(z) \to \|z \in x\| : z \in \mathrm{dom}(y)\}\right) 。$$

定义 1.5 因为我们定义了 $\|x \in y\|$ 和 $\|x = y\|$,所以对任意语句 Φ (注: Φ 中出现的常项是 M^B 中的元素),我们可以归纳 Φ 的复杂性定义其布尔值 $\|\Phi\|$:

$\|\neg \Phi\| = \|\Phi\|^{-1}$;

$\|\Phi_1 \wedge \Phi_2\| = \|\Phi_1\| \wedge \|\Phi_2\|$;

$\|\Phi_1 \vee \Phi_2\| = \|\Phi_1\| \vee \|\Phi_2\|$;

$\|\Phi_1 \to \Phi_2\| = \|\Phi_1\| \to \|\Phi_2\|$;

$\|\forall x \Phi\| = \prod \{\|\Phi(x)\| : x \in M^B\}$;

$\|\exists x \Phi\| = \sum \{\|\Phi(x)\| : x \in M^B\}$ 。

引理 1.6

(1) $\|x = x\| = 1$;

(2) $x(y) \leqslant \|y \in x\|$;

(3) $\|x = y\| = \|y = x\|$;

(4) $\|x = y\| \wedge \|y = z\| \leqslant \|x = z\|$;

(5) $\|x = z\| \wedge \|x \in y\| \leqslant \|z \in y\|$;

(6) $\|x = z\| \wedge \|y \in x\| \leqslant \|y \in z\|$。

证明: 容易但繁琐,故略去,可参考文献[1]。 □

引理 1.7

(1) $\|x = y\| \wedge \|\Phi(x)\| \leqslant \|\Phi(y)\|$;

(2) $\|\exists y \in x \Phi(y)\| = \sum \{x(y) \wedge \|\Phi(y)\| : y \in \mathrm{dom}(x)\}$;

(3) $\|\forall y \in x \Phi(y)\| = \prod \{x(y) \rightarrow \|\Phi(y)\| : y \in \mathrm{dom}(x)\}$。

证明: 利用引理 1.6,归纳于 Φ 的复杂性即可。 □

引理 1.8 设 Φ 为一受囿公式,$x_1, \cdots, x_n \in M$,则

$$M \models \Phi(x_1, \cdots, x_n) \text{ 当且仅当 } \|\Phi(\hat{x}_1, \cdots, \hat{x}_n)\| = 1。$$

证明: 利用引理 1.7,归纳于 Φ 的复杂性即可证明。 □

利用引理 1.6 - 1.8,我们可以证明,如果 Φ 为 ZFC 系统中的公理,则 $\|\Phi\| = 1$。由于篇幅所限,我们只证明 $\|AC\| = 1$。为此,我们先给出如下定义。

定义 1.9 对任意 $x, y \in M^B$,令

$\{x\}^B = \{\langle x, 1 \rangle\}$;

$\{x, y\}^B = \{\langle x, 1 \rangle, \langle y, 1 \rangle\}$;

$\langle x, y \rangle^B = \{\{x\}^B, \{x, y\}^B\}^B$。

引理 1.10

(1) $\|\forall x (x \in \{y\}^B \leftrightarrow x = y)\| = 1$;

(2) $\|\forall x (x \in \{y, z\}^B \leftrightarrow x = y \vee x = z)\| = 1$;

(3) $\|\langle x, y \rangle^B$ 是 x, y 的有序对$\| = 1$。

证明: 容易。 □

定理 1.11　$\|AC\| = 1$。

证明：由于 AC 与良序定理等价,因此只需证明

$$\|\forall u \exists \alpha \exists f(f \text{ 为函数} \wedge \mathrm{dom}(f) = \alpha \wedge u \subseteq \mathrm{ran}(f))\| = 1。$$

为此,我们只需证明对任意的 $u \in M^B$,都有

$$\|\exists \alpha \exists f(f \text{ 为函数} \wedge \mathrm{dom}(f) = \alpha \wedge u \subseteq \mathrm{ran}(f))\| = 1。$$

由于 $M \models AC$,因此存在序数 α,及双射 $g : \alpha \to \mathrm{dom}(u)$。定义 $f \in M^B$ 如下：

$$f = \{\langle \hat{\beta}, g(\beta) \rangle^B : \beta < \alpha\} \times \{1\}。$$

只需证

$$\|f \text{ 为函数} \wedge \mathrm{dom}(f) = \hat{\alpha} \wedge u \subseteq \mathrm{ran}(f)\| = 1。 \qquad (1.1)$$

下面分四步来证明(1.1)式成立。

(1) $\|f \text{ 是二元关系}\| = 1$。

对任意 $z \in M^B$,都有

$$\begin{aligned}
\|z \in f\| &= \|\exists \beta < \alpha(z = \langle \hat{\beta}, g(\beta) \rangle^B)\| \\
&= \sum \{\|z = \langle \hat{\beta}, g(\beta) \rangle^B\| : \beta < \alpha\} \\
&\leq \|\exists x \exists y(z = \langle x, y \rangle)\|。
\end{aligned}$$

从而对任意 $z \in M^B$ 都有

$$\|z \in f \to \exists x \exists y(z = \langle x, y \rangle)\| = 1。$$

选 择 公 理

（2）$\|f$ 是函数 $\| = 1$。

由于我们已经证明了（1），因此只需证明，对任意 $x,y,z \in M^B$ 都有

$$\|\langle x,y \rangle \in f \wedge \langle x,z \rangle \in f\| \leq \|y = z\|。 \tag{1.2}$$

下面我们来证明（1.2）式成立：

$$\|\langle x,y \rangle \in f \wedge \langle x,z \rangle \in f\| = \|\langle x,y \rangle^B \in f \wedge \langle x,z \rangle^B \in f\|$$

$$= \|\exists \beta < \alpha \exists \gamma < \alpha (\langle x,y \rangle^B = \langle \hat{\beta}, g(\beta) \rangle^B \wedge \langle x,y \rangle^B = \langle \hat{\gamma}, g(\gamma) \rangle^B)\|$$

$$= \sum \{\|\langle x,y \rangle^B = \langle \hat{\beta}, g(\beta) \rangle^B \wedge \langle x,z \rangle^B = \langle \hat{\gamma}, g(\gamma) \rangle^B)\| : \beta, \gamma < \alpha\}$$

$$\leq \sum \{\|\hat{\beta} = \hat{\gamma}\| \wedge \|y = g(\beta)\| \wedge \|z = g(\gamma)\| : \beta, \gamma < \alpha\}$$

由于 $\beta = \gamma$ 为受囿公式，故 $\|\hat{\beta} = \hat{\gamma}\| = 0$ 当且仅当 $\beta \neq \gamma$。从而上面的式子等于

$$\sum \{\|\hat{\beta} = \hat{\beta}\| \wedge \|y = g(\beta)\| \wedge \|z = g(\beta)\| : \beta < \alpha\}$$

$$\leq \|y = z\|。$$

（3）$\|\mathrm{dom}(f) = \hat{\alpha}\| = 1$。我们要证

$$\|\forall x (\exists y (\langle x,y \rangle \in f) \to x \in \hat{\alpha})\| = 1,$$

只需证明，对任意 $x \in M^B$ 都有

$$\|\exists y (\langle x,y \rangle \in f)\| \leq \|x \in \hat{\alpha}\|。$$

对任意 $x \in M^B$，我们有

$$\|\exists y(\langle x,y\rangle \in f)\| = \sum \{\|\langle x,z\rangle \in f\| : z \in M^B\}$$

$$= \sum \{\sum \{\|\langle x,z\rangle = \langle \hat{\beta}, g(\beta)\rangle^B\| : \beta < \alpha\} : z \in M^B\}$$

$$= \sum \{\sum \{\|x,\hat{\beta}\| \wedge \|z = g(\beta)\| : \beta < \alpha\} : z \in M^B\}$$

$$= \sum \{\|x = \hat{\beta}\| \wedge \sum \{\|z = g(\beta)\| : z \in M^B\} : \beta < \alpha\}$$

$$= \sum \{\|x = \hat{\beta}\| : \beta < \alpha\} = \|x \in \hat{\alpha}\|。$$

(4) $\|u \subseteq \mathrm{ran}(f)\| = 1$。

我们要证

$$\|\forall y(y \in u \to \exists x(\langle x,y\rangle \in f))\| = 1。$$

只需证对任意 $y \in M^B$ 都有

$$\|y \in u \to \exists x(\langle x,y\rangle \in f)\| = 1,$$

只需证

$$\|\exists x(\langle x,y\rangle \in f)\| \geqslant \|y \in u\|。$$

对任意 $y \in M^B$，我们有

$$\|\exists x(\langle x,y\rangle \in f)\| = \sum \{\|\langle x,y\rangle \in f\| : x \in M^B\}$$

$$= \sum \{\|g(\beta) = y\| \wedge \sum \{\|\hat{\beta} = x\| : x \in M^B\} : \beta < \alpha\}$$

$$= \sum \{\|g(\beta) = y\| : \beta < \alpha\}$$

$$= \sum \{\|y = z\| : z \in \mathrm{dom}(u)\}$$

$$\geqslant \sum \{u(z) \wedge \|y = z\| : z \in \mathrm{dom}(u)\}$$

$$= \|y \in u\|。 \qquad \square$$

5.2 脱殊模型

定义 2.1　设 $B \in M$ 为完备布尔代数,$G \subseteq B$。称 G 为 B 上的 M-脱殊滤子,如果

(1) G 是 B 上的超滤子;

(2) 对任意 $A \in M$,若 $A \subseteq G$,则 $\prod\{a : a \in A\} \in G$。

注意:B 上的 M-脱殊滤子未必属于 M。

定义 2.2　设 G 为 B 上的 M-脱殊滤子,归纳于 $\rho(x)$ 我们可以定义 M^B 的一个解释 i:

$$i(\varnothing) = \varnothing,$$
$$i(x) = \{i(y) : x(y) \in G\}。$$

令

$$M[G] = \{i(x) : x \in M^B\},$$

称 $M[G]$ 为 M 的脱殊模型。

引理 2.3　对任意 $x \in M$ 有 $i(\hat{x}) = x$,从而 $M \subseteq M[G]$。

证明:归纳于属于关系 $\in$,我们有

$$i(\varnothing) = \varnothing;$$
$$i(\hat{x}) = \{i(\hat{y}) : \hat{x}(\hat{y}) \in G\} = \{y : y \in x\} = x。 \qquad \square$$

引理 2.4　$G \in M[G]$。

证明:令 $\tilde{G} = \{\langle \hat{u}, u \rangle : u \in B\}$,则显然 $\tilde{G} \in M^B$。从而有

…
…
…

$$i(\tilde{G}) = \{i(\hat{x}) : \tilde{G}(\hat{x}) \in G\} = \{i(\hat{u}) : u \in G\} = G。$$

于是 $G \in M[G]$。　　　　　　　　　　　　　　　　　　□

定义 2.5　设 $x \in M[G]$，$\tilde{x} \in M^B$。如果 $i(\tilde{x}) = x$，则称 $\tilde{x}$ 为 x 的一个名字。

引理 2.6　设 $x, y \in M[G]$，$\tilde{x}, \tilde{y}$ 分别是 x, y 的名字。则

$x \in y$ 当且仅当 $\|\tilde{x} \in \tilde{y}\| \in G$，

$x = y$ 当且仅当 $\|\tilde{x} = \tilde{y}\| \in G$。

证明：根据脱殊模型的性质，归纳于 $\langle \rho(\tilde{x}), \rho(\tilde{y}) \rangle$，可以证明

$\|\tilde{x} \in \tilde{y}\| \in G$

当且仅当 $\sum \{\tilde{y}(t) \wedge \|\tilde{x} = t\| : t \in \mathrm{dom}(\tilde{y})\} \in G$

当且仅当 $\exists t \in \mathrm{dom}(\tilde{y})(\tilde{y}(t) \in G \wedge \|\tilde{x} = t\| \in G)$

当且仅当 $\exists t(\tilde{y}(t) \in G \wedge i(\tilde{x}) = i(t))$（由归纳假设）

当且仅当 $i(\tilde{x}) \in \{i(t) : \tilde{y}(t) \in G\}$

当且仅当 $i(\tilde{x}) \in i(\tilde{y})$，即 $x \in y$。

$\|\tilde{x} \subseteq \tilde{y}\| \in G$

当且仅当 $\forall t \in \mathrm{dom}(\tilde{x})(\tilde{x}(t) \in G \rightarrow \|t \in \tilde{y}\| \in G)$

当且仅当 $\forall t(\tilde{x}(t) \in G \rightarrow i(t) \in i(\tilde{y}))$（由归纳假设）

当且仅当 $\{i(t) : \tilde{x}(t) \in G\} \subseteq i(\tilde{y})$

当且仅当 $i(\tilde{x}) \subseteq i(\tilde{y})$，即 $x \subseteq y$。

$\|\tilde{x} = \tilde{y}\| \in G$

当且仅当 $\|\tilde{x} \subseteq \tilde{y}\| \in G \wedge \|\tilde{y} \subseteq \tilde{x}\| \in G$

当且仅当 $x \subseteq y \wedge y \subseteq x$

当且仅当 $x = y$。　　　　　　　　　　　　　　　　　□

定理 2.7　设 $\Phi(u_1, \cdots, u_n)$ 为一公式，$x_1, \cdots, x_n \in M[G]$，$\tilde{x}_1, \cdots, \tilde{x}_n$ 分别为 $x_1, \cdots, x_n$ 的名字。则有

$$M[G] \models \Phi(x_1, \cdots, x_n) \text{ 当且仅当} \|\Phi(\tilde{x}_1, \cdots, \tilde{x}_n)\| \in G。 \quad (2.1)$$

证明: 我们归纳于 Φ 的复杂性来证明。不妨假设 Φ 中没有 $\vee$ 和 $\forall$ 出现。

(1)当 Φ 为原子公式时,根据引理 2.6 知,(2.1)式成立。

(2)当 Φ 为 $\neg \Phi_1$ 时,则

$$\|\Phi(\tilde{x}_1, \cdots, \tilde{x}_n)\| \in G$$

当且仅当 $\|\Phi_1(\tilde{x}_1, \cdots, \tilde{x}_n)\|^{-1} \in G$

当且仅当 $\|\Phi_1(\tilde{x}_1, \cdots, \tilde{x}_n)\| \notin G$

当且仅当 $M[G] \models \neg \Phi_1(x_1, \cdots, x_n)$

当且仅当 $M[G] \models \Phi(x_1, \cdots, x_n)$

(3)当 Φ 是 $\Phi_1 \wedge \Phi_2$ 时,则

$$\|\Phi\| \in G$$

当且仅当 $\|\Phi_1\| \in G$ 且 $\|\Phi_2\| \in G$

当且仅当 $M[G] \models \Phi_1$ 且 $M[G] \models \Phi_2$

当且仅当 $M[G] \models \Phi_1 \wedge \Phi_2$

(4)当 Φ 为 $\exists x \Phi_1(x)$ 时,则

$$\|\Phi\| \in G$$

当且仅当 $\sum \{\|\Phi_1(x)\| : x \in M^B\} \in G$

当且仅当 $\exists x \in M^B (\|\Phi_1(x)\| \in G)$

当且仅当 $\exists x \in M^B (M[G] \models \Phi(i(x)))$ (由归纳假设)

当且仅当 $\exists x \in M[G] (M[G] \models \Phi(x))$

当且仅当 $M[G] \models \exists x \Phi_1(x)$,即 $M[G] \models \Phi$。 $\qquad\square$

定理 2.8 $M[G]$ 是 ZFC 的传递模型。

证明: 因为对任意超滤子 G,都有 $1 \in G$,且因为 ZFC 的每一条公

理的布尔值均为 1,故根据定理 2.7 知,$M[G] \models \text{ZFC}$。 $\qquad\Box$

定理 2.9 $M[G]$ 是包含 $M \cup \{G\}$ 的 ZFC 的最小的传递模型。

证明:设 N 为 ZFC 的传递模型,且 $M \subseteq N, G \in N$。下面归纳于 $\rho(x)$ 来证明对任意 $x \in M^B$ 都有 $i(x) \in N$。

$$i(\varnothing) = \varnothing \in N;$$
$$i(x) = \{i(y) : x(y) \in G\} \in N。 \qquad\Box$$

命题 2.10 $On^M = On^{M[G]}$。

证明:显然有 $On^M \subseteq On^{M[G]}$。对任意序数 $\alpha \in M[G]$,设 $\tilde{\alpha}$ 为 α 的名字,则必存在 $\beta \in M$ 使得 $\|\tilde{\alpha} \leqslant \hat{\beta}\| = 1$。从而在 $M[G]$ 中有 $\alpha \leqslant \beta$。由 M 的传递性知,$\alpha \in M$。从而 $On^{M[G]} \subseteq On^M$。于是命题成立。 $\qquad\Box$

5.3 力迫方法

在具体构造脱殊模型时,我们并不总是使用完备的布尔代数,而是常常使用力迫偏序。

定义 3.1 设 M 为 ZFC 的传递模型,$\langle P, \leqslant \rangle$ 为 M 中的偏序集。称 P 中的元素为力迫条件。设 $p, q \in P$,如果 $p \leqslant q$ 则称 p 比 q 强。称两个力迫条件 p, q 是相容的,如果存在 $r \in P$ 使得 $r \leqslant p, q$。设 $D \subseteq P$,如果对任意 $p \in P$,都存在 $d \in D$ 使得 $d \leqslant p$,则称 D 为 P 的稠密子集。

定义 3.2 设 $G \subseteq P(G$ 未必属于 $M)$。称 G 为 P 上的 M – 脱殊集,如果它满足:

(1)对 $x, y \in P$,如果 $x \in G$ 且 $x \leqslant y$,则 $y \in G$;

(2)如果 $x, y \in G$,则 x 和 y 相容;

(3)如果 D 是 P 的稠密集且 $D \in M$,则 $D \cap G \neq \varnothing$。

引理 3.3 设 T 为一拓扑空间,$X \subseteq T$。如果 $X = \text{int}(\overline{X})$,即 X 等于其闭包的内部,则称 X 为正规开集。令 B 为 T 的所有正规开集组成的

集合,则 B 在下列运算下构成完备的布尔代数。

$$X \wedge Y = X \cap Y;$$
$$X \vee Y = \text{int}(X \cup Y);$$
$$X^{-1} = \text{int}(T - X)。$$

证明:按照完备布尔代数的定义验证即可。 □

引理3.4 设 $\langle P, \leqslant \rangle$ 为一偏序集,则存在一完备布尔代数 B 及映射 $e: P \to B - \{0\}$ 使得

(1)若 $p \leqslant q$,则 $e(p) \leqslant e(q)$;

(2) p 与 q 相容当且仅当 $e(p) \wedge e(q) \neq 0$;

(3) $\{e(p): p \in P\}$ 在 B 中稠密。

证明:对任意 $p \in P$,记 $[p] = \{q \in P: q \leqslant p\}$。不难验证,由这些 $[p]$ 作为基本开集生成 P 上的一个拓扑。令 $\text{RO}(P)$ 为该拓扑空间中的所有正规开集组成的集合。由引理3.3 知 $\text{RO}(P)$ 为一完备的布尔代数。定义 e 为如下映射:

对任意 $p \in P, e(p) = \text{int}(\overline{[p]})$。

下面我们验证(1)–(3)。

(1)如果 $p \leqslant q$,则 $[p] \subseteq [q]$。从而 $\overline{[p]} \subseteq \overline{[q]}$。从而 $\text{int}(\overline{[p]}) \subseteq \text{int}(\overline{[q]})$,即 $e(p) \leqslant e(q)$。

(2)设 $p, q \in P$。如果 p, q 相容,则存在 $r \in P$ 使得 $r \leqslant p, q$。从而由(1)知 $e(r) \subseteq e(p), e(q)$。于是 $e(p) \wedge e(q) \neq 0$。如果 p, q 不相容,则 $[p] \cap [q] = \varnothing$。从而 $\text{int}(\overline{[p]}) \cap \text{int}(\overline{[q]}) = \varnothing$,即 $e(p) \wedge e(q) = 0$。

(3)设 $b \in \text{RO}(P)$ 为非空的正规开集,则必有 $p \in P$ 使 $[p] \subseteq b$。从而,$\text{int}(\overline{[p]}) \subseteq b$,即 $e(p) \leqslant b$。 □

我们称 $e: P \to \text{RO}(P)$ 为自然同态映射。

定理3.5 设 P 为一偏序集,$B = \text{RO}(P)$,$e: P \to \text{RO}(P)$ 为自然同态映射。

（1）如果 G 是 B 上的脱殊超滤子，则 $G' = \{p \in P : e(p) \in G\}$ 为 P 上的脱殊集合。

（2）反之，如果 G' 是 P 上的脱殊集合，则 $G = \{b \in B : \exists p \in G'(e(p) \leqslant b)\}$ 是 B 上的脱殊超滤。

（3）$M[G] = M[G']$。

证明：（1）设 G 为 B 上的脱殊超滤子。首先证明，对 B 的任意稠密子集 $D \in M$ 有 $D \cap G \neq \varnothing$。如果不然，则 $D^{-1} = \{d^{-1} : d \in D\} \subseteq G$，从而 $0 = \prod D^{-1} \in G$，矛盾。下面逐条验证 G' 是 P 的脱殊集合。

（a）设 D 为 P 的稠密子集，则 $e[D] = \{e(d) : d \in D\}$ 为 B 的稠密子集。从而 $e[D] \cap G \neq \varnothing$，即存在 $d \in D$ 使得 $e(d) \in G$，从而 $D \cap G' \neq \varnothing$。

（b）设 $p \in G'$，$q \in P$ 且 $p \leqslant q$，则 $e(p) \subseteq e(q)$。因为 G 为滤子，故 $e(q) \in G$。故 $q \in G'$。

（c）设 $p, q \in G'$ 令

$$E_{p,q} = \{r \in P : (r \leqslant p \wedge r \leqslant q) \vee (r \text{ 与 } p \text{ 不相容}) \vee (r \text{ 与 } q \text{ 不相容})\}.$$

容易验证 $E_{p,q}$ 为 P 的稠密子集。故存在 $r \in E_{p,q}$ 使得 $e(r) \in G$。由于 $e(p), e(q) \in G$，故 r 与 p 和 q 都相容。从而必有 $r \leqslant p$ 且 $r \leqslant q$，即 p, q 相容。

（2）设 G' 为 P 的脱殊子集，令 $G = \{b \in B : \exists p \in G'(e(p) \leqslant b)\}$。显然 G 是 B 上的滤子。

设 $b \in B$，则不难验证 $\{c : c \neq 0 \wedge (c \leqslant b \vee c \leqslant b^{-1})\}$ 是 B 的稠密子集。于是

$$D_b = \{p \in P : e(p) \leqslant b \vee e(p) \leqslant b^{-1}\}$$

是 P 的稠密子集。从而 $D_b \cap G' \neq \varnothing$，即存在 $p \in G'$ 使得 $e(p) \leqslant b$ 或者 $e(p) \leqslant b^{-1}$。由于 $e(p) \in G$，故 $b \in G$ 和 $b^{-1} \in G$ 必有一个成立。从而 G 是超滤子。

设 $X \in M$ 为 B 的一个子集,令

$$D_X = \{ p \in P : e(p) \leqslant \prod X \text{ 或者 } \exists x \in X(e(p) \wedge x = 0) \}。$$

容易验证 D_X 是 P 的稠密子集。从而 $G' \cap D_X \neq \varnothing$。如果 $X \subseteq G$,取 $p \in G \cap D_X$。则必有 $e(p) \leqslant \prod X$,从而 $\prod X \in G$。

综上可知,G 为 B 的脱殊滤子。

(3)注意到

$$p \in G' \text{ 当且仅当 } e(p) \in G。$$

由此可知,在脱殊模型 $M[G']$ 中可以定义出 G,在 $M[G]$ 中也可以定义出 G'。根据定理 2.9,$M[G] = M[G']$。 □

定义 3.6 设 $\langle P, \leqslant \rangle$ 为一偏序集,$B = \mathrm{RO}(P)$,$p \in P$。再设 $\Phi(x_1, \cdots, x_n)$ 为一公式,$a_1, \cdots, a_n \in M^B$。如果

$$e(p) \leqslant \| \Phi(a_1, \cdots, a_n) \|,$$

则称 p 力迫 $\Phi(a_1, \cdots, a_n)$,记作 $p \Vdash \Phi(a_1, \cdots, a_n)$。

引理 3.7

(1)如果 p 力迫 Φ 且 $q \leqslant p$,则 q 也力迫 Φ。

(2)不存在 p 使得 p 力迫 $\Phi \wedge \neg \Phi$。

(3)对每一个 p 及 $\Phi(a_1, \cdots, a_n)$ 都存在 $q \leqslant p$ 使得

$$q \Vdash \Phi \text{ 或者 } q \Vdash \neg \Phi(\text{这时称 } q \text{ 决定了 } \Phi)。$$

证明: (1)和(2)的证明容易,只证(3)。如果 $e(p)$ 与 $\|\Phi\|$ 不相容,即 $e(p) \wedge \|\Phi\| = 0$,则有 $e(p) \leqslant \|\Phi\|^{-1} = \|\neg \Phi\|$。从而有 $p \Vdash \neg \Phi$。如果 $e(p)$ 与 $\|\Phi\|$ 相容,则根据 $\{e(p) : p \in P\}$ 的稠密性,知存在 q 使得

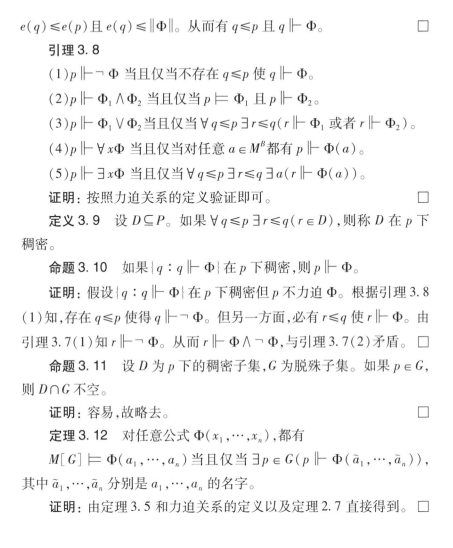

$e(q) \leqslant e(p)$ 且 $e(q) \leqslant \|\Phi\|$。从而有 $q \leqslant p$ 且 $q \Vdash \Phi$。

引理 3.8

(1) $p \Vdash \neg \Phi$ 当且仅当不存在 $q \leqslant p$ 使 $q \Vdash \Phi$。

(2) $p \Vdash \Phi_1 \wedge \Phi_2$ 当且仅当 $p \vDash \Phi_1$ 且 $p \Vdash \Phi_2$。

(3) $p \Vdash \Phi_1 \vee \Phi_2$ 当且仅当 $\forall q \leqslant p \exists r \leqslant q(r \Vdash \Phi_1$ 或者 $r \Vdash \Phi_2)$。

(4) $p \Vdash \forall x \Phi$ 当且仅当对任意 $a \in M^B$ 都有 $p \Vdash \Phi(a)$。

(5) $p \Vdash \exists x \Phi$ 当且仅当 $\forall q \leqslant p \exists r \leqslant q \exists a(r \Vdash \Phi(a))$。

证明: 按照力迫关系的定义验证即可。

定义 3.9 设 $D \subseteq P$。如果 $\forall q \leqslant p \exists r \leqslant q(r \in D)$,则称 D 在 p 下稠密。

命题 3.10 如果 $\{q : q \Vdash \Phi\}$ 在 p 下稠密,则 $p \Vdash \Phi$。

证明: 假设 $\{q : q \Vdash \Phi\}$ 在 p 下稠密但 p 不力迫 Φ。根据引理 3.8 (1) 知,存在 $q \leqslant p$ 使得 $q \Vdash \neg \Phi$。但另一方面,必有 $r \leqslant q$ 使 $r \Vdash \Phi$。由引理 3.7(1) 知 $r \Vdash \neg \Phi$。从而 $r \Vdash \Phi \wedge \neg \Phi$,与引理 3.7(2) 矛盾。

命题 3.11 设 D 为 p 下的稠密子集,G 为脱殊子集。如果 $p \in G$,则 $D \cap G$ 不空。

证明: 容易,故略去。

定理 3.12 对任意公式 $\Phi(x_1, \cdots, x_n)$,都有

$$M[G] \vDash \Phi(a_1, \cdots, a_n) \text{ 当且仅当 } \exists p \in G(p \Vdash \Phi(\tilde{a}_1, \cdots, \tilde{a}_n)),$$

其中 $\tilde{a}_1, \cdots, \tilde{a}_n$ 分别是 $a_1, \cdots, a_n$ 的名字。

证明: 由定理 3.5 和力迫关系的定义以及定理 2.7 直接得到。

5.4　脱殊模型的例子

例 4.1 设 M 是 ZFC 的可数传递模型。在 M 中工作,令

$$P = \{p : p \text{ 是 } \omega \text{ 到 } 2 \text{ 的函数且 } |p| < \omega\}。$$

定义 P 上的关系 $\leqslant$ 如下：

$$p \leqslant q \text{ 当且仅当 } q \subseteq p。$$

显然 $\langle P, \leqslant \rangle$ 为一偏序集。容易验证，p 与 q 相容当且仅当 $p \cup q \in P$。对任意 $n \in \omega$，令

$$D_n = \{p \in P : n \in \mathrm{dom}(p)\}。$$

对任意 $q \in P$，如果 $n \notin \mathrm{dom}(q)$，则令 $p = q \cup \{\langle n, 1 \rangle\} \in P$。显然，有 $n \in \mathrm{dom}(p)$ 且 $p \leqslant q$。于是 D_n 为 P 的稠密子集。设 G 为 P 上的脱殊子集。在 $M[G]$ 中工作，令

$$g = \bigcup \{p : p \in G\}。$$

由于 G 中任意两个元素相容，故 g 为一函数，对任意 n，由于 D_n 稠密，故存在 $p \in G$ 使得 $n \in \mathrm{dom}(p)$。从而 $n \in \mathrm{dom}(g)$，进而 $\mathrm{dom}(g) = \omega$。令

$$A_g = \{n : g(n) = 1\},$$

则 A_g 是 ω 的一个子集。下面证明 $A_g \notin M$。只需证 $G \notin M$。假设 $G \in M$，则 $\{p : p \notin G\} \in M$。对任意 $q \in P$，取 $n \notin \mathrm{dom}(q)$，则 $q \cup \{\langle n, 0 \rangle\}$ 和 $q \cup \{\langle n, 1 \rangle\}$ 至少有一个不属于 G（因为二者不相容）。$\{p : p \notin G\}$ 为一稠密集合。因为 G 为脱殊集，故 $G \cap \{p : p \notin G\} \neq \varnothing$，矛盾。故必有 $G \notin M$，从而 $g \notin M$，于是 $A_g \notin M$。于是我们用力迫偏序 P 在基础模型 M 中增加了 ω 的一个新子集。

例 4.2   在本例中，我们将构造一个力迫偏序 P，它在基础模型 M 中增加了 ω_1 的新子集，但不增加 ω 的新子集。设 M 为 ZFC 的传递模型。在 M 中工作，令

$$P = \{p : p \text{ 是 } \omega_1 \text{ 到 } 2 \text{ 的函数且 } |p| < \omega_1\}。$$

定义 P 上的关系 $\leqslant$ 如下：

$$p \leqslant q \text{ 当且仅当 } q \subseteq p。$$

显然 $\langle P, \leqslant \rangle$ 为一偏序。容易验证，p 与 q 相容当且仅当 $p \cup q \in P$。设 G 为 P 的脱殊子集，与例 4.1 一样，$G \notin M$ 且由 G 可定义 ω_1^M（M 中的 ω_1）的一个新子集。要证明 $M[G]$ 中不增加 ω 的新子集，只需证明如下结论：

$$\text{如果 } f \in M[G] \text{ 是 } \omega \text{ 到 } M \text{ 内的函数，则 } f \in M。 \qquad (4.1)$$

实际上，由 (4.1) 式还可以得出 $\omega_1^M = \omega_1^{M[G]}$。要证明 (4.1) 式，我们需利用 P 的一个重要性质，这个性质是：如果 $p_0 \geqslant p_1 \geqslant \cdots \geqslant p_n \geqslant \cdots$ 为 M 中的递降序列，则存在 $p \in P$ 使得对每一 n，都有 $p \leqslant p_n$。我们称具有这一性质的偏序是 σ – 闭的。

引理 4.3　如果偏序集 P 是 σ – 闭的，则 (4.1) 式成立。

证明：设 $D \subseteq P$ 为稠密子集，如果

$$\forall p_1, p_2 \in P (p_1 \leqslant p_2 \wedge p_2 \in D \rightarrow p_1 \in D)，$$

则称 D 是 P 的开稠密集。首先证明，P 的可数多个开稠密子集的交仍是开稠密的。设 D_n，$n < \omega$，为开稠密子集。令 $D = \bigcap \{D_n : n \in \omega\}$。在 M 中工作。对任意 $p \in P$，取 $p_0 \in D_0$ 使 $p_0 \leqslant p$，再取 $p_1 \in D_1$ 使 $p_1 \leqslant p_0$，如此下去，设 $p_n \in D_n$ 且 $p_n \leqslant p_{n-1}$，则取 $p_{n+1} \in D_{n+1}$ 使 $p_{n+1} \leqslant p_n$。这样我们得到一个递降序列 $p_0 \geqslant p_1 \geqslant \cdots$。根据 P 的 σ – 闭性知，存在 $q \in P$ 使得对任意 n，$q \leqslant p_n$。从而 $q \in D$ 且 $q \leqslant p$。故 D 为稠密子集。容易看出，D 是开稠密集。

下证 (4.1) 式成立。设 $f : \omega \rightarrow M$ 为函数且 $f \in M[G]$。设 $\dot{f}$ 是 f 的

名字,再设 $A \in M$ 使得 $\mathrm{ran}(f) \subseteq A$。为方便起见,不妨设

$$\Vdash \tilde{f} \text{ 是 } \hat{\omega} \text{ 到 } \hat{A} \text{ 内的函数}。$$

对每个 $n < \omega$,令

$$D_n = \{p \in P : \text{存在 } x \in A \text{ 使 } p \Vdash \tilde{f}(\hat{n}) = \hat{x}\}。$$

则可以证明每个 D_n 都是开稠密子集。于是 $D = \bigcap \{D_n : n \in \omega\}$ 也是开稠密子集。于是,$G \cap D$ 不空。取 $p \in D \cap G$,则对每一个 n,存在(惟一)一个 x_n 使 $p \Vdash \tilde{f}(\hat{n}) = \hat{x}_n$。设 g 为如下定义的函数:对任意 $n, g(n) = x_n$。显然 g 属于 M。容易看出 $p \Vdash \tilde{f} = \hat{g}$。从而 $f = g$,于是 $f \in M$。□

5.5 弗兰科尔的早期工作

早在 20 世纪 20 年代和 30 年代,弗兰科尔等人就证明了 AC 相对于公理系统 ZFA 的独立性,其中 ZFA 是允许有原子的集合论公理系统。ZFA 语言除了有 $\in$ 和 $=$ 之外还有一常项 $\varnothing$(空集)和一个一元谓词 A(原子集合)。ZFA 中的公理除了如下四条和 ZF 不一样之外,其余的和 ZF 都一样。

空集公理:$\exists x (x \in \varnothing)$。

原子公理:$\forall z (z \in A \leftrightarrow z \neq \varnothing \wedge \exists x (x \in z))$。

外延公理:$\forall x \forall y (x \notin A \wedge y \notin A \rightarrow$
$(\forall u (u \in x \leftrightarrow u \in y) \leftrightarrow x = y))$。

基础公理:$\forall S (S \notin A \wedge S \neq \varnothing \rightarrow \exists x \in S (x \cap S = \varnothing))$。

在 ZFA 中一些运算只对集合才有意义,如 $\bigcup x, P(x)$,等等。而有些运算对集合和原子都有意义,如无序对运算,有序对运算,等等。如果在 ZFA 中加上"A 是空集",就得到 ZF 系统。然而,本节我们感兴趣的是公理系统 ZFA +"A 无穷"。可以证明,如果 ZF 协调,则 ZFA +"A 无穷"也协调。

ZFA 中传递集合的定义与 ZF 中的定义相同,ZFA 中序数的定义是在原定义的基础上再加上序数都不包含原子这个条件。

定义 5.1 归纳于序数 α 定义

$$P_0(A) = A;$$
$$P_{\alpha+1}(A) = P(P_\alpha(A));$$
$$P_\alpha(A) = \bigcup\{P_\beta(A) : \beta < \alpha\}, \alpha \text{ 为极限序数};$$
$$P_\infty(A) = \bigcup\{P_\alpha(A) : \alpha \in On\}。$$

由基础公理可证 $V = P_\infty(A)$。我们称 $P_\infty(\varnothing)$ 为核。显然,它是 ZF 的模型,所有的序数都在核中。

定理 5.2 设 M 为传递类,且以 $A(A \in M)$ 中的元素作为原子。如果 M 是哥德尔闭的且是几乎全的,则 M 是 ZFA 的模型。

证明:略去。 □

注意,ZFA 中的公理并没有对 A 中的元素加以区分。因此,我们可以构造 $P_\infty(A)$ 上的关于属于关系的自同构($\in$ - 自同构)。

定义 5.3 设 π 是 A 到 A 上的一一对应(A 的置换),则归纳于属于关系,定义

$$\pi(x) = \pi[x] = \{\pi(t) : t \in x\}。$$

不难验证,π 为 $P_\infty(A)$ 上的自同构。也就是说,由 A 的一个置换 π 可以诱导出 V 的一个 $\in$ - 自同构(也用 π 表示)。

引理 5.4 设 π, ρ 是 A 上的两个置换。它们诱导的自同构也用 π, ρ 表示。则有

(1)$x \in y$ 当且仅当 $\pi(x) \in \pi(y)$。

（2）$\Phi(x_1,\cdots,x_n)$ 当且仅当 $\Phi(\pi(x_1),\cdots,\pi(x_n))$。

（3）$\mathrm{rank}(x)=\mathrm{rank}(\pi(x))$（这里 $\mathrm{rank}(x)$ 是使得 $x\in P_{\alpha+1}(A)$ 的最小的 α）。

（4）如果 R 为一关系，则 $\pi(R)$ 也是一关系，且 $\langle x,y\rangle\in R$ 当且仅当 $\langle\pi(x),\pi(y)\rangle\in\pi(R)$。

（5）如果 f 是 X 上的函数，则 $\pi(f)$ 是 $\pi(X)$ 上的函数且
$$\pi(f)(\pi(x))=\pi(f(x))。$$

（6）对核中的任意元素 x，都有 $\pi(x)=x$。

（7）$(\pi\cdot\rho)(x)=\pi(\rho(x))$。

证明：容易。 ☐

定义 5.5 设 HAG 为 A 上的置换群（即由 A 上的置换组成的群），HAF 是由 HAG 的一些子群组成的集族。如果对任意 $H,K\in HAG$ 都有

（1）$HAG\in HAF$；

（2）如果 $H\in HAF$ 且 $H\subseteq K$，则 $K\in HAF$；

（3）如果 $H,K\in HAF$，则 $H\cap K\in HAF$；

（4）如果 $\pi\in HAG,H\in HAF$，则 $\pi H\pi^{-1}\in HAF$；

则称 HAF 为 HAG 上的正规滤子。

定义 5.6 设 HAG 为原子集 A 上的置换群，HAF 为 HAG 上的正规滤子。称 x 是对称的，如果

$$\mathrm{sym}_{HAG}(x)=\{\pi\in HAG:\pi(x)=x\}\in HAF。$$

显然核中的元素都是对称的，今后我们假设每个原子 $a\in A$ 都是对称的，即对任意 $a\in A$ 都有 $\mathrm{sym}_{HAG}(a)\in HAF$。令

$$U=\{x:\mathrm{TC}(\{x\})\text{中的每个元素都对称}\}。$$

我们称 U 为置换模型。显然，U 是传递的，且核中的元素都属于 U，且 $A\in U$。

定理 5.7 置换模型 U 是 ZFA 的传递模型。

证明：只需证 U 是哥德尔闭的且是几乎全的。设 $x,y\in U$。不难验证，对任意 $i=1,\cdots,10$ 都有

$$\mathrm{sym}(F_i(x,y))\supseteq\mathrm{sym}(x)\cap\mathrm{sym}(y)\in HAF。$$

从而 $F_i(x,y)$ 是对称的。又可看出

$$\mathrm{TC}(\{F_i(x,y)\})\subseteq\mathrm{TC}(\{x\})\cup\mathrm{TC}(\{y\})。$$

故 $\mathrm{TC}(\{F_i(x,y)\})$ 中的元素也都是对称的，从而 $F_i(x,y)\in U$，于是 U 是哥德尔闭的。

要证 U 是几乎全的，只需证对每一序数 α，$U\cap P_\alpha(A)$ 是对称的。首先看出

$$\mathrm{sym}(\pi(x))=\{\rho:\rho(\pi(x))=\pi(x)\}=\pi\mathrm{sym}(x)\pi^{-1}。$$

根据滤子的性质知，x 对称当且仅当 $\pi(x)$ 也对称。由此再根据引理 5.4(3) 知，对任意 π 都有

$$\pi(U\cap P_\alpha(A))=\{\pi(x):x\in U\cap P_\alpha(A)\}=U\cap P_\alpha(A)，$$

即 $U\cap P_\alpha(A)$ 是对称的。　　　　　　　　　　　　　　　□

设 E 是 A 的有穷子集，令

$$\mathrm{fix}_{HAG}(E)=\{\pi\in HAG：对每个\ a\in E\ 都有\ \pi(a)=a\}。$$

今后在不发生混淆的情况下，常省略 $\mathrm{fix}_{HAG}(E)$ 中的下标 HAG。令 HAF 为由

$$\{\mathrm{fix}(E)：E\subseteq A\ 有穷\}$$

生成的滤子。因 $\pi\,\mathrm{fix}(E)\,\pi^{-1} = \mathrm{fix}(\pi(E))$，故 HAF 为正规滤子。不难验证，x 是对称的当且仅当存在 A 的一个有穷子集 E 使得 $\mathrm{fix}(E) \subseteq \mathrm{sym}(x)$，这时称 E 为 x 的支集。下面我们给出置换模型的两个例子。

例5.8 设 A 无穷。令 HAG 为 A 的所有置换组成的群，HAF 是由

$$\{\,\mathrm{fix}(E) : E \subseteq A \text{ 有穷}\,\}$$

生成的正规滤子。设 U 为相应的置换模型。下面我们证明 A 在 U 中没有可数子集，从而选择公理在 U 中不成立。

只需证明 U 中不存在从 ω 到 A 内的单射即可。假设不然，设 $f \in U$ 为 ω 到 A 内的单射。设 E 为 A 的有穷子集使得对任意 $\pi \in \mathrm{fix}(E)$ 都有 $\pi(f) = f$。因为 E 是有穷集，故存在 $a \in A - E$ 及 $n \in \omega$ 使 $a = f(n)$。再取 $b \in A - E$ 使 $b \neq a$。取 $\pi \in \mathrm{fix}(E)$ 使得 $\pi(a) = b$，则 $\pi(f) = f$。因为 n 为核中的元素，故 $\pi(n) = n$。从而

$$\pi(f(n)) = \pi(f)(\pi(n)) = f(n)。$$

然而，$f(n) = a$，故 $\pi(f(n)) = \pi(a) = b \neq a$，矛盾。

例5.9 设 $P = \{a_n, b_n\}$，$n \in \omega$，为互不相交的集合。令 $A = \bigcup\{p_n : n \in \omega\}$。设 HAG 为 A 的满足 $\pi(\{a_n, b_n\}) = \{a_n, b_n\}$（对任意的 n）的所有置换组成的群。设 HAF 是由 $\{\mathrm{fix}(E) : E \subseteq A \text{ 有穷}\}$ 生成的正规滤子。设 U 是相应的置换模型。下面我们证明在 U 中 $\{p_n : n \in \omega\}$ 没有选择函数，从而选择公理在 U 中不成立。

因为对每一 $\pi \in HAG$ 都有 $\pi(p_n) = p_n$，故每个 p_n 都是对称的。从而有

$$\pi(\langle p_n : n \in \omega \rangle) = \pi(\{\langle n, p_n \rangle : n \in \omega\}) = \langle p_n : n \in \omega \rangle。$$

故 $\langle p_n : n \in \omega \rangle \in U$，$\{p_n : n \in \omega\}$ 是 U 中的可数集。

用反证法，假设在 U 中 $\langle p_n : n \in \omega \rangle$ 有选择函数 f。设 E 为 f 的支

集,即 $\mathrm{sym}(f) \supseteq \mathrm{fix}(E)$。因为 E 为有穷集,故必有 n 使得 a_n, b_n 都不属于 E。不妨设 $f(p_n) = a_n$。设 $\pi \in HAG$ 为满足下列条件的置换:

(1) $\pi(a_n) = b_n$;

(2) 对任意 $x \in E, \pi(x) = x$。

则 $\pi(f) = f, \pi(p_n) = p_n$。从而

$$\pi(f(p_n)) = \pi(f)(\pi(p_n)) = f(p_n)。$$

然而,$\pi(f(p_n)) = \pi(a_n) = b_n \neq a_n = f(p_n)$,矛盾。

由以上两个例子知,选择公理相对于 ZFA 系统是独立的。尽管置换模型的方法没有解决选择公理相对于 ZF 系统的独立性问题,但它为我们用力迫方法解决该问题指明了方向。

5.6 脱殊模型的对称子模型

由于在脱殊模型中选择公理成立,因此要证选择公理相对于 ZF 系统的独立性,必须构造脱殊模型的子模型使得在其中选择公理不成立。构造子模型的方法有多种,其中一种是对称子模型。构造对称子模型的方法与构造置换模型的方法非常类似。

在 5.5 节中,原子集 A 的一个置换可以诱导出 $P_\infty(A)$ 的一个 $\in$-自同构。在本节中我们将发现,完备布尔代数 B 的自同构可以诱导出布尔值模型 M^B 的一个自同构。

定义 6.1 设 π 为布尔代数 B 的自同构。我们归纳于 $\rho(x)$ 来定义 M^B 到 M^B 上的映射(把它仍记为 π):

(1) $\pi(\varnothing) = \varnothing$;

(2) 如果对任意 $y \in \mathrm{dom}(x), \pi(y)$ 均已定义,则定义 $\pi(x)$ 如下:

$$\text{dom}(\pi(x)) = \pi[\text{dom}(x)] = \{\pi(y) : y \in \text{dom}(x)\},$$

对任意 $y \in \text{dom}(x)$,令 $\pi(x)(\pi(y)) = \pi(x(y))$。

不难验证 π 为 M^B 上的一一对应,且对任意 $x \in M$ 有 $\pi(\hat{x}) = \hat{x}$。

引理 6.2 设 $\Phi(x_1, \cdots, x_n)$ 为一公式。如果 π 是 B 的自同构,则对任意 $x_1, \cdots, x_n \in M^B$,都有

$$\|\Phi(\pi(x_1), \cdots, \pi(x_n))\| = \pi(\|\Phi(x_1, \cdots, x_n)\|)。$$

证明:(1)当 Φ 为原子公式 $x \in y$ 或 $x = y$ 时,我们归纳于 $\langle \rho(x), \rho(y) \rangle$ 来证明。

$$
\begin{aligned}
\|\pi(x) \in \pi(y)\| &= \sum \{\|\pi(x) = t\| \wedge \pi(y)(t) : t \in \text{dom}(\pi(y))\} \\
&= \sum \{\|\pi(x) = \pi(z)\| \wedge \pi(y)(\pi(z)) : z \in \text{dom}(y)\} \\
&= \pi(\sum \{\|x = z\| \wedge y(z) : z \in \text{dom}(y)\}) \\
&= \pi(\|x \in y\|)。
\end{aligned}
$$

$$
\begin{aligned}
\|\pi(x) \subseteq \pi(y)\| &= \prod \{\pi(x)(t) \to \|t \in \pi(y)\| : t \in \text{dom}(\pi(y))\} \\
&= \{\prod \pi(x)(\pi(z)) \to \|\pi(z) \in \pi(y)\| : z \in \text{dom}(y)\} \\
&= \pi(\prod \{x(z) \to \|z \in y\| : z \in \text{dom}(y)\}) \\
&= \pi(\|x \subseteq y\|)。
\end{aligned}
$$

$$
\begin{aligned}
\|\pi(x) = \pi(y)\| &= \|\pi(x) \subseteq \pi(y)\| \wedge \|\pi(y) \subseteq \pi(x)\| \\
&= \pi(\|x \subseteq y\|) \wedge \pi(\|y \subseteq x\|) \\
&= \pi(\|x \subseteq y\| \wedge \|y \subseteq x\|) \\
&= \pi(\|x = y\|)。
\end{aligned}
$$

(2)当 Φ 不是原子公式时,归纳于 Φ 的复杂性,可证明结论对于 Φ 也成立。   □

注记:设 P 为一偏序集,π 为 P 上的一个自同构,则可按如下式子把 π 扩充为完备布尔代数 $RO(P)$ 的一个自同构(仍记为 π):

$$\pi(b) = \sum \{e(\pi(p)) : e(p) \leq b\},$$

其中 $e : P \to RO(P)$ 为自然同态映射。

设 $p \in P,\Phi$ 为一公式。利用引理 6.2 不难验证,对任意 $x_1,\cdots,x_n \in M^B$,都有

$p \Vdash \Phi(x_1,\cdots,x_n)$ 当且仅当 $\pi(p) \Vdash \Phi(\pi(x_1),\cdots,\pi(x_n))$。

定义 6.3 设 HAG 为 B 上的自同构群,HAF 是由 HAG 的子群组成的集族。称 HAF 为 HAG 上的正规滤子,如果对 HAG 的任意子群 H,K 都有

(1) $HAG \in HAF$;

(2) 如果 $K \in HAF$ 且 $K \subseteq H$,则 $H \in HAF$;

(3) 如果 $H,K \in HAF$,则 $H \cap K \in HAF$;

(4) 如果 $\pi \in HAG,H \in HAF$,则 $\pi H \pi^{-1} \in HAF$。

定义 6.4 设 $x \in M^B$,令

$$\mathrm{sym}(x) = \{\pi \in HAG : \pi(x) = x\}。$$

如果 $\mathrm{sym}(x) \in HAF$,则称 x 是对称的。归纳于 $\rho(x)$ 我们定义 M^B 的一个子类 HS:对任意 $x \in M^B$,

$$x \in HS \text{ 当且仅当 } x \text{ 是对称的且 } \mathrm{dom}(x) \subseteq HS。$$

我们称 HS 中的元素为遗传对称的。

若 $x \in M$,则对任意 $\pi \in HAG$ 都有 $\pi(\hat{x}) = \hat{x}$。因此,对任意 $x \in M,\hat{x} \in HS$。由于 HAF 是正规滤子,不难看出,对任意 $x \in M^B$ 及 $\pi \in HAG$ 有

$$x \in HS \text{ 当且仅当 } \pi(x) \in HS。$$

定义 6.5　设 G 是 B 的 M-脱殊滤子,令

$$N = \{i(x) : x \in HS\},$$

称 N 是脱殊模型 $M[G]$ 的对称子模型。显然,有 $M \subseteq N \subseteq M[G]$。

定义 6.6　设 Φ 为一语句,归纳定义 $\|\Phi\|_{HS}$ 如下:

$\|x \in y\|_{HS} = \|x \in y\|;$

$\|x = y\|_{HS} = \|x = y\|;$

$\|\neg \Phi\|_{HS} = \|\Phi\|_{HS}^{-1};$

$\|\Phi_1 \wedge \Phi_2\|_{HS} = \|\Phi_1\|_{HS} \wedge \|\Phi_2\|_{HS};$

$\|\Phi_1 \vee \Phi_2\|_{HS} = \|\Phi_1\|_{HS} \vee \|\Phi_2\|_{HS};$

$\|\Phi_1 \to \Phi_2\|_{HS} = \|\Phi_1\|_{HS} \to \|\Phi_2\|_{HS};$

$\|\exists x \Phi\|_{HS} = \sum \{\|\Phi(x)\|_{HS} : x \in HS\};$

$\|\forall x \Phi\|_{HS} = \prod \{\|\Phi(x)\|_{HS} : x \in HS\}。$

引理 6.7　设 Φ 为一公式,$x_1, \cdots, x_n \in HS$。则
$N \vDash \Phi(i(x_1), \cdots, i(x_n))$ 当且仅当 $\|\Phi(x_1, \cdots, x_n)\|_{HS} \in G$。

证明: 仿照定理 2.7 的证明。　　　　　　　　　　□

引理 6.8　设 π 为 B 的自同构,Φ 为公式,$x_1, \cdots, x_n \in HS$,则

$$\|\Phi(\pi(x_1), \cdots, \pi(x_n))\|_{HS} = \pi(\|\Phi(x_1, \cdots, x_n)\|_{HS})。$$

证明: 归纳于 Φ 的复杂性容易证明。　　　　　　□

定理 6.9　N 是 ZF 系统的传递模型。

证明: (1)由 HS 的定义知,如果 $x \in HS$,则 $\mathrm{dom}(x) \subseteq HS$。由此可证明 N 是传递的。又因 $N \supseteq M$,故 N 满足外延公理、空集公理和无穷公理。

(2)设 Φ 为一公式,$X \in N$。令

$$Y = \{x \in X : N \models \Phi(x)\}_{\circ}$$

设 $\tilde{X}$ 是 X 的名字且 $\tilde{X} \in HS$。今定义 $\tilde{Y} \in M^B$ 如下：

$$\mathrm{dom}(\tilde{Y}) = \mathrm{dom}(\tilde{X}), \tilde{Y}(t) = \tilde{X}(t) \wedge \|\Phi(t)\|_{HS \circ}$$

不难验证 $i(\tilde{Y}) = Y$。下证 $\tilde{Y} \in HS$。只需证 $\tilde{Y}$ 是对称的（因 $\mathrm{dom}(\tilde{Y}) = \mathrm{dom}(\tilde{X}) \subseteq HS$）。因为 $\mathrm{sym}(\tilde{X}) \in HAF$，所以只需证 $\mathrm{sym}(\tilde{Y}) \supseteq \mathrm{sym}(\tilde{X})$。设 $\pi \in \mathrm{sym}(\tilde{X})$，则 $\pi(\tilde{X}) = \tilde{X}$。从而对每一 $t \in \mathrm{dom}(\tilde{X})$ 都有

$$\pi(t) \in \mathrm{dom}(\pi(\tilde{X})) = \mathrm{dom}(\tilde{X}),$$

且有

$$\tilde{X}(\pi(t)) = \pi(\tilde{X})(\pi(t)) = \pi(\tilde{X}(t)),$$
$$\|\Phi(\pi(t))\|_{HS} = \pi(\|\Phi(t)\|_{HS})_{\circ}$$

故有

$$\begin{aligned}
\tilde{Y}(\pi(t)) &= \tilde{X}(\pi(t)) \wedge \|\Phi(\pi(t))\|_{HS} \\
&= \pi(\tilde{X}(t)) \wedge \pi(\|\Phi(t)\|_{HS}) \\
&= \pi(\tilde{X}(t) \wedge \|\Phi(t)\|_{HS}) \\
&= \pi(\tilde{Y}(t)) = \pi(\tilde{Y})(\pi(t))_{\circ}
\end{aligned}$$

从而 $\pi(\tilde{Y}) = \tilde{Y}, Y \in N$。于是分离公理在 N 中成立。

（3）设 $X \in N$ 且设 $\tilde{X} \in HS$ 为 X 的名字。令

$$S = \bigcup \{\mathrm{dom}(y) : y \in \mathrm{dom}(\tilde{X})\}_{\circ}$$

如果 $\pi \in \operatorname{sym}(\tilde{X})$，则容易验证 $\pi[S] = \{\pi(s) : s \in S\} = S$。令

$$Y = \{i(s) : s \in S\}。$$

显然 $Y \supseteq \bigcup X$。今定义 $\tilde{Y}$ 如下：

$$\operatorname{dom}(\tilde{Y}) = S, \tilde{Y}(s) = 1。$$

不难看出，$\tilde{Y} \in HS$。从而 $Y \in N$。再由分离公理知，并集公理在 N 中成立。同样可证，N 满足无序对公理和幂集公理。

（4）最后证明替换公理在 N 中成立。设 $\Phi(u, v)$ 为公式，$X \in N$，且设对任意 $u \in X$ 都有

$$N \models \exists v \Phi(u, v)。$$

设 $\tilde{X} \in HS$ 为 X 的名字。在 M 中，对每一 $\tilde{u} \in \operatorname{dom}(\tilde{X})$，存在 $S_{\tilde{u}} \subseteq HS$ 使

$$\sum \{\|\Phi(\tilde{u}, \tilde{v})\|_{HS} : \tilde{v} \in S_{\tilde{u}}\} = \sum \{\|\Phi(\tilde{u}, \tilde{v})\|_{HS} : \tilde{v} \in S_{\tilde{u}}\}。$$

令 $S = \bigcup \{S_{\tilde{u}} : \tilde{u} \in \operatorname{dom}(\tilde{X})\}$，$Y = \{i(\tilde{v}) : \tilde{v} \in S\}$。不难看出，对任意 $u \in X$，都存在 $\tilde{v} \in S$ 使得 $N \models \Phi(u, i(\tilde{v}))$。从而对任意 $u \in X$ 有

$$\exists v \in Y (N \models \Phi(u, v))。$$

今定义 $\tilde{Y}$ 如下：

$$\operatorname{dom}(\tilde{Y}) = S, \tilde{Y}(\tilde{v}) = 1。$$

不难验证 $\tilde{Y} \in HS$ 且 $i(\tilde{Y}) = Y$。从而 $Y \in N$。于是对任意 $u \in X$，有

$$N \models \exists v \Phi(u,v) \rightarrow \exists v \in Y \Phi(u,v),$$

即替换公理成立。　　　　　　　　　　　　　　　　　　　□

5.7　对称子模型的例子

例 7.1　设 M 为 ZFC 的传递模型。在 M 中定义

$$P = \{p : p \text{ 是 } \omega \times \omega \text{ 到 } \{0,1\} \text{ 内的函数且 } p \text{ 有穷}\}。$$

且定义 P 上的偏序 $\leqslant$ 为反包含关系。令 $B = \mathrm{RO}(P)$。设 G 为 B 上的 M–脱殊滤子。在 $M[G]$ 中工作,对每一 $n \in \omega$,令

$$a_n = \{m \in \omega : \exists p \in G(p(n,m) = 1)\},$$

且令 $A = \{a_n : n \in \omega\}$。

今定义 a_n, A 的名字 $\tilde{a}_n, \tilde{A}$ 如下:

$\mathrm{dom}(\tilde{a}_n) = \{\hat{m} : m \in \omega\}$,

$\tilde{a}_n(\hat{m}) = \sum \{p \in P : p(m,n) = 1\}, (n \in \omega)$;

$\mathrm{dom}(\tilde{A}) = \{\tilde{a}_n : n \in \omega\}$,

$\tilde{A}(\tilde{a}_n) = 1, (n \in \omega)$。

引理 7.1.1　如果 $n \neq k$,则 $\|\tilde{a}_n = \tilde{a}_k\| = 0$。

证明:对任意 $p \in P$,总存在 $q \leqslant p$ 及 $l \in \omega$ 使得 $q(n,l) = 1$ 而 $q(k, l) = 0$。　　　　　　　　　　　　　　　　　　　□

设 π 为 ω 的置换,则由 π 可按如下方式定义 P 的自同构(仍记为 π)。对任意 $p \in P$,定义 $\pi(p)$ 如下:

$$\mathrm{dom}(\pi(p)) = \{\langle \pi(n), m \rangle : \langle n, m \rangle \in \mathrm{dom}(p)\}$$
$$\pi(p)(\pi(n), m) = p(n, m)。$$

从而 ω 的置换可以诱导出 $B = \mathrm{RO}(P)$ 上的自同构（仍记为 π）。令 HAG 为所有这些自同构组成的群。对 ω 的每个有穷子集 E，令

$$\mathrm{fix}(E) = \{\pi \in HAG : \forall n \in E(\pi(n) = n)\}。$$

设 HAF 是由 $\{\mathrm{fix}(E) : E \subseteq \omega \text{ 有穷}\}$ 生成的正规滤子。设 HS 为所有遗传对称名字组成的类，N 为相应的对称模型。

引理 7.1.2　$\tilde{a}_n \in HS, \tilde{A} \in HS, (n \in \omega)$。

证明：容易。　　　　　　　　　　　　　　　　　　　　　　$\square$

定理 7.1.3　在模型 N 中集合 A 不可良序，从而实数集不可良序。

证明：要证 A 在 N 中不可良序，只需证明 N 中不存在 ω 到 A 内的单射即可。假设不然，设 $f \in N$ 是 ω 到 A 内的单射，且设 $\tilde{f} \in HS$ 为 f 的名字，则必存在 $p_0 \in G$ 使得

$$p_0 \Vdash \tilde{f} \text{ 是 } \hat{\omega} \text{ 到 } \tilde{A} \text{ 内的单射}。$$

在 M 中工作，设 $E \subseteq \omega$ 为 $\tilde{f}$ 的支集（即 $\mathrm{sym}(\tilde{f}) \supseteq \mathrm{fix}(E)$）。因 E 有穷，故必存在 $p \leqslant p_0, n \in \omega$ 以及 $i \notin E$ 使得

$$p \Vdash \tilde{f}(\hat{n}) = \tilde{a}_i。$$

取满足如下条件的 $\pi \in HAG$：

(1) $\pi(p)$ 和 p 是相容的；

(2) $\pi \in \mathrm{fix}(E)$；

(3) $\pi(i) = j \neq i$；

（不难看出这样的 π 是存在的）从而有 $\pi(\tilde{f}) = \tilde{f}, \pi(\hat{n}) = \hat{n}$，且有

$$p \cup \pi(p) \Vdash \tilde{f}(\hat{n}) = \tilde{a}_i,$$
$$p \cup \pi(p) \Vdash \pi(\tilde{f}(\hat{n})) = \pi(\tilde{a}_i)。$$

由于

$$\pi(\tilde{f}(\hat{n})) = \pi(\tilde{f})(\pi(\hat{n})) = \tilde{f}(\hat{n}), \pi(\tilde{a}_i) = \tilde{a}_j,$$

所以有

$$p \cup \pi(p) \Vdash \tilde{f}(\hat{n}) = \tilde{a}_j,$$

矛盾。从而 A 在 N 中不可良序。 □

推论7.1.4　A 在 N 中没有可数无穷子集，从而 A 在 N 中是 D- 有穷的。

证明：设 A 在 N 中有可数子集，记为 A'，则存在 ω 到 A' 上的一一对应 f。从而 f 是 ω 到 A 内的单射，矛盾。 □

例7.2　在本例中我们将构造一个对称模型，其中存在一个集族 $\{p_n : n \in \omega\}$，它没有选择函数。设 M 是 ZFC 的传递模型，在 M 中定义

$$P = \{p : p \text{ 为 } (\{0,1\} \times \omega \times \omega) \times \omega \text{ 到 } \{0,1\} \text{ 的函数且 } p \text{ 有穷}\},$$

P 上的偏序 $\leqslant$ 为反包含关系。设 G 为 P 上的 M- 脱殊集。在 $M[G]$ 中令

$$a_{nm} = \{i \in \omega : \exists p \in G(p(0,n,m,i) = 1)\};$$
$$b_{nm} = \{i \in \omega : \exists p \in G(p(1,n,m,i) = 1)\};$$
$$a_n = \{a_{nm} : m \in \omega\};$$
$$b_n = \{b_{nm} : m \in \omega\},$$

对每一 n，再令

$$P_n = \{a_n, b_n\}\,。$$

下面我们定义 $a_{nm}, b_{nm}, a_n, b_n, p_n$ 的相应的名字 $\tilde{a}_{nm}, \tilde{b}_{nm}, \tilde{a}_n, \tilde{b}_n, \tilde{P}_n$ 分别为：

$$\mathrm{dom}(\tilde{a}_{nm}) = \mathrm{dom}(\tilde{b}_{nm}) = \{\hat{i} : i \in \omega\}\,;$$

$$\tilde{a}_{nm}(\hat{i}) = \sum \{p : p(0, n, m, i) = 1\}\,;$$

$$\tilde{b}_{nm}(\hat{i}) = \sum \{p : p(1, n, m, i) = 1\}\,;$$

$$\mathrm{dom}(\tilde{a}_n) = \{\tilde{a}_{nm} : m \in \omega\}\,;$$

$$\mathrm{dom}(\tilde{b}_n) = \{\tilde{b}_{nm} : m \in \omega\}\,;$$

$$\tilde{a}_n(\tilde{a}_{nm}) = 1\,;$$

$$\tilde{b}_n(\tilde{b}_{nm}) = 1\,;$$

$$\mathrm{dom}(\tilde{P}_n) = \{\tilde{a}_n, \tilde{b}_n\}\,;$$

$$\tilde{P}_n(\tilde{a}_n) = 1, \tilde{P}_n(\tilde{b}_n) = 1\,。$$

引理 7.2.1

（1）对任意 $n, m, k, l \in \omega$，$\|\tilde{a}_{nm} = \tilde{b}_{kl}\| = 0$。

（2）对任意 $n, m, n', m' \in \omega$，如果 $\langle n, m \rangle \neq \langle n', m' \rangle$，则

$$\|\tilde{a}_{nm} = \tilde{a}_{n'm'}\| = 0\,, \qquad \|\tilde{b}_{nm} = \tilde{b}_{n'm'}\| = 0\,。$$

（3）对任意 $n, n' \in \omega$，如果 $n \neq n'$，则

$$\|\tilde{a}_n = \tilde{a}_{n'}\| = 0\,, \qquad \|\tilde{b}_n = \tilde{b}_{n'}\| = 0\,。$$

证明：我们只证明（2）中的 $\|\tilde{a}_{nm} = \tilde{a}_{n'm'}\| = 0$，其他证明类似。

设 $\langle n, m \rangle \neq \langle n', m' \rangle$。如果存在 $p \in P$ 使得

$$p \Vdash \tilde{a}_{nm} = \tilde{a}_{n'm'}\,,$$

则取 k 使得 $\langle 0,n,m,k\rangle$ 和 $\langle 0,n',m',k\rangle$ 都不属于 $\mathrm{dom}(p)$，令

$$q = p \cup \{\langle\langle 0,n,m,k\rangle,0\rangle,\langle\langle 0,n',m',k\rangle,1\rangle\}。$$

则有 $q \Vdash \tilde{a}_{nm} = \tilde{a}_{n'm'}$。然而又有

$$q \Vdash (\hat{k} \notin \tilde{a}_{nm}) \wedge (\hat{k} \in \tilde{a}_{n'm'})。$$

矛盾。 $\qquad\qquad\qquad\qquad\qquad\qquad\qquad\square$

在本例中我们考虑满足如下条件的 $(\{0,1\}\times\omega\times\omega)$ 上的置换 π：如果 $\pi(\epsilon,n,m) = \pi(\epsilon,n',m')$，则

(1) $n = n'$；

(2) 对任意 $m\in\omega, \pi(\epsilon,n,m) = \langle\epsilon,n,m'\rangle$ 或者这对任意 $m\in\omega, \pi(\epsilon,n,m) = \langle 1-\epsilon,n,m'\rangle$。

同样，每个这样的置换 π 可按如下式子诱导出 P 上的一个自同构（从而诱导出 $B = \mathrm{RO}(P)$ 上的自同构）：

$$\pi(p)(\pi(\epsilon,n,m),i) = p(\epsilon,n,m,i)。$$

令 HAG 为所有这些自同构组成的群。根据 $\tilde{a}_{nm}, \tilde{b}_{nm}, \tilde{a}_n, \tilde{b}_n$ 及 $\tilde{P}_n$ 的定义我们发现，对任意 $\pi \in HAG$ 都有

$$\pi(\tilde{a}_{nm}) = \tilde{a}_{nm} \text{ 或 } \tilde{b}_{nm}；$$
$$\pi(\tilde{a}_n) = \tilde{a}_n \text{ 或 } \tilde{b}_n；$$
$$\pi(\tilde{P}_n) = \tilde{P}_n。$$

对 $\{0,1\}\times\omega\times\omega$ 的每一有穷子集 E，令 $\mathrm{fix}(E)$ 为集合

$$\{\pi \in HAG: 对任意\langle\epsilon,n,m\rangle\in E 都有 \pi(\epsilon,n,m)=\langle\epsilon,n,m\rangle\}。$$

且令 HAF 是由 $\{\mathrm{fix}(E): E 为\{0,1\}\times\omega\times\omega 的有穷子集\}$ 生成的正规滤子。设 HS 为所有遗传对称名字组成的类,N 为相应的对称模型。

引理 7.2.2 $\tilde{a}_{nm},\tilde{b}_{nm},\tilde{a}_n,\tilde{b}_n,\tilde{P}_n$ 都属于 $HS,(n,m\in\omega)$。

证明: 只证明 $\tilde{a}_{nm}\in HS$,其他证明类似。显然 $\mathrm{dom}(\tilde{a}_{nm})=\{\hat{i}: i\in\omega\}\subseteq HS$。故只证 $\tilde{a}_{nm}$ 是对称的。令 $E=\{\langle 0,n,m\rangle\}$,则当 $\pi\in\mathrm{fix}(E)$ 时有

$$\begin{aligned}
\pi(\tilde{a}_{nm})(\pi(\hat{i})) &= \pi(\tilde{a}_{nm}(\hat{i}))\\
&= \pi(\sum\{p: p(0,n,m,i)=1\})\\
&= \sum\{\pi(p): p(0,n,m,i)=1\}\\
&= \sum\{p: p(0,n,m,i)=1\}\\
&= \tilde{a}_{nm}(\hat{i})。
\end{aligned}$$

从而有 $\mathrm{sym}(\tilde{a}_{nm})\supseteq\mathrm{fix}(E)$,故 $\tilde{a}_{nm}$ 是对称的,从而 $\tilde{a}_{nm}\in HS$。 $\square$

引理 7.2.3 集合 $\{P_n: n\in\omega\}\in N$ 且在 N 中是可数的。

证明: 定义 $\tilde{f}$ 如下:

$$\mathrm{dom}(\tilde{f})=\{\langle\hat{n},\tilde{P}_n\rangle^B: n\in\omega\};$$
$$\tilde{f}(\langle\hat{n},\tilde{P}_n\rangle^B)=1。$$

显然 $i(\tilde{f})=\{\langle n,P_n\rangle: n\in\omega\}$。故我们只需证 $\tilde{f}\in HS$。由于 $\mathrm{dom}(\tilde{f})\subseteq HS$,故只需证 $\tilde{f}$ 是对称的。对任意 $\pi\in HAG$,由于对任意 $n\in\omega$,都有 $\pi(\tilde{P}_n)=\tilde{P}_n$,故有

$$\pi(\tilde{f})(\pi(\langle\hat{n},\tilde{P}_n\rangle^B))=\pi(\tilde{f}(\hat{n},\tilde{P}_n\rangle^B))=1=\tilde{f}(\langle\hat{n},\tilde{P}_n{}^B\rangle)。$$

从而对任意 $\pi \in HAG$ 都有 $\pi(\tilde{f}) = \tilde{f}$。于是，$\mathrm{sym}(\tilde{f}) = HAG$。从而 $\tilde{f}$ 是对称的。 □

定理 7.2.4 在 N 中不存在函数 f 使得对每一 $n \in \omega$ 都有 $f(n) \in P_n$。

证明： 设存在函数 $f \in N$ 使得对任意 $n \in \omega$ 都有 $f(n) \in P_n$。则设 $\tilde{f}$ 为 f 的名字。于是存在 $p_0 \in G$ 使得

$$p_0 \Vdash \forall n \in \hat{\omega}(\tilde{f}(n) \in \tilde{P}_n)\text{。}$$

设 $E \subseteq \{0,1\} \times \omega \times \omega$ 为 $\tilde{f}$ 的支集，即 $\mathrm{sym}(\tilde{f}) \supseteq \mathrm{fix}(E)$。取 $n \in \omega$ 使得对任意 ϵ, m 都有 $\langle \epsilon, n, m \rangle \notin E$（因 E 有穷，故这样的 n 存在）。从而存在 $p \leqslant p_0$ 使得 $p \Vdash \tilde{f}(\hat{n}) = \tilde{a}_n$。取充分大的 m_0 使得对任意 $m \geqslant m_0$ 及任意的 ϵ, i 都有 $\langle \epsilon, n, m, i \rangle \notin \mathrm{dom}(p)$。定义 $\{0,1\} \times \omega \times \omega$ 的一个置换 π 如下：

$$\pi(\epsilon, n', m) = \langle \epsilon, n', m \rangle \qquad \text{如果 } n' \neq n\text{；}$$

$$\pi(0, n, m) = \begin{cases} \langle 1, n, m + m_0 \rangle & \text{如果 } m < m_0\text{，} \\ \langle 1, n, m - m_0 \rangle & \text{如果 } m_0 \leqslant m \leqslant 2m_0\text{，} \\ \langle 1, n, m \rangle & \text{如果 } m > 2m_0\text{；} \end{cases}$$

$$\pi(1, n, m) = \begin{cases} \langle 0, n, m + m_0 \rangle & \text{如果 } m < m_0\text{，} \\ \langle 0, n, m - m_0 \rangle & \text{如果 } m_0 \leqslant m \leqslant 2m_0\text{，} \\ \langle 0, n, m \rangle & \text{如果 } m > 2m_0\text{。} \end{cases}$$

显然，$\pi \in HAG$ 且 $\pi(\tilde{a}_n) = (\tilde{b}_n)$。由于 n 不在 E 中出现，故 $\pi \in \mathrm{fix}(E)$。容易看出 $p, \pi(p)$ 相容，从而有 $\pi(\tilde{f}) = \tilde{f}, \pi(\hat{n}) = \hat{n}$。于是

$$p \cup \pi(p) \Vdash \tilde{f}(\hat{n}) = \tilde{a}_n, p \cup \pi(p) \Vdash \tilde{f}(\hat{n}) = \tilde{b}_n\text{，}$$

矛盾。从而定理得证。 □

例 7.3 我们将构造一个对称模型,在其中 ω_1 是奇异基数。

设 M 是 ZFC 的传递模型,在 M 中定义

$$P = \{p : p \text{ 为有穷函数且 } \mathrm{dom}(p) \subseteq \omega \times \omega$$
$$\text{且对任意} \langle n, i \rangle \in \mathrm{dom}(p) \text{都有} p(n, i) < \omega_n \}。$$

P 上的偏序 $\leqslant$ 定义为反包含关系 $\supseteq$。设 G 为 P 的 M – 脱殊集合。令 $f = \bigcup G$,则在 $M[G]$ 中 f 是 $\omega \times \omega$ 上的函数。对任意 $n \in \omega$,令 $f_n(i) = f(n, i)$,则每个 f_n 都是 ω 上的函数。

引理 7.3.1 每个 f_n 都是 ω 到 ω_n 上的函数。

证明:对任意 $\alpha < \omega_n$,令

$$D_\alpha = \{p : \text{存在} \langle n, i \rangle \in \mathrm{dom}(p) \text{使得} p(n, i) = \alpha\}。$$

对任意 $p_0 \in P$,取充分大的 i 使得 $\langle n, i \rangle \notin \mathrm{dom}(p_0)$,令 $p = p_0 \cup \{\langle \langle n, i \rangle, \alpha \rangle\}$。显然 $p \in D_\alpha$ 且 $p \leqslant p_0$。从而 D_α 是稠密的。从而 $G \cap D_\alpha$ 不空,故 $\alpha \in \mathrm{ran}(f_n)$。于是 $\mathrm{ran}(f_n) = \omega_n$。 □

在本例中,我们考虑满足 $\pi(n, i) = \langle n, j \rangle$ 的 $\omega \times \omega$ 上的置换 π。每个这样的置换可按如下方式诱导出 P 上的自同构(仍记为 π):

$$\mathrm{dom}(\pi(p)) = \{\pi(n, i) : \langle n, i \rangle \in \mathrm{dom}(p)\};$$
$$\pi(p)(\pi(n, i)) = p(\pi(n, i))。$$

令 HAG 为 P 的所有这些自同构组成的群。对每一 $n \in \omega$,令

$$H_n = \{\pi : \text{对任意} k \leqslant n \text{ 及任意 } i \in \omega \text{ 都有 } \pi(k, i) = \langle k, i \rangle\}。$$

再令 HAF 为由 $\{H_n : n \in \omega\}$ 生成的滤子。

引理 7.3.2 HAF 为 HAG 上的正规滤子。

证明:只需证明对任意置换 ρ 及任意 $n \in \omega$ 都有 $\rho H_n \rho^{-1} = H_n$。对

任意 $\pi \in H_n, k \leqslant n, i \in \omega$，有

$$\rho\pi\rho^{-1}(k,i) = \rho\pi(k,j) = \rho(k,j) = \langle k,i \rangle。$$

故 $\rho H_n \rho^{-1} \subseteq H_n$。另一方面，对任意 $\pi \in H_n$，必有 $\rho^{-1}\pi\rho \in H_n$，从而 $\rho\rho^{-1}\pi\rho\rho^{-1} = \pi \in \rho H_n \rho^{-1}$。故 $H_n \subseteq \rho H_n \rho^{-1}$。从而 $H_n = \rho H_n \rho^{-1}$。 □

设 HS 为遗传对称名字组成的类，N 为相应的对称模型。下面定义 f_n 的名字 $\tilde{f}_n$：

$$\mathrm{dom}(\tilde{f}_n) = \{\langle \hat{n},\hat{i} \rangle^B :\ ,n,i \in \omega\};$$
$$\tilde{f}_n(\langle \hat{n},\hat{i} \rangle^B) = \sum \{p : p(n,i) \in G\}。$$ □

引理 7.3.3 $\tilde{f}_n \in HS$，从而 $f_n \in N$。

证明：显然 $\mathrm{dom}(\tilde{f}_n) \subseteq HS$，因此只需证 $\tilde{f}_n$ 是对称的。对任意 $\pi \in H_n$ 及 $i \in \omega$，都有

$$
\begin{aligned}
\pi(\tilde{f}_n)(\pi(\langle \hat{n},\hat{i} \rangle^B)) &= \pi(\tilde{f}_n(\langle \hat{n},\hat{i} \rangle^B)) \\
&= \pi \sum (\{p : p(n,i) \in G\}) \\
&= \sum \{\pi(p) : p(n,i) \in G\} \\
&= \sum \{p : p(n,i) \in G\} = \tilde{f}_n(\langle \hat{n},\hat{i} \rangle^B)。
\end{aligned}
$$

故有 $\pi(\tilde{f}_n) = \tilde{f}_n$。从而 $\mathrm{sym}(\tilde{f}_n) \supseteq H_n$。于是 $\tilde{f}_n$ 是对称的。 □

由引理 7.3.3 知，每个 ω_n^M 在 N 中都是可数的，从而 $\omega_\omega^M \leqslant \omega_1^N$。如果我们能证明 ω_ω^M 在 N 中仍为基数，则必有 $\omega_\omega^M = \omega_1^N$。从而 ω_1 在 N 中为奇异基数。

引理 7.3.4 设 Φ 为一公式，且设 $\mathrm{sym}(x) \supseteq H_n$。如果 $p \Vdash \Phi(x)$，则 $p|n \Vdash \Phi$，其中 $p|n$ 为 p 在集合

$$\{\langle k,i\rangle : k\leqslant n \text{ 且 } \langle k,i\rangle \in \mathrm{dom}(p)\}$$

上的限制。

证明：如果 $p\,|\,n$ 不力迫 Φ，则必有 $q\leqslant p\,|\,n$ 使得 $q\Vdash\neg\,\Phi(x)$。取 i_0 充分大，使得对任意 $i\geqslant i_0$ 都有 $\langle k,i\rangle$ 不属于 $\mathrm{dom}(q)$。定义 π 如下：

$$\pi(k,i) = \begin{cases} \langle k,i\rangle, & \text{如果 } k\leqslant n; \\ \langle k,i+i_0\rangle, & \text{如果 } k>n。 \end{cases}$$

显然，$\pi\in H_n$ 且 $\pi(p)$ 与 p 相容。因为 $p\Vdash\Phi(x)$，故 $\pi(p)\Vdash\Phi(\pi(x))$。从而 $\pi(p)\Vdash\Phi(x)$。于是有

$$q\cup\,\pi(p)\Vdash\Phi(x)\wedge\neg\,\Phi(x),$$

矛盾。从而引理得证。 □

定理 7.3.5 ω_ω^M 在 N 中是基数。

证明：假设 ω_ω^M 在 N 中不是基数，由于 $\omega_\omega^M\leqslant\omega_1^N$，故 ω_ω^M 在 N 中可数。即有 ω 到 ω_ω^M 上的映射 $g\in N$。设 $g\in HS$ 为 $\tilde{g}$ 的名字。设 $p_0\in G$ 使得

$$p_0\Vdash\tilde{g} \text{ 是 } \hat{\omega} \text{ 到 } \hat{\omega}_\omega \text{ 上的映射。}$$

显然，必有一 n 使 $\mathrm{sym}(\tilde{g})\supseteq H_n$。根据引理 7.3.4，不妨设 $p_0\,|\,n=p_0$。下面我们证明，存在 $k\in\omega$ 及 P 的反链 W（即 W 中元素两两不相容）使得 $|W|\geqslant\omega_{n+1}$，且对每个 $p\in W$，$p\leqslant p_0$，且对任意 $p\in W$ 都存在 α_p 使 $p\Vdash\tilde{g}(\hat{k})=\hat{\alpha}_p$。

假设不然，对任意 k，设 W_k 为一极大反链满足对任意 $p\in W_k$，$p\leqslant p_0$，且对任意 $p\in W_k$ 都存在 α_p 使 $p\Vdash\tilde{g}(\hat{k})=\hat{\alpha}_p$。则必有 $|W_k|<\omega_{n+1}$。对每一 k，令 $U_k=\{\alpha_p:p\in W_k\}$，则 $|U_k|<\omega_{n+1}$。再令 $U=\bigcup\{U_k:k\in$

$\omega\}$。则必有 $|U| < \omega_{n+1}$（使用 M 中的选择公理）。从而有

$$p_0 \Vdash \tilde{g} \text{ 是 } \hat{\omega} \text{ 到 } \hat{U} \text{ 内的映射,}$$

矛盾。故存在 $k \in \omega$，以及 P 的反链 W 使得 $|W| \geqslant \omega_{n+1}$，且对每个 $p \in W, p \leqslant p_0$，且对任意 $p \in W$ 都存在序数 α_p 使 $p \Vdash \tilde{g}(\hat{k}) = \hat{\alpha}_p$。然而，这也是不可能的，因为 $\{p \upharpoonright n : p \in P\}$ 中总共才有 ω_n 个元素。故 ω_ω^M 在 N 中是基数。定理得证。 $\square$

推论 7.3.6 ω_1^N 在 N 中是奇异基数。

证明： 因为 $\omega_1^N = \omega_\omega^M$ 且因 ω_ω^M 在 M 中是奇异基数，故 ω_1^N 在 N 中也是奇异基数。 $\square$

推论 7.3.7 在 N 中存在可数多个可数集，它们的并却不可数。

证明： ω_n^M 在 N 中均可数，而 $\omega_\omega^M = \cup\{\omega_n^M : n \in \omega\}$ 在 N 中却不可数。 $\square$

例 7.4 在本例中我们将构造一个对称模型，在其中不存在 ω 上的非主超滤，从而素理想定理在其中不成立。

设 M 为 ZFC 的传递模型，在 M 中定义

$$P = \{p : p \text{ 为有穷函数且 } \mathrm{dom}(p) \in \omega \times \omega \text{ 且 } \mathrm{ran}(p) \subseteq \{0, 1\}\}。$$

定义 P 上的偏序 $\leqslant$ 为反包含关系。设 G 为 P 上的 M–脱殊集。对每一 $n \in \omega$ 令

$$a_n = \{m : \text{存在 } p \in G \text{ 使 } p(n, m) = 1\};$$
$$A = \{a_n : n \in \omega\}。$$

分别定义 a_n, A 的名字 $\tilde{a}_n, \tilde{A}$ 如下：

$$\mathrm{dom}(\tilde{a}_n) = \{\hat{m} : m \in \omega\};$$

$$\tilde{a}_n(\hat{m}) = \sum \{p : p(n,m) = 1\};$$

$$\mathrm{dom}(\tilde{A}) = \{\tilde{a}_n : n \in \omega\};$$

$$\tilde{A}(\tilde{a}_n) = 1。$$

对每一 $X \in \omega \times \omega$,可按如下方式诱导出 P 上的一个自同构(记为 σ_X):

$$\sigma_X(p)(n,m) = \begin{cases} p(n,m) & \text{如果} \langle n,m \rangle \notin X; \\ 1-p(n,m) & \text{如果} \langle n,m \rangle \in X。 \end{cases}$$

令 HAG 为所有这些自同构组成的群。对 ω 的每一有穷子集 E,令

$$\mathrm{fix}(E) = \{\sigma_X : X \cap (E \times \omega) \text{为空集}\}。$$

再令 HAF 为由 $\{\mathrm{fix}(E) : E \subseteq \omega \text{ 有穷}\}$ 生成的滤子。容易验证 HAF 为正规滤子。令 HS 为所有遗传对称名字组成的类,N 为相应的对称模型。与前几例类似,可以证明 $\tilde{a}_n, \tilde{A}$ 都属于 HS,从而 $a_n, A \in N$。

定理 7.4.1 在 N 中不存在 ω 上的非主超滤子。

证明: 设 $D \in N$ 为 ω 上的超滤子,下面我们证明 D 为主超滤子。设 $\tilde{D}$ 为 D 的名字,且设 $p \in G$ 满足

$$p \Vdash \tilde{D} \text{ 为 } \hat{\omega} \text{ 上的超滤子}。$$

再设 E 为 ω 的有穷子集使得 $\mathrm{sym}(\tilde{D}) \supseteq \mathrm{fix}(E)$。因为 E 有穷,故取 $n \notin E$。从而存在 $q \leqslant p, q \in G$ 使得

$$q \Vdash \tilde{a}_n \in \tilde{D} \text{ 或者 } q \Vdash \neg(\tilde{a}_n \in \tilde{D})。$$

不妨设 $q \Vdash a_n \in \tilde{D}$(另一种情况的证明类似)。

取 m_0 充分大使得对任意 $m \geq m_0$，$\langle n, m \rangle \notin \mathrm{dom}(q)$。令 $X = \{\langle n, m \rangle : m \geq m_0\}$。设 $\tilde{b}_n = \sigma_X(\tilde{a}_n)$，$b_n = i(\tilde{b}_n)$。根据 σ_X 的定义不难看出，对任意 $m \geq m_0$，都有 $\|\hat{m} \in \tilde{b}_n\| = \|\hat{m} \in \tilde{a}_n\|^{-1}$。由此可知，$a_n \cap b_n \subseteq m_0$，从而 $a_n \cap b_n$ 是有穷的。又可以看出，$\sigma_X(q) = q$，$\sigma_X \in \mathrm{fix}(E)$（从而 $\sigma_X(\tilde{D}) = \tilde{D}$），$\sigma_X(q) \Vdash \sigma_X(\tilde{a}_n) \in \sigma_X(\tilde{D})$，即 $q \Vdash \tilde{b}_n \in \tilde{D}$。于是 $a_n, b_n \in D$，$a_n \cap b_n \in D$。故 D 为主超滤子。

本节的四个例子，不同程度地破坏了选择公理，因而选择公理相对于 ZF 系统是独立的。

5.8 线序原则(OP)推不出选择公理

在第二章中，我们曾给出了选择公理的几个弱形式，如素理想定理。要证明素理想定理确实比选择公理弱，我们必须找一个模型使得在其中素理想定理成立，而选择公理不成立。实际上哈尔佩恩(Halpern)和勒维于 1971 年证明了，在例 7.1 中的对称模型 N 中，素理想定理成立。而这个证明使用了很多技巧，非常复杂。我们只证明在例 7.1 中的对称模型 N 中每个集合均可线序，从而线序原则(OP)推不出选择公理。

设 M 为一传递模型，N 为例 7.1 中的对称子模型。$a_n, A, \tilde{a}_n, \tilde{A}$ 也分别如例 7.1。为证明方便，不妨设 M 是 N 的一个类（即存在一公式 $\Phi(x)$ 使得 $M = \{x : N \models \Phi(x)\}$，例如不妨设 $M = L$。设 C 为 HS 的一个类，令

$$\mathrm{sym}(C) = \{\pi \in HAG : \pi[C] = C\}。$$

如果 $\mathrm{sym}(C) \in HAF$，则称 C 为对称类。我们还假设 C 的解释

$$i(C) = \{i(x) : x \in C\}$$

也是 N 的一个类。

设 $\tilde{x} \subseteq HS, e$ 为 ω 的有穷子集,如果

$$\operatorname{sym}(x) \supseteq \operatorname{fix}(e) = \{\pi \in HAG : \text{对任意 } n \in e, \pi(n) = n\},$$

则称 e 为 $\tilde{x}$ 的一个支集(或者称 e 支持 $\tilde{x}$)。

设 $E \subseteq A$ 为有穷集,定义 E 的一个名字 $\tilde{E}$ 为

$$\operatorname{dom}(\tilde{E}) = \{\tilde{a}_n : a_n \in E\}, \tilde{E}(\tilde{a}_n) = 1。$$

显然 $\tilde{E} \in HS$。设 $\tilde{x} \in HS, E = \{a_{n_1}, \cdots, a_{n_k}\}$。如果 $\{n_1, \cdots, n_k\}$ 为 x 的支集,则也称 $\tilde{E}$ 是 $\tilde{x}$ 的支集。令

$$\tilde{\Delta} = \{\langle \tilde{E}, \tilde{x}\rangle^B : \tilde{E} \text{ 是 } \tilde{x} \text{ 的支集}\}。$$

不难看出,$\tilde{\Delta}$ 是 HS 的一个对称类。从而 $\tilde{\Delta}$ 的解释是 N 的一个类。如果 $\tilde{\Delta}(E, x)$ 成立,则称 E 为 x 的支集(这是在 N 中定义的)。

设 p 为力迫条件,即 p 为一有穷函数且 $\operatorname{dom}(p) \subseteq \omega \times \omega, \operatorname{ran}(p) \subseteq \{0, 1\}$。再设 e 为 ω 的有穷子集,令

$$p \mid e = p \text{ 在 } e \times \omega \text{ 上的限制}。$$

显然 $p \mid e \subseteq p$。设 $u \in B$(这里 $B = \operatorname{RO}(P)$),令

$$u \mid e = \sum \{p \mid e : p \leqslant u\}。$$

同样有 $u \mid e \geqslant u$。再令

$$B_e = \{u \mid e : u \in B\}。$$

不难验证,B_e 是 B 的一个完备的子布尔代数。

引理 8.1　设 $\Phi(x_1, \cdots, x_n)$ 为一公式。如果 $\tilde{x}_1, \cdots, \tilde{x}_n \in HS, e$ 是 $\tilde{x}_1, \cdots, \tilde{x}_n$ 的支集,则对任意力迫条件 p 都有

$$\text{若 } p \Vdash \Phi(\tilde{x}_1, \cdots, \tilde{x}_n), \text{则 } p \mid e \Vdash \Phi(\tilde{x}_1, \cdots, \tilde{x}_n)。$$

于是 $\|\Phi(\tilde{x}_1, \cdots, \tilde{x}_n)\| \in B_e$。

证明: 只需证明不存在 $q \leqslant p \mid e$ 使得 $q \Vdash \neg \Phi(\tilde{x}_1, \cdots, \tilde{x}_n)$。任取 $q \leqslant p \mid e$。设 e_1, e_2 为 ω 的两个有穷子集满足 $\mathrm{dom}(p) \in e_1 \times \omega, \mathrm{dom}(q) \subseteq e_2 \times \omega$。令 $i_0 = \max(e_2) + 1$。定义 ω 的一个置换 π 如下:

$$\pi(n) = n, \qquad \text{如果 } n \in e;$$
$$\pi(n) = n, \qquad \text{如果 } n \notin e_1;$$
$$\pi(n) = n + i_0, \qquad \text{如果 } n \in e_1 \text{ 且 } n < i_0;$$
$$\pi(n) = 2i_0 - n, \qquad \text{如果 } n \in e_1 \text{ 且 } i_0 \leqslant n \leqslant 2i_0;$$
$$\pi(n) = n, \qquad \text{如果 } n \geqslant 2i_0。$$

不难看出 $e_1 \cap \pi[e_2] = e$ 且 $\pi \in \mathrm{fix}(E)$ 且 p 和 $\pi(q)$ 相容。如果

$$q \Vdash \neg \Phi(\tilde{x}_1, \cdots, \tilde{x}_n),$$

则有

$$p \cup \pi(q) \Vdash \Phi(\tilde{x}_1, \cdots, \tilde{x}_n), p \cup \pi(q) \Vdash \neg \Phi(\tilde{x}_1, \cdots, \tilde{x}_n)。$$

从而有

$$p \cup \pi(q) \Vdash \Phi(\tilde{x}_1, \cdots, \tilde{x}_n) \wedge \neg \Phi(\tilde{x}_1, \cdots, \tilde{x}_n)$$

矛盾。引理得证。　　　　　　　　　　　　　　　　　　　　　　□

引理8.2　设 $x \in HS$，e_1, e_2 是 $\tilde{x}$ 的支集，则 $e_1 \bigcap e_2$ 也是 $\tilde{x}$ 的支集。从而 $\tilde{x}$ 有最小支集。

证明：不妨设 e_1, e_2 中的元素个数相等。令 $e = e_1 \cap e_2$。设 $n_{11}, \cdots,$ n_{1k} 为 e_1 中不属于 e 的元素，$n_{21}, \cdots, n_{2k}$ 为 e_2 中不属于 e 的元素。设 $\pi \in$ $\mathrm{fix}(e)$。定义 $\pi_1 \in \mathrm{fix}(e_1)$，$\pi_2 \in \mathrm{fix}(e_2)$ 满足如下条件：

$$\pi_1(n) = n, \qquad\qquad 如果 \ n \in e_1；$$
$$\pi_1(n_{2i}) = \pi(n_{2i}), \qquad 如果 \ i = 1, \cdots, k；$$
$$\pi_2(n) = n, \qquad\qquad 如果 \ n \in e_2；$$
$$\pi_2(n_{1i}) = \pi_1^{-1}(\pi(n_{1i})), \qquad 如果 \ i = 1, \cdots, k；$$
$$\pi_2(n) = \pi_1^{-1}(\pi(n)), \qquad 如果 \ n \notin e_1 \cup e_2。$$

显然有 $\pi = \pi_1 \pi_2$。于是

$$\pi(\tilde{x}) = \pi_1 \pi_2(\tilde{x}) = \tilde{x}。$$

故 e 是 $\tilde{x}$ 的支集。引理得证。　　　　　　　　　　　　　　□

对任意 $\tilde{w} \in HS$，令

$$s(\tilde{w}) = \tilde{w} \ 的最小支集。$$

则对任意 $\pi \in HAG$ 有

$$s(\pi(\tilde{w})) = \pi[s(\tilde{w})]。$$

设 p 为一力迫条件，令

$$s(p) = \{n \in \omega : 存在 \ m \in \omega \ 使 \langle n, m \rangle \in \mathrm{dom}(p)\}。$$

引理8.3　设 $\tilde{w}\in HS$, $e=s(\tilde{w})$, $\pi,\rho\in HAG$。如果 $\pi\,|\,e=\rho\,|\,e$,则 $\pi(\tilde{w})=\rho(\tilde{w})$。

证明：考虑置换 $\rho^{-1}\pi$。对任意 $n\in e$ 有

$$\rho^{-1}\pi(n)=\rho^{-1}(\pi(n))=n。$$

从而 $\rho^{-1}\pi\in\mathrm{fix}(e)$, $\rho^{-1}\pi(\tilde{w})=\tilde{w}$。于是 $\pi(\tilde{w})=\rho(\tilde{w})$。　□

引理8.4　设 $\tilde{x},\tilde{y}\in HS$, p 为力迫条件且 $p\Vdash\tilde{x}=\tilde{y}$。如果 e_1,e_2 为 ω 的两个有穷子集且 e_1 和 e_2 分别是 $\tilde{x}$ 和 $\tilde{y}$ 的支集。则存在 $\tilde{z}\in HS$使得 $e_1\cap e_2$ 是 $\tilde{z}$ 的支集且 $p\Vdash\tilde{x}=\tilde{z}$。

证明：不妨设 $e_1=s(\tilde{x})$, $e_2=s(\tilde{y})$,且设 $p\Vdash\tilde{x}=\tilde{y}$。显然 $e_1\cup e_2$ 是 $\tilde{x}$ 和 $\tilde{y}$ 的支集。根据引理8.1知, $p\,|\,(e_1\cup e_2)\Vdash\tilde{x}=\tilde{y}$。由此不妨设 $p=p\,|\,(e_1\cup e_2)$,即 $s(p)\subseteq e_1\cup e_2$。

我们的任务是寻找一 $\tilde{z}\in HS$使得 $s(\tilde{z})\subseteq e_1\cap e_2$ 且 $p\Vdash\tilde{x}=\tilde{z}$。任设 $\tilde{w}\in HS$。为书写方便,记 $e=s(\tilde{w})$, $e'=e_1\cap e_2$。对任意 $q\leqslant p$,若 $q\Vdash\tilde{w}\in\tilde{x}$,则有(应用引理8.1)

$$
\begin{aligned}
q &\Vdash\tilde{w}\in\tilde{x}\\
q &\Vdash\tilde{w}\in\tilde{y}\\
q\,|\,(e\cup e'\cup e_2) &\Vdash\tilde{w}\in\tilde{y}\\
p\cup(q\,|\,(e\cup e'\cup e_2)) &\Vdash\tilde{w}\in\tilde{x}\\
(p\cup(q\,|\,(e\cup e'\cup e_2)))\,|\,(e\cup e'\cup e_1) &\Vdash\tilde{w}\in\tilde{x}\\
p\cup(q\,|\,((e\cup e'\cup e_2)\cap(e\cup e'\cup e_1))) &\Vdash\tilde{w}\in\tilde{x}\\
p\cup(q\,|\,(e\cup e')) &\Vdash\tilde{w}\in\tilde{x}
\end{aligned}
\tag{8.1}
$$

同理可证,对任意的 $q\leqslant p$,如果 $q\Vdash\tilde{w}\notin\tilde{x}$,则有

$$p\cup(q\,|\,(e\cup e'))\Vdash\tilde{w}\notin x\tag{8.2}$$

从而有

$$p \wedge \| \tilde{w} \in \tilde{x} \| = p \wedge (\| \tilde{w} \in \tilde{x} \| \mid e) \text{。} \tag{8.3}$$

对满足 $\rho(\tilde{w}) < \rho(\tilde{x})$ 的每一 $\tilde{w}$,令

$$\sigma(\tilde{w}) = \{ \pi(\tilde{w}) : \pi \in \mathrm{fix}(e_1 \cap e_2) \} \text{,}$$

在每一 $\sigma(\tilde{w})$ 中,取一 $\tilde{w}$ 使得其支集 $e = s(\tilde{w})$ 满足

$$e \cap (e_1 \cup e_2) \subseteq e_1 \cap e_2 \text{。} \tag{8.4}$$

令

$$\tilde{z}(\tilde{w}) = \| \tilde{w} \in \tilde{x} \| \mid (e \cup e') \text{,} \tag{8.5}$$

且令

$$\tilde{z}(\pi(\tilde{w})) = \pi(\tilde{z}(\tilde{w})) \text{,} \tag{8.6}$$

其中 $\pi \in \mathrm{fix}(e_1 \cap e_2)$。不难验证 $\tilde{z}$ 的定义是合理的(即若 $\pi_1, \pi_2 \in \mathrm{fix}(e_1 \cap e_2)$ 且 $\pi_1(\tilde{w}) = \pi_2(\tilde{w})$,则 $\pi_1(\tilde{z}(\tilde{w})) = \pi_2(\tilde{z}(\tilde{w}))$)。从而对任意 $\pi \in \mathrm{fix}(e_1 \cap e_2)$,都有 $\pi(\tilde{z}) = \tilde{z}$,即 $e_1 \cap e_2$ 为 $\tilde{z}$ 的支集。下面验证 $p \Vdash \tilde{x} = \tilde{z}$。为此我们只需证明,对任意 $\tilde{v} \in HS$,若 $\rho(\tilde{v}) < \rho(\tilde{x})$,则有

$$p \wedge \| \tilde{v} \in \tilde{x} \| = p \wedge \tilde{z}(\| \tilde{v} \|) \text{。} \tag{8.7}$$

设 $e = s(\tilde{v})$。由(8.6)知存在 $\tilde{w} \in HS$ 及一置换 $\pi \in \mathrm{fix}(e_1 \cap e_2)$ 使得 $\tilde{v} = \tilde{w}, s(\tilde{w}) = \pi^{-1}(e)$ 与 $e_1 \cup e_2$ 的交包含在 $e_1 \cap e_2$ 中。从而

$$\tilde{z}(\tilde{v}) = \pi(\tilde{z}(\tilde{w})) = \pi(\|\tilde{w} \in \tilde{x}\| \,|\, (s(\tilde{w}) \cup e'))\, 。 \qquad (8.8)$$

因为 $\tilde{z}(\tilde{w}) \in B_{\pi^{-1}(e)\cup e'}$，故 $\pi(\tilde{z}(\tilde{w}))$ 仅依赖于 π 在 $\pi^{-1}(e) \cup e'$ 上的限制。同理，由于 $\pi^{-1}(e) = s(\tilde{w})$，$\pi(\tilde{w})$ 也仅依赖于 π 在 $\pi^{-1}(e) \cup e'$ 上的限制。于是我们不妨设

$$\pi \in \mathrm{fix}(e_1 \cup e_2 - e \cup (e_1 \cap e_2))\, 。 \qquad (8.9)$$

由 (8.8) 式知

$$
\begin{aligned}
p \wedge \tilde{z}(\tilde{v}) &= p \wedge \pi(\|\tilde{w} \in \tilde{x}\| \,|\, s(\tilde{w} \cup e')) \\
&= p \wedge (\|\pi(\tilde{w}) \in \pi(\tilde{x})\| \,|\, \pi(s(\tilde{w}) \cup e')) \\
&= p \wedge (\|\tilde{v} \in \pi(\tilde{x})\| \,|\, e \cup e')\, 。
\end{aligned}
$$

再由 (8.3) 式知

$$p \wedge \|\tilde{v} \in \tilde{x}\| = p \wedge (\|\tilde{v} \in \tilde{x}\| \,|\, e \cup e')\, ,$$

因此要证 (8.7) 式只需证

$$p \wedge (\|\tilde{v} \in \pi(\tilde{x})\| \,|\, e \cup e') = p \wedge (\|\tilde{v} \in \tilde{x}\| \,|\, e \cup e')\, 。 \qquad (8.10)$$

因为 $\|\tilde{v} \in \tilde{x}\| \,|\, e \cup e' \in B_{e\cup e'}$，故只需证，对任意 $q \leqslant p$，若 $s(q-p) \subseteq e \cup e'$，则

$$
\begin{aligned}
&(1)\text{如果 } q \Vdash \tilde{v} \in \tilde{x}，\text{则} \exists r \leqslant q (r \Vdash \tilde{v} \in \pi(\tilde{x}))；\\
&(2)\text{如果 } q \Vdash \tilde{v} \notin \tilde{x}，\text{则} \exists r \leqslant q (r \Vdash \tilde{v} \notin \pi(\tilde{x}))\, 。
\end{aligned} \qquad (8.11)
$$

下面我们证明 (8.11)(1)。设 $q \leqslant p$ 满足 $s(q-p) \subseteq e \cup e'$ 且 $q \Vdash \tilde{v} \in \tilde{x}$。

令 $\rho = \pi^{-1}$,则有

$$\rho \in \mathrm{fix}(e_1 \cup e_2 - e \cup e'), \rho[e \cap (e_1 \cup e_2)] \subseteq e_1 \cap e_2 \, 。 \quad (8.12)$$

注意到 $s(p) \subseteq e_1 \cup e_2$,知 p 与 $\rho(p)$ 相容。

取 $\sigma \in \mathrm{fix}(e_1 \cap e_2)$ 使得

$$\sigma \mid e_1 = \rho \mid e_1 \ \text{且} \ \sigma \in \mathrm{fix}(e_2) \, 。 \quad (8.13)$$

根据(8.12)式知,这样的 σ 是存在的。从而有 $\sigma(\tilde{x}) = \rho(\tilde{x}), \sigma(\tilde{y}) = \rho(\tilde{y})$ 且 $\sigma(p) \subseteq \rho(p) \cup p$。因 $p \Vdash \tilde{x} = \tilde{y}$,故有

$$\rho(p) \cup p \Vdash (\tilde{x} = \tilde{y}) \wedge (\sigma(\tilde{x}) = \sigma(\tilde{y})) \, 。$$

从而有

$$\rho(p) \cup p \Vdash \rho(\tilde{x}) = \tilde{x} \, 。 \quad (8.14)$$

再令 $r = \pi(\rho(q) \cup p) = q \cup \pi(p)$,则有

$$r \leqslant \pi(\rho(p)) \cup p \Vdash \pi(\rho(\tilde{x})) = \pi(\tilde{x}),$$

即 $r \Vdash \pi(\tilde{x}) = \tilde{x}$。又 $r \leqslant q$,故 $r \Vdash \tilde{v} \tilde{\in} \tilde{x}$。从而 $r \Vdash \tilde{v} \in \pi(\tilde{x})$。这就证明了(8.11)(1)。同理可证(8.11)(2)。引理证毕。 □

引理 8.5 N 中的每个元素 x 都有最小支集。

证明:设 E_1, E_2 为 x 的两个支集。则存在 $\tilde{x}, \tilde{y}$ 使得 $\tilde{E}_1$ 是 $\tilde{x}$ 的支集,$\tilde{E}_2$ 是 $\tilde{y}$ 的支集,且 $i(\tilde{x}) = x, i(\tilde{y}) = y$。从而存在 $p \in G$ 使得 $p \Vdash \tilde{x} = \tilde{y}$。再由引理 8.4 知,$E_1 \cap E_2$ 为 x 的支集。 □

定义 8.6 称 $t \in N$ 为一匹配函数,如果 t 是一对一函数且 $\mathrm{dom}(t)$

为 ω 的一个有穷子集而 $\mathrm{ran}(t) \subseteq A$。

设 t 为一匹配函数，$\mathrm{dom}(t) = \{n_1, \cdots, n_k\}$，且设

$$t(n_1) = x_{i_1}, \ldots, t(n_k) = x_{i_k}\text{。}$$

设 $\tilde{x} \in HS$ 满足 $\{n_1, \cdots, n_k\} \supseteq s(\tilde{x})$。如果 π 是 ω 的置换且满足

$$\pi(n_1) = i_1, \cdots, \pi(n_k) = i_k, \tag{8.15}$$

则不难看出 $\pi(\tilde{x})$ 是惟一确定的（即如果 π_1, π_2 都满足 (8.15) 式，则 $\pi_1(\tilde{x}) = \pi_2(\tilde{x})$）。因此我们定义

$$e(t, \tilde{x}) = i(\pi(\tilde{x}))\text{。} \tag{8.16}$$

引理 8.7　函数 e 是 N 的一个类。

证明：设 t 为匹配函数，则可按如下方式定义 t 的一个名字 $\tilde{t}$：

$$\mathrm{dom}(\tilde{t}) = \{\langle \hat{n}, \tilde{x}_i \rangle^B : t(n) = i\}, \tilde{t}(\langle \hat{n}, \tilde{x}_i \rangle^B) = 1\text{。}$$

假设 $\{n_1, \cdots, n_k\} = \mathrm{dom}(t)$ 且设

$$t(n_1) = x_{i_1}, \cdots, t(n_k) = x_{i_k},$$

则有

$$\|\tilde{t}(\hat{n}_1) = \tilde{x}_{i_1}\| = 1, \cdots, \|\tilde{t}(\hat{n}_k) = \tilde{x}_{i_k}\| = 1\text{。}$$

再定义 $\tilde{e}$ 如下：

$$\mathrm{dom}(\tilde{e}) = \{\langle\langle\tilde{t},\hat{\tilde{x}}\rangle^B, \pi(\tilde{x})\rangle^B : t \text{ 为匹配函数}, \tilde{x} \in HS,$$
$$\pi \in HAG \text{ 满足}(8.15)\text{式}\}$$
$$\tilde{e}(\langle\langle\tilde{t},\hat{\tilde{x}}\rangle^B, \pi(\tilde{x})\rangle^B) = 1。$$

显然 $\tilde{e} \subseteq HS$ 为一类。不难验证,对任意的 $\rho \in HAG$,都有

$$\|\rho(\tilde{t})(\tilde{n}_j) = \tilde{x}_{\rho(i_j)}\| = 1;$$

$$\rho(\hat{\tilde{x}}) = \tilde{x};$$
$$\rho(\pi(\tilde{x})) = \rho\pi(\tilde{x});$$
$$\rho(\pi(n_j)) = \rho(i_j)。$$

从而可知 $\tilde{e}$ 为一个对称类。显然,$\tilde{e}$ 的解释就是函数 $e(t,x)$,进而函数 e 也是 N 的一个类。

定理8.8 在 N 中,存在 N 到 $I \times On$ 的一对一函数 F,其中 I 为 A 的所有有穷子集组成的集合。

证明:由引理8.7中的证明知,对任意匹配函数 t,及 $\tilde{x} \in HS$,若 $\mathrm{dom}(t) \supseteq s(\tilde{x})$,则总存在 $\pi \in HAG$ 使得 $i(\tilde{x}) = e(t, \pi(\tilde{x}))$。

对任意 $x \in N$,定义

$$F_1(x) = x \text{ 的最小支集}。$$

对任意 x,$F_1(x)$ 为有穷集,设其中的元素为 $x_{n_1}, \cdots, x_{n_k}$。定义匹配函数 t 为

$$t(1) = x_{n1}, \dots, t(k) = x_{nk}。$$

从而存在 $\tilde{y}$ 使得 $x = e(t, \tilde{y})$。

由于 M 为 N 的一个类(如 $M = L$),且 M 可被良序,从而 HS 可被良序。设 $f(\alpha)$ 为 On 到 HS 的一一对应,对任意 $x \in N$,令 $F_2(x)$ 为使得 $x =$

$e(t, f(\alpha))$ 的最小序数 α。从而函数

$$F(x) = \langle F_1(x), F_2(x) \rangle$$

就是 N 到 $I \times On$ 的一对一函数。 □

推论 8.9 N 可被线序，从而线序原则（OP）在 N 中成立。

证明： 在 N 中，因为 A 为实数集合，故 A 为一线序集。从而 A 的所有有穷子集组成的集合 I 可被线序。于是 $I \times On$ 在 N 中可被线序。再由引理 8.8 知，N 可被线序（该线序在 N 中是可定义的）。从而 N 满足线序原则。 □

5.9 嵌入定理

通过前面几节的例子，我们感觉到，对称模型与置换模型有一定的相似性（例如，例 7.1 中的集合 A 与置换模型中的原子集起着类似的作用）。事实正是如此，叶赫和索乔（A. Sochor）于 1966 年证明了，置换模型在某种程度上可以嵌入到对称模型中。

定理 9.1 设 U 为一置换模型，A 为原子集合，α 为 U 中的任意序数。则存在 ZF 的一个对称模型 N 以及 U 到 N 的嵌入映射 $x \to x^*$ 使得 $(P_\alpha(A))^U$ 与 $(P_\alpha(A^*))^N$ 在 $\in$ 关系下同构。

该定理的证明归结为下面四个引理（引理 9.2 至引理 9.5）。

我们在 ZFC 中工作，设 A 为原子集合，且设 $M = P_\infty(\varnothing)$。设 HAG 为 A 的置换群，HAF 为 HAG 上的正规滤子，U 为相应的置换模型。再设 α 为一序数。我们首先构造 M 的脱殊模型。

设 κ 为正则基数且 $\kappa > |P_\alpha(A)|$，定义

$$P = \{p : p \text{ 为函数且 } \mathrm{dom}(p) \subseteq (A \times \kappa) \times \kappa \text{ 且}$$
$$\mathrm{ran}(p) \subseteq \{0,1\} \text{ 且 } |p| < \kappa\}。$$

定义 P 上的偏序 $\le$ 为反包含关系。

设 G 为 P 上的 M – 脱殊滤子。对任意 $a \in A$ 及任意 $\xi < \kappa$，令

$$x_{a\xi} = \{\eta < \kappa : 存在 \; p \in G \; 使得 \; p(a, \xi, \eta) = 1\} 。$$

对每一个 $x_{a\xi}$ 定义它的一个名字 $\tilde{x}_{a\xi}$ 如下：

$$\mathrm{dom}(\tilde{x}_{a\xi}) = \{\hat{\eta} : \eta < \kappa\} ;$$
$$x_{a\xi}(\hat{\eta}) = \sum \{p \in P : p(a, \xi, \eta) = 1\} 。$$

对每一 $a \in A$ 令 $a^* = \{x_{a\xi} : \xi < \kappa\}$，且令 $A^* = \{a^* : a \in A\}$。
同样，我们可以定义 a^* 和 A^* 的名字 $\tilde{a}^*, \tilde{A}^*$ 如下：

$$\mathrm{dom}(\tilde{a}^*) = \{\tilde{x}_{a\xi} : \xi < \kappa\} ,$$
$$\tilde{a}^*(\tilde{x}_{a\xi}) = 1 ;$$
$$\mathrm{dom}(\tilde{A}^*) = \{\tilde{a}^* : a \in A\} ,$$
$$\tilde{A}^*(\tilde{a}^*) = 1 。$$

由于对于每一个 $a \in A$ 我们已定义了 a^*，所以对任意 $x \in P_\infty(A)$，我们可以归纳定义 $x^* \in M[G]$ 如下：

$$x^* = \{y^* : y \in x\} 。$$

同样我们可以定义 $\tilde{x}^*$ 为：

$$\mathrm{dom}(\tilde{x}^*) = \{\tilde{y}^* : y \in x\} ,$$
$$\tilde{x}^*(\tilde{y}^*) = 1 。$$

下面的引理证明了映射是关于属于关系的同构映射。

引理 9.2　对任意 $x, y \in P_\infty(A)$，都有

(1) $x \in y$ 当且仅当 $x^* \in y^*$；

(2) $x = y$ 当且仅当 $x^* = y^*$。

证明： 根据 $\tilde{x}^*$ 和 $\tilde{y}^*$ 的定义容易看出，若 $x \in y$，则 $\|\tilde{x}^* \in \tilde{y}^*\| = 1$，从而 $x^* \in y^*$。同样，如果 $x = y$，则 $\|\tilde{x}^* \in \tilde{y}^*\| = 1$，从而 $x^* \in y^*$。因而我们只需证明

$$x^* \in y^* \rightarrow x \in y \tag{9.1}$$

$$x^* \in y^* \rightarrow x = y \tag{9.2}$$

我们将归纳于 $P_\infty(A)$ 中的元素的秩来同时证明 (9.1) 和 (9.2)。首先注意到，当 $\langle a, \xi \rangle \neq \langle a', \xi' \rangle$ 时，$x_{a\xi} \neq x_{a'\xi'}$。从而对任意 $\langle a, \xi \rangle$，$x_{a\xi} \notin M$。进而当 $a, b \in A$ 且 $a \neq b$ 时，$a^* \neq b^*$。从而可以证明，对任意 $x \in P_\infty(A)$ 以及任意 $\langle a, \xi \rangle$，都有 $x^* \neq x_{a\xi}$。

下面证明 (9.1) 和 (9.2)。

设 $x^* \in y^*$，则 y^* 不能是某一 a^*，否则，x^* 就等于某一 $x_{a\xi}$，而这是不可能的。因此，必有一 $z \in y$ 使得 $x^* = z^*$，根据归纳假设得 $x = z$。从而有 $x \in y$。

设 $x \neq y$。如果 x, y 都是原子，则 $x^* \neq y^*$。如果 x, y 都不是原子，则不妨设存在 $z \in x$ 但 $z \notin y$。由归纳假设知，$z^* \in x^*$ 且 $z^* \notin y^*$，于是 $x^* \neq y^*$。　　　　　　□

下面我们来构造 $M[G]$ 的一个对称子模型 N。

对 A 的每一置换 ρ，令

$$[\rho] = \{\pi : \pi \text{ 是 } A \times \kappa \text{ 的置换且对任意 } a \in A, \xi < \kappa,$$
$$\text{存在 } \xi' \text{ 使得 } \pi(a, \xi) = \langle \rho(a), \xi' \rangle\}。$$

再令

$$HAG^* = \bigcup \{[\rho] : \rho \in HAG\}。$$

$A \times \kappa$ 的每个置换可按如下方式诱导出 P（从而 $B = \mathrm{RO}(P)$）上的自同构：

$$\pi(p)(\pi(a, \xi), \eta) = p(a, \xi, \eta)。 \qquad (9.3)$$

因此我们把 HAG^* 看成是 B 的自同构群。对于 HAG 的任意子群 H，令

$$H^* = \bigcup \{[\rho] : \rho \in H\}。$$

对 $A \times \kappa$ 的每一个有穷子集 e，令

$$\mathrm{fix}(e) = \{\pi \in HAG^* : \text{对任意 } x \in e, \text{有 } \pi(x) = x\}。$$

设 HAF^* 为由

$$\{H^* : H \in HAF\} \cup \{\mathrm{fix}(e) : e \text{ 为 } A \times \kappa \text{ 的有穷子集}\} \qquad (9.4)$$

生成的滤子，可以验证 HAF^* 为 HAG^* 的正规滤子。

设 HS 为所有遗传对称的名字组成的类，N 为相应的对称模型。由 HAF^* 的定义（(9.4)式）知，$\tilde{x}_{a\xi}, \tilde{a}^*, \tilde{A}^*$ 都属于 HS。从而 $x_{a\xi}, a^*, A^*$ 都属于 N。

引理 9.3 对任意 x，都有

$$x \in U \text{ 当且仅当 } \tilde{x}^* \in HS。$$

证明： 只需证明

$$\begin{aligned} &\mathrm{sym}(x) \in HAF \text{ 当且仅当} \\ &\mathrm{sym}^*(\tilde{x}^*) = \{\pi \in HAG^* : \pi(\tilde{x}^*) = \tilde{x}^*\} \in HAF^*。 \end{aligned} \qquad (9.5)$$

· 184 ·

如果 $\rho \in HAG$ 且 $\pi \in [\rho]$，则 $\widehat{\rho(x)}^{\,*} = \pi(\tilde{x}^{\,*})$。从而 $\text{sym}^*(\tilde{x}^{\,*}) = (\text{sym}(x))^*$。于是，由 HAF^* 的定义知，如果 $\text{sym}(x) \in HAF$，则 $\text{sym}^*(\tilde{x}^{\,*}) \in HAF^*$。另一方面，如果 $\text{sym}^*(\tilde{x}^{\,*}) \in HAF^*$，则存在 $H \in HAF$ 及 $A \times \kappa$ 的有穷子集 e 使得

$$\text{sym}^*(\tilde{x}^{\,*}) = (\text{sym}(x))^* \supseteq H^* \cap \text{fix}(e)。$$

令 E 为 e 在 A 上的投影，即 $E = \{a \in A : 存在 \xi 使 \langle a, \xi \rangle \in e\}$，则 $\text{sym}(x) \supseteq H \cap \text{fix}(E)$。从而 $\text{sym}(x) \in HAF$。　　　$\square$

引理 9.4　对任意 x 都有

$$x \in U \text{ 当且仅当 } x^* \in N。$$

证明：由引理 9.3 知，若 $x \in U$，则 $\tilde{x}^{\,*} \in HS$，从而 $x^* \in N$。因而只需证，$x^* \in N$ 蕴涵 $x \in U$。假设不然，设 x 为使得 $x^* \in N$ 但 $x \notin U$ 的秩最小的 x。从而 $x \subseteq U$。又因 $x^* \in N$，存在 $\tilde{z} \in HS$ 及 $p \in G$ 使得 $p \Vdash \tilde{z} = \tilde{x}^{\,*}$。由于 $\tilde{z} \in HS$，故存在 $H \in HAF$ 及 $A \times \kappa$ 的有穷子集 e 使 $\text{sym}(\tilde{z}) \supseteq H^* \cap \text{fix}(e)$。注意到 x 不是对称的，因此存在 $\rho \in H \cap \text{fix}(E)$ 使得 $\rho(x) \neq x$，其中 E 是 e 到 A 上的投影。又因 $|p| < \kappa$，故必有 $\gamma < \kappa$ 使得对任意 $a \in A, \xi \geq \gamma$ 都有 $\langle a, \xi \rangle \notin \text{dom}(p)$ 且 $\langle a, \xi \rangle \notin e$。下面定义 $\pi \in [\rho]$：

（1）如果 $a \in E$，则 $\pi(a, \xi) = \langle a, \xi \rangle, \xi < \kappa$；

（2）如果 $a \notin E$，则

$$\pi(a, \xi) = \begin{cases} \langle \rho(a), \gamma + \xi \rangle, & \gamma \leq \xi < 2\gamma \\ \langle \rho(a), \xi \rangle, & \xi < \gamma \\ \langle \rho(a), \xi \rangle, & \xi \geq 2\gamma。 \end{cases} \tag{9.6}$$

从而 ρ 和 π 满足如下条件：

$$(1)\, \pi(p)\, 和\, p\, 相容$$
$$(2)\, \pi \in H^{*} \cap \mathrm{fix}(e) \tag{9.7}$$
$$(3)\, \rho(x) = x$$

进而有 $\pi(\tilde{z}) = \tilde{z}$ 且 $\|\pi(\tilde{z}) = \tilde{x}\| = 0$。然而又有

$$\pi(p) \Vdash \pi(\tilde{z}) = \pi(\tilde{x}^{*}),$$

于是我们有

$$\pi(p) \cup p \Vdash \tilde{z} = \tilde{x}^{*} \, 且 \, \pi(p) \cup p \Vdash \tilde{z} = \pi(\tilde{x}^{*})。$$

矛盾,故引理得证。 □

引理 9.5 $((P_{\alpha}(A))^{U})^{*} = (P_{\alpha}(A^{*}))^{N}$。

证明:显然左边包含在右边中,因此只需证右边包含在左边中。我们采用归纳法证明。设 $x \in (P_{\alpha}(A)) \cap U, y \subseteq x^{*}, y \in N$。我们要证明存在 $z \in U$ 使 $y = z^{*}$。设 $\tilde{y} \in HS$ 为 y 的名字。注意到 P 是 κ – 闭的(即长度小于 κ 的力迫条件的递降序列具有下界),且 $|x| < \kappa$,可知存在 $p \in G$ 使得对任意 $t \in x, p$ 决定了 $\tilde{t}^{*} \in \tilde{y}$。令

$$z = \{t \in x : p \Vdash \tilde{t}^{*} \in \tilde{y}\},$$

显然有 $y = z^{*}$。因为 $z^{*} \in N$,由引理 9.4 知,$z \in U$。 □

通过比较第 5.5 节和第 5.7 节中的例子,我们发现,利用对称模型证明一些命题相对于 ZF 的独立性要比利用置换模型证明这些相对于 ZFA 的独立性复杂得多。嵌入定理使得我们能利用置换模型来证明一些命题相对于 ZF 的独立性。

设 $\Phi(X, \gamma)$ 为一公式,其中的量词为 $\exists u \in P_{\gamma}(X)$ 和 $\forall u \in P_{\gamma}(X)$。设 U 为一置换模型,且设

$$U \models \exists X \Phi(X, \gamma)。 \tag{9.8}$$

设 $X \in U$ 使得 $\Phi(X, \gamma)$。取使得 $P_\gamma(X) \subseteq P_\alpha(A)$ 的序数 α，由嵌入定理知，U 可嵌入到 ZF 的一个模型 N 中。由于 Φ 中的量词都受囿于 $P_\gamma(X)$，故有 $N \models \Phi(X, \gamma)$，从而有 $N \models \exists X \Phi(X, \gamma)$。因而，要证上述命题 $\exists X \Phi(X, \gamma)$ 相对于 ZF 的协调性，只需构造一个满足该命题的置换模型即可。

例9.6 设 M 是 ZFC 的传递模型，$\langle I, \leqslant \rangle$ 为 M 中的一个偏序集。我们要证明存在一个模型 $N \supseteq M$，其中存在一个集合 $\{S_i : i \in I\}$ 使得对任意 $i, j \in I$ 都有

$$i \leqslant j \text{ 当且仅当 } |S_i| \leqslant |S_j|。 \tag{9.9}$$

从而，如果 I 不是线序，则三歧性原则在 N 中不成立。因而，选择公理在 N 中不成立。

注意到我们的命题是形如(9.8)式中的 $\exists X \Phi(X, \gamma)$，所以只需构造一个满足(9.9)式的置换模型即可。

容易看出，映射 $i \mapsto \{j \in I : j \leqslant i\}$ 把 $\langle I, \leqslant \rangle$ 映射到偏序集 $\langle P(I), \subseteq \rangle$ 内。因此，只需构造一置换模型 U，其中存在

$$\{S_p : p \in P(I)\}$$

使得

$$p \subseteq q \text{ 当且仅当 } |S_p| \leqslant |S_q|。 \tag{9.10}$$

设 A 为原子集合，$|A| = |I| \cdot \omega$。设 $\{a_{in} : i \in I, n \in \omega\}$ 为 A 中元素的一个枚举。对每一 $p \in P(I)$，令 $S_p = \{a_{in} : i \in P, n \in \omega\}$。下面构造一置换模型 U 使得映射 $h : p \to S_p$ 属于 U，且 U 满足(9.10)式。令

$$HAG = \{\pi : \pi \text{ 为 } A \text{ 的置换},$$
$$\forall i \in I, \forall n \in \omega \exists m \in \omega (\pi(a_{in}) = a_{im})\}。$$

设 HAF 是由 $\{\text{fix}(E) : E \text{ 为 } A \text{ 的有穷子集}\}$ 生成的正规滤子。

设 U 为相应的置换模型。显然，每个 S_p 都属于 U，从而映射 $h : p \to S_p$ 也属于 U。如果 $p \subseteq q$，则 $S_p \subseteq S_q$，从而 $|S_p| \leq |S_q|$。余下来的只需证明，如果 $p \nsubseteq q$，则 $|S_p| \nleq |S_q|$。

设 $p \nsubseteq q, i \in p - q$。如果在 U 中有 $|S_p| \leq |S_q|$，则设 $g \in U$ 为 S_p 到 S_q 内的单射。设 E 为 g 的支集。由于 E 是有穷集，故可取 n, m 使得 $a_{in}, a_{im} \notin E$。设 π 为 A 的置换且满足

(1) $\pi(a_{in}) = a_{im}, \pi(a_{im}) = a_{in}$；
(2) 若 $a \neq a_{in}, a_{im}$，则 $\pi(a) = a$。

因为 $\pi \in \text{fix}(E)$，所以 $\pi(g) = g$。因为 $i \notin q$，故必有 $g(a_{in}) = a_{jk}$，其中 $i \neq j$。于是

$$g(a_{in}) = a_{jk} = \pi(a_{jk}) = \pi(g(a_{in})) = \pi(g)(\pi(a_{in})) = g(a_{im})。$$

于是 g 不是单射，矛盾。 □

5.10 脱殊模型的其他子模型

设 M 为 ZFC 的传递模型。在第四章第 4.6 节中，我们定义了 M 的子模型 $(\text{HOD})^M$ 和 $(\text{HOD}[A])^M$，它们都是 ZFC 的传递模型。下面我们定义 M 的另一种子模型。为方便起见，我们将省略上标 M。

设 $A \in M$，令

$$\mathrm{OD}(A) = \{X : \text{存在 } A \text{ 中的元素的有穷序列 } s \text{ 使得 } X \in \mathrm{OD}[A,s]\}。$$
$$(10.1)$$

其中

$$\mathrm{OD}[A,s] = \mathrm{cl}(\{V_\alpha : \alpha \in On\} \cup \{A,s\})。 \qquad (10.2)$$

容易看出,$X \in \mathrm{OD}(A)$ 当且仅当存在公式 Φ,序数 $\alpha_1,\cdots,\alpha_n$ 和 A 中元素的有穷序列 $\langle x_0,\cdots,x_k\rangle$ 使

$$X = \{u : \Phi(u,\alpha_1,\cdots,\alpha_n,A,\langle x_0,\cdots,x_k\rangle)\}。 \qquad (10.3)$$

我们称 $\mathrm{OD}(A)$ 中的元素为 A 上的序数可定义集合。令

$$\mathrm{HOD}(A) = \{X : \mathrm{TC}(\{X\}) \in \mathrm{OD}(A)\}。 \qquad (10.4)$$

称 $\mathrm{HOD}(A)$ 中的元素为 A 上的遗传序数可定义集合。

显然,$\mathrm{HOD}(A)$ 为一传递类,且关于哥德尔运算封闭。不难验证 $V_\alpha \cap \mathrm{HOD}(A) \in \mathrm{OD}(A)$,从而 $\mathrm{HOD}(A)$ 是几乎全的。所以,$\mathrm{HOD}(A)$ 是 ZF 的模型。与 HOD 和 $\mathrm{HOD}[A]$ 所不同的是,$\mathrm{HOD}(A)$ 未必满足选择公理。

例 10.1 设 M 为 ZFC 的传递模型(如 $M = L$)。偏序集 P 与例 7.1 中的偏序集相同,即

$$P = \{p : p \text{ 为有穷函数且 } \mathrm{dom}(p) \subseteq \omega \times \omega \text{ 且 } \mathrm{ran}(p) \subseteq \{0,1\}\}。$$

设 G 为 P 上的 M–脱殊集合。集合 $a_i, \tilde{a}_i, A, \tilde{A}$ 如例 7.1,令 $N = (\mathrm{HOD}(A))^{M[G]}$。

定理 10.1.1 N 中不存在一对一函数 $f : A \to On$。

证明: 假设 N 中存在一对一函数 $f : A \to On$。则存在 A 中元素的

有穷序列 $s = \langle x_0, \cdots, x_k \rangle$ 使得 $f \in \mathrm{OD}[A, s]$。由于 f 是一对一的，故 A 中的每一个元素都属于 $\mathrm{OD}[A, s]$。取 $x_0, \cdots, x_k$ 之外的元素 $a \in A$。因为 $a \in \mathrm{OD}[A, s]$，故有公式 Φ 及序数 $\alpha_1, \cdots, \alpha_k$ 使得

$$M[G] \models a \text{ 是满足 } \Phi(a, \alpha_1, \cdots, \alpha_n, s, A) \text{ 的惟一的元素}。 \quad (10.5)$$

下面我们从 (10.5) 式导出矛盾。

设 $\tilde{s}$ 为 s 的名字。再设 $a = a_i, x_0 = a_{i0}, \cdots, x_k = a_{ik}$。则存在 p_0 使得

$$p_0 \Vdash \Phi(\tilde{a}_i, \hat{\alpha}_1, \cdots, \hat{\alpha}_n, \tilde{s}, \tilde{A})。$$

取 $j \in \omega$ 使 $j \neq i$，且对任意 $m \in \omega, \langle j, m \rangle \notin \mathrm{dom}(p_0)$。设 π 为 ω 的置换，且 π 满足

(1) $\pi(i) = j, \pi(j) = i$;
(2) 若 $m \neq i, j$，则 $\pi(m) = m$。

则有

$$\pi(\tilde{a}_i) = \tilde{a}_j, \pi(\tilde{a}_j) = \tilde{a}_i,$$
$$\pi(\tilde{a}_m) = \tilde{a}_m, m \neq i, j,$$
$$\pi(\tilde{A}) = \tilde{A}, \pi(\tilde{s}) = \tilde{s}。$$

因为对任意 $m, \langle j, m \rangle \notin \mathrm{dom}(p_0)$，故 $\langle i, m \rangle \notin \mathrm{dom}(\pi(p_0))$。于是 p_0 和 $\pi(p_0)$ 相容。令 $q = p_0 \cup \pi(p_0)$，则有

$$q \Vdash \Phi(\tilde{a}_i, \hat{\alpha}_1, \cdots, \hat{\alpha}_n, \tilde{s}, \tilde{A});$$
$$q \Vdash \Phi(\tilde{a}_j, \hat{\alpha}_1, \cdots, \hat{\alpha}_n, \tilde{s}, \tilde{A})。$$

从而

$$q \Vdash \Phi(\tilde{a}_i, \hat{\alpha}_1, \cdots, \hat{\alpha}_n, \tilde{s}, \tilde{A}) \wedge \Phi(\tilde{a}_j, \hat{\alpha}_1, \cdots, \tilde{\alpha}_n, \tilde{s}, \tilde{A})。$$

又由引理 7.1.1 知，$q \Vdash \tilde{a}_i \neq \tilde{a}_j$。这与(10.5)式矛盾。 □

例 10.2 设 M 为 ZFC 的传递模型，令

$$P = \{p : p \text{ 为有穷函数且 } \mathrm{dom}(p) \subseteq \omega \times \omega_1 \text{ 且 } \mathrm{ran}(p) \subseteq \{0,1\}\}。$$

P 上的偏序仍为反包含关系。设 G 为 M – 脱殊集合，在 $M[G]$ 中令

$$\mathrm{DF} = \{X : \text{存在可数集 } Y \subseteq On \text{ 及公式 } \Phi \text{ 使 } X = \{u : \Phi(u, Y)\}\},$$
$$\mathrm{HDF} = \{x : \mathrm{TC}(\{x\}) \subseteq \mathrm{DF}\}。$$

容易验证 HDF 为 ZF 的传递模型。对任意 $\alpha < \omega_1$，令

$$a_\alpha = \{n : \text{存在 } p \in G \text{ 使 } p(n, \alpha) = 1\};$$
$$A = \{a_\alpha : \alpha \in \omega_1\}。$$

显然 $a_\alpha, A \in \mathrm{HDF}$。类似于定理 10.1.1 的证明，在 $N = \mathrm{HDF}$ 中 A 不可良序。从而选择公理在 N 中不成立。然而，我们可以证明依赖选择公理在 N 中成立。

引理 10.2.1 设 $f \in M[G]$。如果 f 是 ω 到 N 内的函数，则 $f \in N$。

证明：因为对每一 n，$f(n) \in N$，所以存在可数集 $S_n \subseteq On$ 使得 $f(n)$ 可以由 S_n 定义。从而 f 可由 $\langle S_0, S_1, \cdots \rangle$ 定义。然而，$\langle S_0, S_1, \cdots \rangle$ 可以配成序数的可数序列，所以 $f \in N$。 □

引理 10.2.2 依赖选择公理在 N 中成立。

证明：设 R 为一集合 B 上的关系，且设 R 满足 $\forall x \in B \exists y \in B(xRy)$。在 $M[G]$ 中存在序列 $f = \langle x_0, x_1, \cdots, \rangle$ 使得

$$x_0 R x_1 , x_1 R x_2 , \cdots$$

由引理 10.2.1 知，$f \in N$。从而 N 满足依赖选择公理。 □

注记 10.2.3 由引理 10.2.1 知，从 $M[G]$ 中看，N 关于可数序列是封闭的。因此必有 $C^{M[G]} \subseteq N$（注：$C^{M[G]}$ 代表 ω_1 – 可构成集类）。然而由于 $C^{M[G]}$ 也关于可数序列封闭（在 $M[G]$ 中），故 $M[G] \models (P(\omega))^N = (P(\omega))^C$。又由于 $P(\omega)$ 在 N 中不可良序，故它在 C 中也不可良序。于是 $V = C + \neg AC$ 是相对协调的。

5.11 没有选择公理的数学

我们首先考察没有选择公理时实数集的性质。在例 7.1 中，我们证明了命题：

$$\text{存在没有可数子集的无穷集合 } A \subseteq \mathbf{R} \tag{11.1}$$

是协调的（相对于 ZF 系统），其中，$\mathbf{R}$ 为全体实数集。下面给出命题 (11.1) 的几个推论。

推论 11.1 存在实数集 S 及一实数 $a \notin S$ 使得 a 属于 S 的闭包但不存在收敛于 a 的序列 $\{x_n : n \in \omega\} \subseteq S$。

证明：设 $D \subseteq \mathbf{R}$ 为无穷的 D – 有穷集。我们断言 D 有聚点。若不然，D 中每一点都是孤立点。设 $\{I_n : n \in \omega\}$ 为所有端点为有理数的开区间的枚举。对每一 $d \in D$，让 d 对应于使得 $I_n \cap D = \{d\}$ 的最小的 n。从而看出 D 是可数集，与 D 是 D – 有穷集矛盾。设 a 为 D 的聚点，令 $S = D - \{a\}$。由于 S 是 D – 有穷的，因此不存在收敛于 a 的 S 中元素的序列。 □

推论 11.2 存在函数 $f \subseteq \mathbf{R} \times \mathbf{R}$ 以及 $a \in \mathrm{dom}(f)$ 使得 f 在 a 点不连续，但是对任意序列 $\{x_n : n \in \omega\}$，如果 $\lim x_n = a$，则 $\lim f(x_n) =$

$f(a)$。

证明：设 S 和 a 如推论 11.1 的证明中的 S 和 a。定义函数 f 如下：

$$\{f(x) = \begin{cases} 1, & \text{如果 } x \in S; \\ 0, & \text{如果 } x \notin S。 \end{cases}$$

从而 $f(a) = 0$。对任何序列 $\{x_n : n \in \omega\}$，如果 $\lim x_n = a$，则必存在 n_0 使得 $\{x_n : n > n_0\} \cap S = \varnothing$（这是因为 S 是 D – 有穷集）。从而，如果 $\lim x_n = a$，则 $f(a) = \lim f(x_n)$。然而在邻域意义下，f 在 a 点是不连续的。　　　□

推论 11.3　存在集合 $T \subseteq \mathbf{R}$，它既不是闭集也不是有界集（即 T 不是紧集），但是 T 中元素的每一序列都有收敛子列。

证明：设 S 如推论 11.1 中的 S。我们可把区间 $(\inf(S), \sup(S))$ 保序映射到 $(-\infty, +\infty)$。设 T 为 S 在该保序映射下的象。显然 T 也是 D – 有穷的且 T 不是紧集。显然，T 中元素的序列中只有有穷多个不同点（因为 T 是 D – 有穷集）。因此有收敛子列。　　　□

推论 11.4　存在实数空间的不可分子空间。

证明：显然，每个无穷的 D – 有穷集都是不可分的。　　　□

定理 11.5　存在 ZF 系统的一个模型，其中全体实数集 $\mathbf{R}$ 可表示成可数多个可数子集的并。

证明：我们只给出证明思路。设 M 是 ZFC 的传递模型，且设 M 满足 GCH（广义连续统假设）。令

$$P = \{p : p \subseteq \bigcup \{\{n\} \times \omega \times \omega_n : n \in \omega\} \text{ 且 } p \text{ 有穷}\}。$$

P 上的偏序为反包含关系。设 G 为 P 上的 M – 脱殊集合，$M[G]$ 为相应的脱殊模型。令

$$HAG = \{\pi : \pi \text{ 是 } \omega \times \omega \text{ 的置换且 } \pi(n, i) = \langle n, j \rangle\}。$$

显然对每一 $\pi \in HAG$ 都存在 ω 的置换 π' 使

$$\pi(n,i) = \langle n, \pi'(i) \rangle 。$$

对每一 $n \in \omega$ 令

$$H_n = \{\pi \in HAG : \text{对任意 } k < n, \pi'(k) = k\} 。$$

令 HAF 是由 $\{H_n : n \in \omega\}$ 生成的正规滤子。设 N 为相应的对称模型。对每一 $n \in \omega$,令

$$B_n = \{u \in B : \text{对任意 } \pi \in H_n, \pi(u) = u\} ,$$

其中 $B = \mathrm{RO}(P)$。显然,每个 B_n 都是 B 的完备子集。可以证明,对任意 $n \in \omega$ 有

$$B_n = \{(\sum \{p : p \in S\}) : S \in P \text{ 且对任意 } p \in S, p = p \mid n\} ,$$

$$(11.2)$$

其中 $p \mid n = \{\langle k, i, \alpha \rangle \in p : k < n\}$。从而对 N 中的每个实数 x 都有满足下列条件的名字 $\tilde{x}$:

$$\mathrm{dom}(\tilde{x}) \subseteq \{\hat{m} : m \in \omega\} , \mathrm{ran}(\tilde{x}) \subseteq B_n 。 \qquad (11.3)$$

对每一 n,设 S_n 为所有满足(11.3)的名字组成的集合。定义 $\tilde{R}_n$ 如下:

$$\mathrm{dom}(\tilde{R}_n) = S_n, \tilde{R}_n(x) = 1 \quad (\tilde{x} \in S_n) 。$$

显然 $\tilde{R}_n \in HS$,从而函数 $n \to R_n$ 属于 N。同时有 $\mathbf{R} = \bigcup \{R_n : n \in \omega\}$。

余下的只需证每个 R_n 可数。不难发现 $|R_n| = (\omega_{n+1})^M$。与例 7.3 中的证明类似，可证每个 ω_n^M 可数。从而定理得证。　　　□

下面我们证明，代数学中的一些定理也离不开选择公理。

定理 11.6　存在 ZF 系统的模型，其中存在没有基的向量空间。

证明：根据嵌入定理，只需构造一个满足要求的置换模型即可。设 A 为原子集合，且 A 为可数无穷集。我们可以在 A 上赋予运算 $+$ 和 $\cdot$ 使得 A 成为有理数域上的无穷维的向量空间。设 HAG 为 A 的所有自同构组成的群。对 A 的每一个有穷子集 E，令

$$\mathrm{fix}(E) = \{\pi \in HAG：对任意 a \in E 有 \pi(a) = a\}。$$

令 HAF 是由 $\{\mathrm{fix}(E)：E 为 A 的有穷子集\}$ 生成的正规滤子。设 U 为相应的置换模型。下证 A 在 U 中没有基。

设 $B \in U$ 为 A 的线性无关子集。设 A 的有穷集 E 是 B 的支集，即 $\mathrm{sym}(B) \supseteq \mathrm{fix}(E)$。用 $[E]$ 表示由 E 生成的子空间。下证 B 是有穷集。假如不然，设 B 为无穷集。由于 $[E]$ 是有穷维空间，故存在 B 中的两个不同元素 x, y 使得 x, y 均不属于 $[E]$。设 $\pi \in \mathrm{fix}(E)$ 满足 $\pi(x) = x + y$（这样的 π 是存在的）。由于 $x \in B$，故 $\pi(x) \in B$，即 $x + y \in B$。然而由于 B 是线性无关集，故 $x + y \notin B$，矛盾。故 B 是有穷集。从而 A 在 U 中没有基。　　　□

定理 11.7　存在 ZF 系统的一个模型，其中存在一个自由群，它却有一个不是自由群的子群。

证明：根据嵌入定理，只需构造一个满足要求的置换模型即可。设 U 为例 5.8 中的置换模型（原子集 A 是可数集，HAG 是 A 的所有置换组成的群，HAF 是由 $\{\mathrm{fix}(E)：E \subseteq A 有穷\}$ 生成的正规滤子）。设 F 是以 A 中的元素作为生成子生成的自由群。则 F 中的元素可惟一地表示成如下形式：

$$a_1^{\pm 1} a_1^{\pm 2} \cdots a_n^{\pm 1},$$

其中 $a_i \in A$，且 a_i 与 a_i^{-1} 不相邻。设 C 是由 $\{xyx^{-1}y^{-1} : x, y \in F\}$ 生成的子群。下面证明 C 在 U 中不是自由群。

用反证法，假设 C 在 U 中是自由群，则设 $Q \in U$ 为 C 的生成子。从而存在 A 的有穷子集 $E \subseteq A$ 使 $\mathrm{sym}(Q) \supseteq \mathrm{fix}(E)$。设 $u, v \in A$ 但 $u, v \notin E$。令 π 是如下定义的 A 的置换：

$$\pi(u) = v, \pi(v) = u,$$
$$\pi(a) = a, a \neq u, v_{\circ}$$

注意，A 的每一置换都可诱导出 F 的一个自同构。让我们考察 C 中的元素 $c = uvu^{-1}v^{-1}$，c 可惟一地表示成如下形式：

$$c = q_1^{\epsilon_1} \cdots q_n^{\epsilon_n},$$

其中 $q_i \in Q, \epsilon_i \in \{1, -1\}$。由于

$$\pi(c) = \pi(uvu^{-1}v^{-1}) = \pi(u)\pi(v)\pi(u^{-1})\pi(v^{-1}) = vuv^{-1}u^{-1} = c^{-1},$$

故有

$$c^{-1} = \pi(q_1^{\epsilon_1}) \cdots \pi(q_n^{\epsilon_n}) = q_n^{-\epsilon_n} \cdots q_1^{-\epsilon_1}_{\circ}$$

从而有

$$\pi(q_1) = q_n, \cdots, \pi(q_n) = q_1,$$
$$\epsilon_1 = -\epsilon_n, \cdots, \epsilon_n = -\epsilon_1_{\circ}$$

从而可知 n 为偶数，设 $n = 2k$。则 $c = b\pi(b^{-1})$，其中

$$b = q_1^{\epsilon_1} \cdots q_k^{\epsilon_k}_{\circ} \tag{11.4}$$

由 $b \in F$ 知, b 可惟一地表示成

$$b = a_1^{\delta_1} \cdots a_m^{\delta_m} \qquad (11.5)$$

由 (11.4) 知 $b \in C$。再由 C 的定义知,每个 a_i 的所有指数的和为 0。于是由

$$c = uvu^{-1}v^{-1} = a_1^{\delta_1} \cdots a_m^{\delta_m}\pi(a_m^{\delta_m}) \cdots \pi(a_1^{\delta_1})$$

知 $m = 2$ 且

$$a_1 = u, a_2 = v, \delta_1 = \delta_2 = 1。$$

从而 $b = uv$。于是 b 中 u 的指数的和不为 0,矛盾。所以 C 不是自由群。 □

定理 11.8　存在 ZF 系统的一个模型,其中存在一个域,它没有代数闭包。

证明: 较为复杂,略去。 □

同样在拓扑学中,许多结论也离不开选择公理,例如:

定理 11.9　存在 ZF 系统的一个模型,在其中乌尔逊引理不成立。

证明: 略去。 □

第六章

大基数与选择公理

大基数在公理集合论(及有关学科)中占有极其重要的位置。所谓大基数,就是这样的基数,它的存在性能够推出 ZF 系统的协调性。定义大基数的方法很多,其中一个很重要的方法就是把 ω 的性质(其中有些性质需要选择公理)推广到更高层的基数上。例如,ω 是正则基数且满足 $\forall n < \omega(2^n < \omega)$;如果 κ 也是正则基数且满足 $\forall \lambda < \kappa(2^\lambda < \kappa)$,则称 κ 为不可达基数。设 κ 为不可达基数,则可以证明 V_κ 就是 ZF 系统的一个模型。

大基数的许多性质也需要选择公理。本章将致力于揭示选择公理在大基数理论中的作用。若不特别声明,本章中的工作都是在 ZF 系统中进行的。

6.1 不可达基数与玛洛基数

设 κ 为一基数,如果对任意基数 $\lambda < \kappa$,有 $\lambda^+ < \kappa$,则称 κ 为极限基数,其中 λ^+ 表示大于 λ 的第一个基数。如果 κ 既是正则基数又是极限基数,则称 κ 为弱不可达基数。

如果对任意基数 $\lambda < \kappa$ $(\kappa > \omega)$,都有 $2^\lambda < \kappa$,则称 κ 为强极限基数。如果 κ 既是正则基数又是强极限基数,则称 κ 是强不可达基数,简称不可达基数。

假设 GCH 成立,则弱不可达基数与不可达基数是等价的。

我们用 EI 表示命题:"存在不可达基数"。在 ZF 系统中工作我们有：

定理 1.1　如果 κ 是不可达基数,则 V_κ 是 ZF 系统的一个模型。

证明：除替换公理之外的其他公理的证明都是容易的,因此只证替换公理在 V_κ 中成立。

设 $\Phi(x,y)$ 为一公式且设

$$V_\kappa \models \forall x \exists ! y \Phi(x,y)。$$

设 $F(x)$ 是由 $\Phi(x,y)$ 定义的函数,即

$$y = F(x) \text{当且仅当} V_\kappa \models \Phi(x,y)。$$

任设 $X \in V_\kappa$,则 $|X| < |V_\kappa| = \kappa$。从而 $|F[X]| = |X| < \kappa$ 且 $F[X] \subseteq V_\kappa$。从而必有 $\alpha < \kappa$ 使得 $F[X] \subseteq V_\alpha$。于是 $F[X] \in V_\kappa$。故替换公理在 V_κ 中成立。 $\square$

引理 1.2　如果 κ 是不可达基数,则有：

(1) $V_\kappa \models \alpha$ 是序数当且仅当 α 是序数；

(2) $V_\kappa \models \lambda$ 是基数当且仅当 λ 是基数；

(3) $V_\kappa \models \lambda$ 是正则基数当且仅当 λ 是正则基数；

(4) $V_\kappa \models \lambda$ 是不可达基数当且仅当 λ 是不可达基数。

证明：留给读者。 $\square$

定理 1.3　EI 在 ZF 中是不可证的。

证明：设 κ 为最小的不可达基数,则由引理 1.2 知

$$V_\kappa \models \neg \text{EI}。$$

从而 V_κ 是 ZF + $\neg$EI 的模型。于是 EI 在 ZF 中不可证。 $\square$

定理 1.4　在 ZF 中,EI 相对于 ZF 的协调性也是不可证的。

证明：用反证法,假设在 ZF 中我们能够证明：

如果 ZF 协调则 ZF + EI 也协调。

设 ZF 是协调的,则 ZF + EI 也是协调的。由定理 1.1 知,在 ZF + EI 中可证明存在 ZF 的一个模型,从而在 ZF + EI 中可以证明 ZF 的协调性。同时,我们已假设 EI 相对于 ZF 的协调性在 ZF 中可证。从而 ZF + EI 的协调性在 ZF + EI 中可证。这与哥德尔第二不完性定理矛盾。 □

在引进玛洛基数之前,我们先给出两个概念。

定义 1.5 设 κ 为正则基数,$C \subseteq \kappa$。如果 C 满足如下条件:

(1) C 是无界集,即 $\forall \alpha < \kappa \exists \beta \in C(\alpha < \beta)$,

(2) C 是闭集,即 $\forall \alpha < \kappa(\cup(C \cap \alpha) = \alpha \to \alpha \in C)$,

则称 C 为 κ 的无界闭集。

设 $S \subseteq \kappa$。称 S 为 κ 的稳定子集,如果对任意无界闭集 C 都有 $S \cap C$ 不空。

引理 1.6 任意有穷多个无界闭集的交仍是无界闭集。

证明: 只需证任意两个无界闭集的交仍是无界闭集。设 C, D 为两个无界闭集,显然 $C \cap D$ 是闭集。下证 $C \cap D$ 是无界集。

任设 $\alpha_0 < \kappa$。我们的任务是证明存在 $\alpha \in C \cap D$ 使得 $\alpha > \alpha_0$。首先令 β_0 为使得 $\beta_0 > \alpha$ 且 $\beta_0 \in C$ 的最小的序数,令 γ_0 为使得 $\gamma_0 > \beta_0$ 且 $\gamma_0 \in D$ 的最小序数。设 β_n, γ_n 已定义,令 β_{n+1} 为使得 $\beta_{n+1} > \gamma_n$ 且 $\beta_{n+1} \in C$ 的最小序数,再令 γ_{n+1} 为使得 $\gamma_{n+1} > \beta_{n+1}$ 且 $\gamma_{n+1} \in D$ 的最小的序数。这样我们定义了一个序列

$$\alpha_0 < \beta_0 < \gamma_0 < \beta_1 < \gamma_1 < \cdots < \beta_n < \gamma_n < \cdots$$

满足对任意的 n 都有 $\beta_n \in C, \gamma_n \in D$。令 $\alpha = \lim \beta_n = \lim \gamma_n$,则 $\alpha \in C \cap D$。从而 $C \cap D$ 是无界集。 □

命题 1.7 设 κ 是不可达基数,则集合

$$C = \{\lambda : \lambda \text{ 是强极限基数}\} \tag{1.1}$$

是 κ 的无界闭集。

证明：显然 C 是闭集。下证 C 是无界集。设 $\alpha \in \kappa$，归纳定义 λ_n 如下：

$$\lambda_0 = 2^{|\alpha|}, \lambda_{n+1} = 2^{\lambda_n}。$$

显然基数 $\lambda = \lim \lambda_n$ 为强极限基数。故 C 是无界集。　□

定义 1.8　设 κ 是不可达基数，如果集合

$$S = \{\lambda < \kappa : \lambda \text{ 是正则基数}\} \tag{1.2}$$

是 κ 的稳定子集，则称 κ 为玛洛基数。

命题 1.9　设 κ 是不可达基数，则 κ 是玛洛基数当且仅当集合

$$S' = \{\lambda : \lambda \text{ 是不可达基数}\} \tag{1.3}$$

是 κ 的稳定子集。

证明：充分性显然。下证必要性。由定义 1.5 和引理 1.6 知，$S \cap C$ 仍是稳定子集，其中 C,S 分别是(1.1)式和(1.2)式定义的集合。由不可达基数的定义知，$S' \supseteq S \cap C$。故 S' 也是稳定子集。　□

定理 1.10　设 $M \subseteq N$ 是 ZF 的两个传递模型满足 $M \cap On = N \cap On$ 且 $(V_\kappa)^M = (V_\kappa)^N$。则

(1) κ 是 N 中的不可达基数当且仅当 κ 是 M 中的不可达基数；

(2) κ 是 N 中的玛洛基数当且仅当 κ 是 M 中的玛洛基数。

证明：容易。　□

定理 1.11

(1) 如果 ZF + EI 协调，则 ZFC + EI 也协调；

(2) 如果 ZF + "存在玛洛基数" 协调，则 ZFC + "存在玛洛基数" 也协调。

证明：如果 V 中存在不可达基数（玛洛基数），则由定理 1.10 知，L 中也存在不可达基数（玛洛基数）。而 $L \models \mathrm{AC}$，故定理成立。 □

引理 1.12 设 F 是 ZFC 的传递模型，P 为 M 中的力迫偏序，κ 为 M 中的正则基数，且设 $|P| < \kappa$。则对 $M[G]$ 中的 κ 的每一个无界闭集 C 都存在 M 中的一个无界闭集 D 使得 $D \subseteq C$。从而，如果 $S \in M$ 在 M 中是 κ 的稳定子集，则它在 $M[G]$ 中也是稳定子集。

证明： 设 $\tilde{C}$ 是 C 的一个名字，则有 $p_0 \in G$ 使得

$$p_0 \Vdash \tilde{C} \text{ 是 } \hat{\kappa} \text{ 的无界闭集。}$$

令 $D = \{\alpha : \|\hat{\alpha} \in \tilde{C}\| \leqslant p_0\}$。显然，$D$ 是 C 的一个子集且 D 是闭集。下证 D 是无界集。

设 $\alpha_0 < \kappa$。我们将找到一个 $\alpha > \alpha_0$ 使得 $p_0 \Vdash \hat{\alpha} \in \tilde{C}$。对每一个 $p \leqslant p_0$，必存在 $q \leqslant p$ 及一 $\beta > \alpha_0$ 使 $q \Vdash \hat{\beta} \in \tilde{C}$。令

$$W = \{q \leqslant p_0 : \text{存在 } \beta \text{ 使 } q \Vdash \hat{\beta} \in \tilde{C}\}。$$

对每一 $q \in W$，取 β_q 使得 $q \Vdash \hat{\beta}_q \in \tilde{C}$。由于 $|P| < \kappa$，故 $|W| < \kappa$。从而 $\alpha_1 = \sup\{\beta_q : q \in W\} < \kappa$。不难看出，对任意 $p \leqslant p_0$ 都有

$$p \Vdash \exists \beta \in \tilde{C}(\hat{\alpha}_0 < \beta \leqslant \hat{\alpha}_1)。$$

类似地，我们可以找到 $\alpha_2 < \alpha_3 < \cdots < \alpha_n$ 使得对任意 n 及任意 $p \leqslant p_0$ 都有

$$p \Vdash \exists \beta \in \tilde{C}(\hat{\alpha}_n < \beta \leqslant \hat{\alpha}_{n+1})。 \tag{1.4}$$

令 $\alpha = \lim \alpha_n$。由(1.4)式知 $p_0 \Vdash \hat{\alpha} \in \tilde{C}$。从而 D 是无界闭集。 □

引理 1.13 设 M 是 ZFC 的传递模型，κ 为 M 中的基数，P 为 M 中的力迫偏序，G 为 P 上的 M-脱殊集合。如果 $|P| < \kappa$ 则有

(1)若 κ 在 M 中是不可达基数,则它在 $M[G]$ 中仍是不可达基数;

(2)若 κ 在 M 中是玛洛基数,则它在 $M[G]$ 中仍是玛洛基数。

证明: (1)不难证明,对任意 $\lambda > |P|$ 都有,若 λ 在 M 中是正则的,则它在 $M[G]$ 中也是正则的。故 κ 在 $M[G]$ 中是正则的。另一方面,对任意 $\lambda < \kappa$,$(2^{\lambda})^{M[G]} \leqslant |\mathrm{RO}(P)|^{\lambda} < \kappa$。故 κ 在 $M[G]$ 中是不可达基数。

(2)因为 κ 在 M 中是玛洛基数,故集合

$$S = \{\lambda < \kappa: |\lambda| > |P| \text{ 在 } M \text{ 中是正则基数}\}$$

在 M 中是稳定子集。又由于 $|P| < \kappa$,故

$$S = \{\lambda < \kappa: |\lambda| > |P| \text{ 在 } M[G] \text{ 中是正则基数}\}。$$

再由引理 1.12 知,S 在 $M[G]$ 中也是稳定子集。从而 κ 在 $M[G]$ 中也是玛洛基数。 □

引理 1.14 设 M, κ 如引理 1.13。再设 $P \in M$ 为力迫偏序。如果 P 是 κ – 闭的,则有:

(1)κ 在 M 中是不可达基数当且仅当它在 $M[G]$ 中也是不可达基数;

(2)κ 在 M 中是玛洛基数当且仅当它在 $M[G]$ 中也是玛洛基数。

证明: 由 P 的 κ – 闭性可证,$(V_{\kappa})^M = (V_{\kappa})^{M[G]}$。再由定理 1.10 知引理成立。 □

定理 1.15

(1)如果 ZFC + EI 协调,则 ZF + EI + ￢ AC 也协调;

(2)如果 ZFC + "存在玛洛基数" 协调,ZF + "存在玛洛基数" + ￢ AC 也协调。

证明: (1)设 M 为 ZFC + EI 的传递模型。令 P 为第五章 5.7 节例 7.1 中的偏序,G 为 P 上的 M – 脱殊集合。则由引理 1.13 知,$M[G]$ 中

也存在不可达基数。设 N 为第五章 5.7 节例 7.1 中的对称模型，则 $N \models \neg \text{AC}$。再由定理 1.10 知，N 中也存在不可达基数。

（2）与（1）类似。 □

6.2　分割性质与弱紧基数

设 S 为一集合，$P = \{X_i : i \in I\} \subseteq P(S)$。如果 $\bigcup P = S$ 且 P 中任意两个不相同元素的交是空集，则称 P 为 S 的一个分割。

由 S 上的一个分割 $P = \{X_i : i \in I\}$ 可定义 S 到 I 上的一个函数 F 如下：

$$F(x) = i \text{ 当且仅当 } x \in X_i。$$

同样，由 S 到 I 上的一个函数 F 可定义 S 的一个分割：对任意 $i \in I$。令

$$X_i = \{x : F(x) = i\},$$

显然 $\{X_i : i \in I\}$ 为 S 的一个分割。因此，我们常把 S 到 I 上的函数也称作是 S 的分割。

对任意集合 A 及自然数 n，令

$$[A]^n = \{X \subseteq A : |X| = n\}。$$

当 A 为序数集时，常把 $[A]^n$ 等同于集合

$$\{\langle \alpha_1, \cdots, \alpha_n \rangle : \alpha_1 < \cdots < \alpha_n \text{ 且每一 } \alpha_i \in A\}。$$

定义 2.1　设 F 为 $[A]^n$ 到 I 上的函数（$[A]^n$ 的一个分割），称 $H \subseteq$

A 为 F 的齐性集如果对任意 $X,Y\in[H]^{n}$,都有 $F(X)=F(Y)$（即 F 在 $[H]^{n}$ 上为常函数）。

命题 2.2　设 $k>1$ 为任意自然数,f 为 ω 到 $\{1,\cdots,k\}$ 上的函数。则存在 F 的无穷齐性集。

证明：对任意 $i=1,\cdots,k$,令

$$X_{i}=\{m:F(m)=i\}。$$

显然,$\{X_{i}:i\leqslant k\}$ 是 ω 的一个分割。故必有一个 X_{i} 是无穷的。　□

我们称命题 2.2 为抽屉原则（或鸽巢原则）。

定理 2.3（拉姆齐定理）　设 $n>0,k>1$ 为自然数,且设 F 为 $[\omega]^{n}$ 到 $\{1,\cdots,k\}$ 上的函数,则存在 F 的无穷齐性集。

证明：我们归纳于 n 来证明。当 $n=1$ 时,由命题 2.2 知结论成立。设结论对 n 成立,下证结论对于 $n+1$ 也成立。设 F 为 $[\omega]^{n+1}$ 到 $\{1,\cdots,k\}$ 上的函数。对每个 $\alpha\in\omega$,定义 $[\omega-\{\alpha\}]^{n}$ 到 $\{1,\cdots,k\}$ 上的函数 F_{α} 如下：

$$F_{\alpha}(X)=F(\{\alpha\}\cup X)。$$

由归纳假设知,存在无穷集 $H_{\alpha}\subseteq\omega-\{\alpha\}$,它是 F_{α} 的齐性集。今定义无穷序列 $\{\alpha_{i}:i\in\omega\}$ 如下：

$$\alpha_{0}=0；$$
$$\alpha_{i+1}=H_{\alpha_{i}}\text{中大于}\alpha_{i}\text{的最小的元素}。$$

不难验证,对任意 $i\in\omega$,集合 $\{\alpha_{m}:m>i\}$ 为 $F_{\alpha_{i}}$ 的齐性集。令 $G(\alpha_{i})$ 为它的值。则 G 为 $\{\alpha_{i}:i\in\omega\}$ 到 $\{1,\cdots,k\}$ 上的函数,由命题 2.2 知存在无穷集合 $H\subseteq\{\alpha_{i}:i\in\omega\}$ 使得 H 为 G 的齐性集。

对 H 中任意两组元素 $x_{1}<\cdots<x_{n+1}$ 和 $y_{1}<\cdots<y_{n+1}$ 都有

$$F(x_1,\cdots,x_{n+1}) = F_{x_1}(x_2,\cdots,x_{n+1}) = G(x_1) =$$
$$G(y_1) = F_{y_1}(y_2,\cdots,y_{n+1}) = F(y_1,\cdots,y_{n+1})。$$

故 H 为 F 的齐性集。　　　　　　　　　　　　　　　□

注意,本定理并没有使用选择公理,这是因为 ω(或其子集)的每一个分割的无穷齐性集都可具体地构造出来。

下面我们将把拉姆齐定理推广到更高层的基数上。为此,我们引进一种新的记号。设 κ,λ 为基数,n 为自然数,m 为一基数(有穷或无穷)。则符号

$$\kappa \rightarrow (\lambda)_m^n$$

代表如下分割性质:对任意 $[\kappa]^n$ 到 m 上的函数 F,存在基数为 λ 的齐性集。利用这种记号拉姆齐定理可表示为

$$\omega \rightarrow (\omega)_k^n,\ (n,k \in \omega)。$$

引理 2.4　对任意基数 κ 和 $\lambda \geqslant 3$,都有

$$2^\kappa \nrightarrow (\lambda)_\kappa^2。$$

证明: 设 $S = {}^\kappa\{0,1\} = \{f : f$ 为 κ 到 $\{0,1\}$ 上的函数$\}$。且设 F 是如下定义的 $[S]^2$ 到 κ 上的函数:

$$F(f,g) = 使得 f(\alpha) \neq g(\alpha) 的最小的序数 \alpha。$$

如果 f,g,h 是三个互不相同的元素,则不可能有

$$F(f,g) = F(f,h) = F(g,h)。$$

因此，F 不可能有基数为 λ（实际上是不可能有基数为 3）的齐性集。

引理 2.5　假设选择公理成立。集合 $^\kappa\{0,1\}$ 在字典序下没有长度为 κ^+ 的递增或递降序列。

证明：我们只证明没有长度为 κ^+ 的递增序列（递降的情况类似）。用反证法，设 $\{f_\alpha : \alpha < \kappa^+\}$ 为递增序列（记作 W）。设 $\gamma \leq \kappa$ 为使得 $\{f_\alpha\!\restriction\!\gamma : \alpha < \kappa^+\}$ 的基数为 κ^+ 的最小的序数。不妨设对任意 $f,g \in W$ 都有 $f\!\restriction\!\gamma \neq g\!\restriction\!\gamma$。下面我们导出矛盾。

对任意 $\alpha < \kappa^+$，设 ξ_α 满足 $f_\alpha\!\restriction\!\xi_\alpha = f_{\alpha+1}\!\restriction\!\xi_\alpha$ 且 $f_\alpha(\xi_\alpha) = 0$，而 $f_{\alpha+1}(\xi_\alpha) = 1$。显然每个 ξ_α 都小于 γ。根据选择公理，κ^+ 为正则基数。故必存在 $\xi < \gamma$ 使得对 W 中的 κ^+ 多个 f_α 都有 $\xi = \xi_\alpha$。然而，如果 $\xi = \xi_\alpha = \xi_\beta$ 且 $f_\alpha\!\restriction\!\xi = f_\beta\!\restriction\!\xi$，则有 $f_\beta < f_{\alpha+1}$ 且 $f_\alpha < f_{\beta+1}$，于是必有 $f_\alpha = f_\beta$。故 $\{f_\alpha\!\restriction\!\xi : \alpha < \kappa^+\}$ 的基数必为 κ^+。这与 γ 的最小性矛盾。　□

引理 2.6　假设 AC。则对任意基数 κ，都有

$$2^\kappa \nrightarrow (\kappa^+)^2_2$$

证明：设 $2^\kappa = \lambda$ 且设 $\{f_\alpha : \alpha < \lambda\}$ 为集合 $^\kappa\{0,1\}$ 的枚举（这里需要选择公理）。则字典序可诱导出 λ 上的一个线序 $R : \alpha R \beta$ 如果 $f_\alpha < f_\beta$。下面定义 $[\lambda]^2$ 到 $\{0,1\}$ 上的函数 F 如下：

$$F(\alpha,\beta) = \begin{cases} 1, & \text{如果 } \alpha < \beta \text{ 且 } \alpha R \beta; \\ 0, & \text{否则}。 \end{cases}$$

如果 $H \subseteq \lambda$ 是 F 的齐性集且 $|H| = \kappa^+$，则 $\{f_\alpha : \alpha \in H\}$ 包含一个长度为 κ^+ 的递增或递降序列，与引理 2.5 矛盾。　□

定义 2.7　对任意序数 α，归纳定义 J_α 如下：

$$J_0 = \omega;$$

$$J_{\alpha+1} = |P(J_\alpha)|;$$

$$J_\lambda = \sup\{J_\alpha : \alpha < \lambda\}，\lambda \text{ 是极限序数}。$$

定理 2.8(Erdös – Rado 分割定理) 假设 AC。则对任意 $n \geqslant 1$，
都有

$$J_n^+ \rightarrow (\omega_1)_\omega^{n+1} \circ$$

证明：我们归纳于 n 来证明。首先证 $n = 1$ 的情形，即要证

$$(2^\omega)^+ \rightarrow (\omega_1)_\omega^2 \circ$$

记 $\kappa = (2^\omega)^+$，设 $F: [\kappa]^2 \rightarrow \omega$ 为一函数。我们的任务是证明存在 F 的
基数为 ω_1 的齐性集。

对任意 $\alpha \in \kappa$，令 F_α 为如下定义的 $\kappa - \{\alpha\}$ 上的函数：

$$F_\alpha(x) = F(\alpha, x) \circ$$

下面先证明一个断言：存在一个集合 $A \subseteq \kappa$ 使得 $|A| = 2^\omega$ 且对任意可数
集 $C \subseteq A$ 及任意 $u \in \kappa - C$ 都存在 $v \in A - C$ 使 $F_v|C = F_u|C$。

为证明该断言，我们构造一个序列如下：

$$A_0 \subseteq A_1 \subseteq \cdots \subseteq A_\alpha \subseteq \cdots, \alpha < \omega_1 \circ$$

任取 κ 的一个基数为 2^ω 的子集作为 A_0。如果 α 为极限序数且对任意
$\beta < \alpha, A_\beta$ 都已定义，则令 $A_\alpha = \bigcup \{A_\beta : \beta < \alpha\}$。设 A_α 已定义，对 A_α 的
每一可数子集 C，容易验证 $|\{F_\alpha|C : \alpha \in \kappa - C\}| \leqslant 2^\omega$。取 γ_C 为使得

$$\{F_\alpha|C : \alpha \in \kappa - C\} = \{F_\alpha|C : \alpha \in \kappa - C \text{ 且 } \alpha < \gamma_C\}$$

的最小的序数。令

$$A_{\alpha+1} = A_\alpha \cup \left(\bigcup \{\gamma_C : C \subseteq A_\alpha \text{ 可数}\} \right)。$$

由于 $|A_\alpha| = 2^\omega$，故 A_α 的可数子集的个数也是 2^ω，从而 $|A_{\alpha+1}| = 2^\omega$（这里用到了 κ 的正则性，因而用到了 AC）。最后令 $A = \bigcup \{A_\alpha : \alpha < \omega_1\}$，显然 A 满足断言中的性质。

下面证明存在 F 的基数为 ω_1 的齐性集。任取 $\alpha \in \kappa - A$，构造 A 中元素的序列 $\{x_\alpha : \alpha < \omega_1\}$ 如下：任取 A 中的一个元素作为 x_0。设对任意 $\beta < \alpha$，x_β 已定义，令 $C = \{x_\beta : \beta < \alpha\}$，则取 $v \in A - C$ 使 $F_v | C = F_\alpha | C$。令 $x_\alpha = v$，记 $X = \{x_\alpha : \alpha < \omega_1\}$。

定义 X 到 ω 的函数 G 如下：$G(x_\alpha) = F_\alpha(x_\alpha)$，则必存在 H 使得 $|H| = \omega_1$ 且 G 在 H 上为常函数。容易看出，如果 $\alpha < \beta$，则

$$F(x_\alpha, x_\beta) = F_{x_\beta}(x_\alpha) = F_\alpha(x_\alpha) = G(x_\alpha)。$$

故 H 为 F 的齐性集。

$n > 1$ 的情形与 $n = 1$ 的情形类似。设 $J_{n-1}^+ \to (\omega_1)_\omega^n$。下证 $J_n^+ \to (\omega_1)_\omega^{n+1}$。令 $\kappa = J_n^+$，$f: [\kappa]^{n+1} \to \omega$ 为函数。对任意 $\alpha \in \kappa$，F_α 定义为

$$F_\alpha(x) = F(x \cup \{\alpha\})。$$

类似于 $n = 1$ 的情形，可以证明，存在 κ 的基数为 J_n 的子集 A 使得对 A 的任意基数为 J_{n-1} 的子集 C 及任意 $u \in \kappa - C$，都存在 $v \in \kappa - C$，使 $F_u | [C]^n = F_v | [C]^n$。

任取 $\alpha \in \kappa - A$，可构造一集合 $X = \{x_\alpha : \alpha < J_{n-1}^+\} \subseteq A$ 使得对任意 α，$F_{x_\alpha} | [\{x_\beta : \beta < \alpha\}]^n = F_\alpha | [\{x_\beta : \beta < \alpha\}]^n$。定义 $[X]^n$ 到 ω 的函数 G 为

$$G(x) = F_\alpha(x)。$$

根据归纳假设知,存在 G 的基数为 ω_1 的齐性集 $H \subseteq X$。容易看出,f 在 $[H]^{n+1}$ 上为常函数,即 H 是 F 的齐性集。定理得证。 □

由引理 2.6 知,当 AC 成立时,我们不能把拉姆齐定理推广到 ω_1 上,即 $\omega_1 \nrightarrow (\omega_1)^2_2$。一个很自然的问题是:

$$\text{是否存在一基数 } \kappa > \omega \text{ 使得 } \kappa \rightarrow (\kappa)^2_2。 \tag{2.1}$$

我们称这样的基数为弱紧基数。

引理 2.9 假设 AC,则弱紧基数是不可达的。

证明:先证 κ 是正则基数。用反证法,设 κ 为奇异基数,则存在一集族 $A = \{A_\lambda : \gamma < \lambda\}$ 满足

(1) $\lambda < \kappa$,

(2) A 中任意两个不同元素的交为空集,

(3) $|A_\lambda| < \kappa$,

(4) $\kappa = \bigcup A$。

定义函数 $F : [\kappa]^2 \rightarrow \{0, 1\}$ 如下:

$$F(\alpha, \beta) = \begin{cases} 0, \text{如果 } \alpha, \beta \text{ 都属于某一 } A_\gamma; \\ 1, \text{否则}。 \end{cases}$$

显然 F 没有基数为 κ 的齐性集。矛盾。

再证 κ 为强极限基数。如果存在 $\lambda < \kappa$ 使 $\kappa \leqslant 2^\lambda$(这里用了 AC)。由引理 2.6(注:引理 2.6 使用了 AC)知,

$$2^\lambda \nrightarrow (\lambda^+)^2_2,$$

从而

$$\kappa \nrightarrow (\kappa)^2_2,$$

矛盾,故 κ 是强极限基数。

综上,κ 是不可达基数。引理证毕。　　　　　　　　　　□

设 κ 是弱紧基数。从上面证明不难看出,如果不假设 AC,则我们只能证明出:κ 是正则基数且对任意 $\lambda<\kappa,\kappa\nleqslant2^{\lambda}$。在第一节中我们已证明了不可达基数和玛洛基数与可构成公理 $V=L$ 协调。下面我们将证明弱紧基数与 $V=L$ 也协调。

定义 2.10　一棵树就是满足如下条件的偏序集 $\langle T,<_{T}\rangle$:对任意 $x\in T$,集合 $\{y\in T:y<_{T}x\}$ 在序 $<_{T}$ 下被良序。为方便起见,我们常用 T 表示树。设 $x\in T$,x 在 T 中的高度 $ht(T)$ 就是集合 $\{y\in T:y<_{T}x\}$ 的序型。树 T 的第 α 层 T_{α} 为集合 $\{x\in T:ht(x)=\alpha\}$。树 T 的高度 $ht(T)$ 就是使得 $T_{\alpha}=\varnothing$ 的最小的序数 α。设 $A\subseteq T$,如果 A 中元素两两均不可比较,则称 A 为树 T 的反链;如果 A 中元素两两可比较,则称 A 为 T 的链。设 $B\subseteq T$,如果 B 为 T 的一个链且对任意序数 $\alpha<ht(T)$ 都有 $B\cap T_{\alpha}$ 不空,则称 B 为 T 的一个共尾枝。设 κ 为一正则基数,如果树 T 的高度为 κ 且对任意 $\alpha<\kappa$ 都有 $|T_{\alpha}|<\kappa$,则称 T 为 κ - 树。

定义 2.11　设 κ 为正则基数,如果每一 κ - 树都有共尾枝,则称 κ 具有树特性。

引理 2.12　若 κ 是弱紧基数,则对任意 $\lambda<\kappa,\kappa\nleqslant2^{\lambda}$,且 κ 具有树特性。

证明:设 κ 是弱紧基数。只需证明 κ 具有树特性。设 T 为一 κ - 树。由于 κ 是正则基数,故 $|T|=\kappa$。故不妨设 $T=\kappa$。我们按如下方式把 $<_{T}$ 扩充为 T 上的线序 R:

(1)如果 $\alpha<_{T}\beta$,则令 $\alpha R\beta$;

(2)如果 α,β 不可比较,则设 ξ 为使得 α,β 在第 ξ 层上的前趋 α_{ξ},β_{ξ} 不相同的最小的序数。如果 $\alpha_{\xi}<\beta_{\xi}$ 则令 $\alpha R\beta$。

定义 $F:[\kappa]^{2}\to\{0,1\}$ 如下:

$$F(\{\alpha,\beta\})=\begin{cases}1,若 \alpha<_{T}\beta 且 \alpha R\beta\\0,否则。\end{cases}$$

因为 κ 是弱紧基数,故 F 存在一基数为 κ 的齐性集 H,令

$$B = \{x \in T : |\{\alpha \in H : x <_T \alpha\}| = \kappa\}。$$

由于 T 的每一层的基数都小于 κ,故 T 的每一层中至少有一个元素属于 B(注意 H 为良序集)。不难验证,B 是 T 的链,从而 B 是 T 的共尾枝。 □

引理 2.13 如果 κ 是不可达基数且 κ 具有树特性,则 κ 是弱紧基数。

证明:设 $F : [\kappa]^2 \to \{0,1\}$ 为函数。下面我们归纳构造一棵树 $\langle T, \subseteq \rangle$,它的元素为一些函数 $t : \gamma \to \{0,1\}$,$\gamma < \kappa$。令 $t_0 = \varnothing$。假设已经定义了 $t_0, t_1, \cdots, t_\beta, \cdots, \beta < \alpha < \kappa$。则归纳构造 t_α 如下:设已经构造了 $t_\alpha | \xi$。如果 $t_\alpha | \xi$ 等于某个 t_β(注意 $t_\alpha | 0 = t_0$),则令 $t_\alpha(\xi) = F(\{\beta, \alpha\})$;否则,令 $t_\alpha = t_\alpha | \xi$。

由于 κ 是不可达基数,故 T 的每一层 T_α 的基数小于 κ,且 T 的高度为 κ。从而 T 是 κ-树。由题设知 T 有共尾枝 B。令

$$H_0 = \{\alpha : t_\alpha \in B \text{ 且 } t_\alpha \frown \langle 0 \rangle \in B\};$$
$$H_1 = \{\alpha : t_\alpha \in B \text{ 且 } t_\alpha \frown \langle 1 \rangle \in B\}。$$

其中 $t \frown \langle i \rangle = t \cup \{\langle \text{dom}(t), i \rangle\}$,$i = 0,1$。显然 H_0, H_1 都是 F 的齐性集,且至少有一个的基数为 κ。引理证毕。 □

根据引理 2.12 和 2.13 可以看出,如果假设 AC,则 κ 是弱紧基数当且仅当 κ 是不可达基数且 κ 具有树特性。

为证明弱紧基数与 $V = L$ 协调,我们再给出一个引理。

引理 2.14 设 κ 是不可达基数且具有树特性,设 $A \subseteq \kappa$。如果对任意 $\alpha < \kappa, A \cap \alpha \in L$,则 $A \in L$。

证明:比较复杂,限于篇幅略去,读者可参考文献[21]。 □

定理 2.15 如果 κ 是不可达基数且具有树特性,则 κ 在可构成模型 L 中是弱紧基数。

证明：显然 κ 在 L 中是不可达基数。下面证明 κ 在 L 中具有树特性。设 T 是 L 中的 κ-树。不妨设 $T=\kappa$ 且设 $\alpha <_T \beta$ 蕴涵 $\alpha < \beta$。显然，T 在 V 中也是 κ-树。由引理 2.12 知，T 在 V 中有共尾枝 B。对任意 $\alpha < \kappa$，令 γ 为 $B-\alpha$ 中的最小元，则有

$$B \cap \alpha = \{\xi \in T : \xi <_T \gamma\} \in L。$$

从而由引理 2.14 知 $B \in L$。显然，B 在 L 中也是 T 的共尾枝。　　□

容易看出，若假设 AC，则 κ 是弱紧基数蕴涵 κ 在 L 中也是弱紧基数。弱紧基数与 ZF + ¬ AC 的协调性将在第四节中给出。

6.3　拉姆齐基数与可构成公理

设 λ 为一基数，记 $[\lambda]^{<\omega}$ 为集合 $\bigcup\{[\lambda]^n : n < \omega\}$。我们用记号 $\kappa \to (\lambda)_m^{<\omega}$ 代表如下命题：对任意分割 $F : [\kappa]^{<\omega} \to m$，都存在 κ 上的基数为 λ 的子集 H 使得对每一 $n \in \omega, F \upharpoonright [H]^n$ 为常函数。

设 κ 为一基数，如果有

$$\kappa \to (\kappa)_2^{<\omega},$$

则称 κ 为拉姆齐基数。

显然拉姆齐基数比弱紧基数强，即拉姆齐基数一定是弱紧基数。下面我们将证明：

定理 3.1　如果存在拉姆齐基数，则 $V \neq L$，即可构成公理不成立。

为证明该定理，我们先给出若干概念和引理。

定义 3.2　设 $\mathcal{L}$ 为一形式语言。$\mathcal{A} = \langle A, \cdots \rangle$ 为 $\mathcal{L}$ 的模型。其中 $A \supseteq \kappa$。再设 $I \subseteq \kappa$。如果对每一自然数 n 及 $\mathcal{L}$ 的一公式 $\Phi(x_1, \cdots, x_n)$ 都有

$$\mathcal{A} \models \Phi(\alpha_1, \cdots, \alpha_n) \text{ 当且仅当 } \mathcal{A} \models \Phi(\beta_1, \cdots, \beta_n)。 \quad (3.1)$$

其中 $\alpha_1 < \cdots < \alpha_n$ 和 $\beta_1 < \cdots < \beta_n$ 均为 I 中的元素,则称 I 为模型 $\mathcal{A}$ 的不可辨元集,I 中的元素成为不可辨元。

引理 3.3 设 κ 为无穷基数且设

$$\kappa \rightarrow (\alpha)_{2^\lambda}^{<\omega}$$

其中 α 为极限序数,λ 为无穷基数。如果 $\mathcal{L}$ 是一形式语言且 $|\mathcal{L}| \leqslant \lambda$,且如果 $\mathcal{A}$ 为 $\mathcal{L}$ 的一个模型满足 $A \supseteq \kappa$,则 $\mathcal{A}$ 有序型为 α 的不可辨元集。

证明: 设 F 为 $\mathcal{L}$ 的所有公式组成的集合(则有 $|F| \leqslant |\mathcal{L}|$)。定义函数 $F: [\kappa]^{<\omega} \rightarrow P(F)$ 如下:如果 $x = \{\alpha_1, \cdots, \alpha_n\}$,其中 $\alpha_1 < \cdots < \alpha_n$,则

$$F(x) = \{\Phi(x_1, \cdots, x_n) : \mathcal{A} \models \Phi(\alpha_1, \cdots, \alpha_n)\}。$$

由已知条件知,f 有序型为 α 的齐性集 $I \subseteq \kappa$。不难验证 I 是 $\mathcal{A}$ 的不可辨元集。 □

引理 3.4 如果 κ 是拉姆齐基数且 $\lambda < \kappa$,则

$$\kappa \rightarrow (\kappa)_\lambda^{<\omega}。$$

证明: 设 $F: [\kappa]^{<\omega} \rightarrow \lambda$ 为函数。定义函数 $G: [\kappa]^{<\omega} \rightarrow \{0,1\}$ 如下:如果

$$\alpha_1 < \cdots < \alpha_k < \alpha_{k+1} < \cdots < \alpha_{2k},$$

且如果

$$F(\alpha_1, \cdots, \alpha_k) = F(\alpha_{k+1}, \cdots, \alpha_{2k})。$$

则令

$$G(\alpha_1, \cdots, \alpha_{2k}) = 1;$$

对于其他的 $x \in [\kappa]^{<\omega}$，令 $G(x) = 0$。

设 $H \subseteq \kappa$ 为 G 的齐性集且 $|H| = \kappa$。我们断言对每一 k 及每一 $x \in [H]^{2k}$，都有 $G(x) = 1$。这是因为 $|H| = \kappa > \lambda$，故必有 H 中的元素

$$\alpha_1 < \cdots < \alpha_k < \alpha_{k+1} < \cdots < \alpha_{2k}$$

使得

$$F(\alpha_1, \cdots, \alpha_k) = F(\alpha_{k+1}, \cdots, \alpha_{2k})。$$

下面验证 H 是 F 的齐性集。如果 $\alpha_1 < \cdots < \alpha_n$ 和 $\beta_1 < \cdots < \beta_n$ 为 H 中的元素，则取 H 中的元素 $\gamma_1 < \cdots < \gamma_n$ 使得 $\alpha_n < \gamma_1, \beta_n < \gamma_1$。从而有

$$G(\alpha_1, \cdots, \alpha_n, \gamma_1, \cdots, \gamma_n) = G(\beta_1, \cdots, \beta_n, \gamma_1, \cdots, \gamma_n) = 1。$$

于是有

$$F(\alpha_1, \cdots, \alpha_n) = F(\gamma_1, \cdots, \gamma_n) = F(\beta_1, \cdots, \beta_n)。 \qquad \square$$

推论 3.5　设 κ 为拉姆齐基数，$\mathcal{L}$ 为一形式语言且 $|\mathcal{L}| < \kappa$。再设 $\mathcal{A}$ 为 $\mathcal{L}$ 的一个模型且 $A \supseteq \kappa$。则 $\mathcal{A}$ 有一不可辨元集，其基数为 κ。

证明：根据引理 3.4，按照引理 3.3 的证明方法即可。 $\qquad \square$

设 $\mathcal{A}$ 为语言 $\mathcal{L}$ 的模型且 $A \supseteq \kappa$。再设 $I \subseteq \kappa$ 为 $\mathcal{A}$ 的一不可辨元集。我们假设 $\mathcal{A}$ 有可定义斯科伦函数（见 [21]），即对任意公式 $\Phi(u, x_1, \cdots, x_n)$ 存在一 n 元函数 h_Φ 使得

(1) 存在 Ψ 使得

$$y = h_\Phi(x_1, \cdots, x_n) \text{ 当且仅当 } \mathcal{A} \vDash \Psi(y, x_1, \cdots, x_n)。$$

$$(2) \exists y \in A(\ \mathcal{A} \vDash \Phi(y, x_1, \cdots, x_n) \rightarrow$$
$$\mathcal{A} \vDash \Phi(h_\Phi(x_1, \cdots, x_n), x_1, \cdots, x_n))。$$

设 $\mathcal{B} \subseteq \mathcal{A}$ 为 I 关于 $\mathcal{L}$ 中的所有函数及 $\mathcal{A}$ 中的所有可定义斯科伦函数下的闭包。则 $\mathcal{B}$ 为 $\mathcal{A}$ 的一个初等子模型（见[54]，[4]）。我们称 $\mathcal{B}$ 为 I 的斯科伦闭包，或说是 I 生成了 $\mathcal{B}$。

引理 3.6 假设 AC 成立。如果 κ 是拉姆齐基数，则 $|P^L(\omega)| = \omega$。

证明：设 κ 是拉姆齐基数，则 κ 是不可达基数（用 AC）。故有 $P^L(\omega) \subseteq L_\kappa$。考虑如下模型

$$\mathcal{A} = \langle L_\kappa, \in, P^L(\omega), n \rangle n \leqslant \omega。$$

则 $\mathcal{A}$ 是语言 $\mathcal{L} = \{ \in, Q, c_n \}_{n \leqslant \omega}$ 的模型，其中 Q 为一元谓词（在 $\mathcal{A}$ 中解释为 $P(\omega) \cap L$），$c_n, n \leqslant \omega$，为常项符号（在 $\mathcal{A}$ 中解释为小于或等于 ω 的序数）。由推论 3.5 知 $\mathcal{A}$ 有基数为 κ 的不可辨元集 I。

因为 κ 是不可达基数，故 L_κ 是 ZFC + $V = L$ 的模型，故 $\mathcal{A}$ 有一可定义良序（见第三章第四节）。从而 $\mathcal{A}$ 有可定义斯科伦函数。设 $\mathcal{B}$ 为 I 生成的模型，则 $\mathcal{B}$ 为 $\mathcal{A}$ 的初等子模型。显然，$\mathcal{B}$ 中的每一元素 x 均可表示为 $x = t(\gamma_1, \cdots, \gamma_n)$，其中 t 为斯科伦函数的项，$\gamma_1, \cdots, \gamma_n$ 为 I 中的元素。

下面证明集合 $S = P(\omega) \cap L \cap B$ 至多有可数多个元素。由于 S 是 Q 在 $\mathcal{B}$ 中的解释，故只需证至多存在可数多个元素 $x \in B$ 使 $\mathcal{B} \vDash Q(x)$。

设 t 为一项，则对不可辨元的任意序列 $\alpha_1 < \cdots < \alpha_n < \beta_1 < \cdots < \beta_n$，公式

$$t(\alpha_1, \cdots, \alpha_n) = t(\beta_1, \cdots, \beta_n) \tag{3.2}$$

要么都真，要么都假。如果（3.2）式成立，则对 I 中的任意两个序列

$\alpha_1, \cdots, \alpha_n$ 和 $\beta_1 < \cdots < \beta_n$，取 I 中的元素 $\gamma_1 < \cdots < \gamma_n$ 使 $\alpha_n, \beta_n < \gamma_1$，从而有

$$t(\alpha_1, \cdots, \alpha_n) = t(\gamma_1, \cdots, \gamma_n) = t(\beta_1, \cdots, \beta_n)。$$

如果(3.2)式不成立,则取 I 中元素的序列

$$\alpha_{10} < \cdots < \alpha_{n0} < \alpha_{11} < \cdots < \alpha_{n1} < \cdots < \alpha_{1\xi} < \cdots < \alpha_{n\xi} < \cdots,$$

显然,当 $\eta \neq \xi$ 时,有

$$t(\alpha_{1\xi}, \cdots, \alpha_{n\xi}) \neq t(\alpha_{1\eta}, \cdots, \alpha_{n\eta})。$$

综上可知,集合

$$\{ t(\alpha_1, \cdots, \alpha_n) : \alpha_1 < \cdots < \alpha_n \in I \}, \tag{3.3}$$

要么有 κ 多个元素,要么只有一个元素。

由于 κ 是不可达基数,且 $S \subseteq P(\omega) \cap L \subseteq P(\omega)$,故 $|S| < \kappa$。如果项 t 能使(3.3)式的集合有 κ 多个元素,则对任意 $\alpha_1 < \cdots < \alpha_n \in I$,有 $t(\alpha_1, \cdots, \alpha_n) \notin S$(注意 I 为不可辨元集)。从而可知,如果 $t(\alpha_1, \cdots, \alpha_n) \in S$,则(3.3)式中的集合只有一个元素。

然而 $|\mathcal{L}| = \omega$,故至多有可数多个项。又由于 B 中的每个元素都可表示成 $t(\alpha_1, \cdots, \alpha_n)$ 的形式,故 $|S| \leqslant \omega$。

注意,$\mathcal{B}$ 是 L_κ 的初等子模型且 $|\mathcal{B}| = \kappa$,故 $\mathcal{B}$ 必与 L_κ 同构(见[21])。设

$$\pi : \mathcal{B} \cong L_\kappa$$

为同构映射。因为每个 $n \leqslant \omega$ 在 $\mathcal{A}$ 中都对应一个常项符 c_n,故有 $\omega \cup$

$\{\omega\} \subseteq \mathcal{B}$。从而对 $\mathcal{B}$ 中的任意集合 $X \subseteq \omega$ 都有 $\pi(X) = X$;特别是,对任意 $X \in S, \pi(X) = X$。从而有 $\pi(S) = S$。于是

$$S = \pi[S] = \pi[P(\omega) \cap L \cap \mathcal{B}] = P(\omega) \cap L \cap \pi[\mathcal{B}]$$
$$= P(\omega) \cap L \cap L_{\kappa} = P(\omega) \cap L。$$

从而 $|P(\omega) \cap L| \leqslant \omega$。注意 $|P(\omega) \cap L| \geqslant \omega$,故必有 $|P(\omega) \cap L| = \omega$。引理证毕。 □

定理 3.1 的证明:设 κ 为拉姆齐基数。要证 $V = L$ 不成立。用反证法,设 $V = L$ 成立,则选择公理成立。由引理 3.6 知,$|P(\omega) \cap L| = \omega$。然而由于 $V = L$,故 $P(\omega) = P(\omega) \cap L$。从而 $P(\omega)$ 也可数,而这是不可能的。从而定理得证。 □

6.4　可测基数

定义 4.1　设 $\kappa > \omega$ 为基数。称 κ 是可测基数,如果存在 κ 上的超滤子 U 满足

(1)对任意 $\alpha \in \kappa, \{\alpha\} \notin U$,这时称 U 是非主的;

(2)对任意 $\alpha < \kappa$ 及 $\{X_{\xi} : \xi < \alpha\} \subseteq U$,都有

$$\bigcap \{X_{\xi} : \xi < \alpha\} \in U,$$

这时称 U 是 κ - 完备的。

设 U 是 κ 上的 κ - 完备的非主超滤子。对任意 $X \subseteq \kappa$,如果 $X \in U$,则称 X 的测度是 1;否则称 X 的测度为 0。

命题 4.2　设 κ 是可测基数,则

(1)κ 是正则基数;

(2)对每个 $\lambda < \kappa$,有 $2^{\lambda} \geqslant \kappa$。

证明：(1) 设 U 为 κ 上的 κ–完备的非主超滤子。由 κ–完备性知，小于 κ 多个 0 测度集的并仍为 0 测度集。又 U 是非主的，故单点集的测度均为 0，从而基数小于 κ 的集合为 0 测度集，而 κ 的测度为 1，故 κ 必为正则基数。

(2) 设 $\lambda < \kappa$ 且 $\kappa \leqslant 2^{\lambda}$。下面证明 κ 不是可测基数（从而产生矛盾）。如果 κ 是可测基数，则存在 $S \subseteq P(\lambda)$ 使得 $|S| = \kappa$ 且存在 S 上的 κ–完备的非主超滤子 U。下面我们归纳构造一列集合 $S_{\alpha}, \alpha < \lambda$ 使得每个 S_{α} 的测度为 1：

$$S_0 = S;$$
$$S_{\alpha} = \bigcap \{S_{\xi} : \xi < \alpha\}, \alpha \text{ 为极限序数};$$
$$S_{\alpha+1} = \begin{cases} \{X \in S : \alpha \in X\} & \text{如果该集合属于 } U \\ \{X \in S : \alpha \notin X\} & \text{否则。} \end{cases}$$

根据 κ–完备性知，

$$\bigcap \{S_{\alpha} : \alpha < \lambda\} \in U_\circ$$

然而容易看出，$\bigcap \{S_{\alpha} : \alpha < \lambda\}$ 至多有一个元素，因而为 0 测度集，矛盾。 $\square$

命题 4.3 如果 κ 是可测基数，则 κ 是弱紧基数。

证明：设 U 为 κ 上的 κ–完备的非主超滤子，且设 $F : [\kappa]^2 \to \{0, 1\}$ 为函数。对任意 $\alpha < \kappa$ 令

$$X_{\alpha} = \{\beta < \kappa : \alpha < \beta \text{ 且 } F(\alpha, \beta) = 0\}_\circ$$

再令

$$A = \{\alpha < \kappa : X_{\alpha} \in U\}_\circ$$

$$A = \{\alpha < \kappa : X_\alpha \in U\}。$$

假设 $A \in U$。下面构造 $H \subseteq \kappa$：

$h_0 = A$ 中的最小元,

$h_{\alpha+1} = A \cap X_{h_\alpha}$ 中大于 h_α 的最小元,

$h_\lambda = A \cap (\bigcap \{X_{h\beta} : \beta < \lambda\})$ 中大于每个 $h_\beta (\beta < \lambda)$ 的最小元,λ 为极限序数。

由于 U 是 κ – 完备的且 κ 为正则基数,故每个 h_α 都是有定义的。令

$$H = \{h_\alpha : \alpha < \kappa\}。$$

容易验证,对任意 $\alpha, \beta \in H, F(\alpha, \beta) = 0$,从而 H 为 F 的齐性集且 $|H| = \kappa$。

如果 $A \notin U$,则必有 $\kappa - A \in U$。类似地可构造集合 $H \subseteq \kappa$ 使得 $|H| = \kappa$,且对任意 $\alpha, \beta \in H$,有 $F(\alpha, \beta) = 1$。

从而可知 κ 为弱紧基数。 $\square$

定义 4.4 设 $\{X_\xi : \xi < \kappa\} \subseteq P(\kappa)$,它的对角交定义为

$$\Delta\{X_\xi : \xi < \kappa\} = \{\alpha < \kappa : \alpha \in \bigcap\{X_\xi : \xi < \alpha\}\}。$$

定义 4.5 设 U 为 κ 上 κ – 完备的非主超滤子,如果 U 关于对角交封闭,即对任意 $\{X_\xi : \xi < \kappa\} \subseteq U$,有 $\Delta\{X_\xi : \xi < \kappa\} \in U$,则称 U 为 κ 上的正规超滤子。

引理 4.6 假设依赖选择公理成立。如果 κ 是可测基数,则存在 κ 上的正规超滤子。

证明:设 U 为 κ 上的 κ – 完备的非主超滤子。定义 $^\kappa\kappa$ 上的关系 $\sim$ 如下:

$$f \sim g \text{ 当且仅当} \{\alpha : f(\alpha) = g(\alpha)\} \in U。$$

再定义 $^\kappa\kappa$ 上的关系 ρ 如下：

$$f\rho g \text{ 当且仅当} \{\alpha : f(\alpha) > g(\alpha)\} \in U。$$

显然 $\sim$ 为等价关系，而 ρ 为线性关系。由于 U 是 κ - 完备的，所以不存在序列

$$f_0 \rho f_1 \rho \cdots \rho f_n \rho \cdots。$$

根据依赖选择公理（见第三章第一节），ρ^{-1} 为良序关系。

对任意 $\gamma < \kappa$，设 c_γ 为满足 $\forall \alpha < \kappa(c_\gamma(\alpha) = \gamma)$ 的函数。设 f 为使得 $f\rho c_\gamma, \gamma < \kappa$ 的最小的函数。定义 D 如下：

$$X \in D \text{ 当且仅当} f_{-1}(X) \in U$$

（其中 $f_{-1}(X) = \{\alpha : f(\alpha) \in X\}$）。不难验证，$D$ 是正规超滤子。　□

引理 4.7　假设依赖选择公理。如果 κ 为可测基数，则 κ 为拉姆齐基数。

证明：设 D 为 κ 上的正规超滤子。设 $F : [\kappa]^{<\omega} \to \{0,1\}$ 为函数。我们将证明，对每一 $n = 1, 2, \cdots$，存在 $H_n \in D$ 使得 F 在 $[H_n]^n$ 上为常函数。从而 $H = \bigcap\{H_n : n \in \omega\} \in D$ 为 F 的齐性集。

我们只需归纳于 n 来证明，对每一 n 及 $F : [\kappa]^n \to \{0,1\}$，都存在 $H \in D$ 使得 F 在 $[H]^n$ 上为常函数。当 $n = 1$ 时显然。设结论对 n 成立，下证结论对 $n+1$ 也成立。设 $F : [\kappa]^{n+1} \to \{0,1\}$，对任意 $\alpha < \kappa$ 定义 $[\kappa - \{\alpha\}]^n$ 上的函数 F_α 如下：

$$F_\alpha(x) = F(\{\alpha\} \cup x)。$$

根据归纳假设，对每一 $\alpha < \kappa$，存在 $X_\alpha \in D$ 使得 F_α 在 $[X_\alpha]^n$ 上为常函

数。设 i_α 为 F_α 在 $[X_\alpha]^n$ 上的值。设 X 为 $\{X_\alpha:\alpha\in\kappa\}$ 的对角交,即

$$X=\Delta\{X_\alpha:\alpha<\kappa\}。$$

因为 D 是正规的,故 $X\in D$。显然,X 为集合 $X_0=\{\gamma\in X:i_\gamma=0\}$ 和集合 $X_1=\{\gamma\in X:i_\gamma=1\}$ 的并。不难看出,F 在这两个集合上都是常函数且二者当中必有一个属于 D。

综上可知,κ 为拉姆齐基数。 □

定义 4.8 设 M 为一传递类,$j:V\to M$ 为一映射。如果对任意公式 $\Phi(v_1,\cdots,v_n)$ 及集合 $x_1,\cdots,x_n$ 都有

$$\Phi(x_1,\cdots,x_n)\text{ 当且仅当 }M\models\Phi(j(x_1),\cdots,j(x_n)),$$

则称 j 为 V 到 M 的初等嵌入。今后所提到的初等嵌入均不是恒等映射,且我们用记号

$$j:V\to M$$

表示 j 是 V 到 M 的初等嵌入(M 为传递类)。

引理 4.9 设 $j:V\to M$,则有

(1) $\forall\alpha(j(\alpha)\geqslant\alpha)$;

(2)存在一 α 使得 $j(\alpha)>\alpha$。

证明: (1)利用超穷归纳法容易证明。

(2)由于 j 不是恒等映射,必有 x 使得 $j(x)\neq x$。取秩最小的这样的 x,令 $\alpha=\mathrm{rank}(x)$。下面证明 $j(\alpha)>\alpha$。假设不然,设 $j(\alpha)=\alpha$。如果 $y\in j(x)$,则

$$\mathrm{rank}(y)<\mathrm{rank}(j(x))\leqslant j(\mathrm{rank}(x))=j(\alpha)=\alpha。$$

从而必有 $j(y)=y$,于是 $y\in x$。另一方面,如果 $y\in x$,则 $j(y)=y\in$

$j(x)$。从而 $j(x)=x$，矛盾。故引理得证。　　　　　　　　　□

定理 4.10　如果存在初等嵌入

$$j: V \rightarrow M,$$

则存在可测基数。

证明：设 κ 是使得 $j(\kappa)>\kappa$ 的最小的序数。定义 U 如下：

$$X \in U \text{ 当且仅当 } X \subseteq \kappa \text{ 且 } \kappa \in j(X)。$$

只需证 U 是一个 κ - 完备的非主超滤子。容易验证，U 为 κ 上的滤子。对任意 $\alpha<\kappa$，都有

$$j(\{\alpha\}) = \{j(\alpha)\} = \{\alpha\},$$

从而有 $\{\alpha\} \notin U$，故 U 为非主滤子。对任意 $X \subseteq \kappa$ 有

$$X \in U \text{ 当且仅当 } \kappa \in j(X) \text{ 当且仅当 } \kappa \notin j(\kappa-X)$$
$$\text{当且仅当 } \kappa - X \notin U。$$

从而 U 为超滤子。最后证明 U 为 κ - 完备的。设 $\gamma<\kappa$，$\{X_\alpha : \alpha<\gamma\} \subseteq U$。则有

$$\kappa \in \bigcap\{j(X_\alpha) : \alpha<\gamma\}。$$

由于 $j(\gamma)=\gamma$，故

$$\bigcap\{j(X_\alpha) : \alpha<\gamma\} = j(\bigcap\{X_\alpha : \alpha<\gamma\})。$$

于是 $\bigcap\{X_\alpha : \alpha<\gamma\} \in U$。定理得证。　　　　　　　□

实际上,如果 κ 是可测基数,则存在初等嵌入 $j:V{\to}M$ 使得 $j(\kappa)>\kappa$(见[21],[23])。因而存在可测集数与存在初等嵌入 $j:V{\to}M$ 是等价的。

由于在依赖选择公理下,可测基数是拉姆齐基数,故由定理3.1知,如果存在可测基数,则 $V{\neq}L$。不过,从可测基数出发证明 $V{\neq}L$ 比从拉姆齐基数出发证明 $V{\neq}L$ 要简单得多。

定理4.11 如果存在可测基数,则 $V{\neq}L$。

证明:用反证法,设 $V=L$。设 κ 为最小的可测基数,且设 $j:V{\to}M$ 使得 $j(\kappa)>\kappa$。由于 $V=L$,故必有 $M=L$。于是有

$$L\models\kappa\text{ 为最小的可测基数};$$
$$L\models j(\kappa)\text{ 为最小的可测基数}。$$

矛盾。故必有 $V{\neq}L$。   □

选择公理对自然嵌入 $j:V{\to}M$ 中的 M 是有限制的。我们可以证明定理。

定理4.12 假设 AC 成立,如果 $j:V{\to}M$ 为初等嵌入,则 $M{\neq}V$。

为证明该定理,我们先证明一个引理。

引理4.13 假设 AC 成立。设 λ 为一基数且 $2^{\lambda}=\lambda^{\omega}$。则存在函数 $F:{}^{\omega}\lambda{\to}\lambda$ 使得对任意 $\gamma<\lambda$ 及 λ 的任意子集 A,如果 $|A|=\lambda$,则存在 $s\in{}^{\omega}A$ 使得 $F(s)=\gamma$。

证明:根据 AC,设 $\{\langle A_{\alpha},\gamma_{\alpha}\rangle:\alpha<2^{\lambda}\}$ 为所有序对 $\langle A,\gamma\rangle$ 的枚举,其中 $A\subseteq\lambda$ 且 $|A|=\lambda,\gamma<\lambda$。下面归纳于 α 定义序列 $\{s_{\alpha}:\alpha<2^{\lambda}\}$。设 $\alpha<2^{\lambda}$,且设对任意 $\beta<\alpha,s_{\beta}$ 均已定义。由于 $\lambda^{\omega}=2^{\lambda}>\alpha$,故可取 $s_{\alpha}\in{}^{\omega}A_{\alpha}$ 使得对任意 $\beta<\alpha,s_{\alpha}{\neq}s_{\beta}$。

对每一 $\alpha<2^{\lambda}$,令 $F(s_{\alpha})=\gamma_{\alpha}$(如果 s 不是某一 s_{α},则令 $F(s)=0$)。容易验证 F 即为所求。

注记:引理4.13实际上对任意无穷基数都成立。   □

定理4.12的证明:用反证法,设 $j:V{\to}V$ 为初等嵌入。设 κ_0 为最小的变动的基数 $(j(\kappa_0)>\kappa_0)$,则 κ_0 是可测基数。令

$$\kappa_1 = j(\kappa_0), \kappa_2 = j(\kappa_1), \cdots, \kappa_{n+1} = j(\kappa_n), \cdots$$

则每个 κ_n 均为可测基数。令 $\lambda = \sup\{\kappa_n : n < \omega\}$。由于

$$j(\langle \kappa_n : n < \omega \rangle) = \langle j(\kappa_n) : n < \omega \rangle = \langle \kappa_{n+1} : n < \omega \rangle,$$

故 $j(\lambda) = \lambda$。令 $G = j[\lambda] = \{j(\alpha) : \alpha < \lambda\}$。下面我们将导出矛盾。

不难验证 $\lambda^\omega = 2^\lambda$。由引理 4.13 知,存在 $F : {}^\omega\lambda \to \lambda$ 使得对任意 $A \subseteq \lambda$,若 $|A| = \lambda$,则

$$F[{}^\omega A] = \{F(s) : s \in {}^\omega A\} = \lambda。$$

由于 $j(\omega) = \omega, j(\lambda) = \lambda$,故 F 与 $j(F)$ 具有相同的性质,即对任意 $A \subseteq \lambda$,若 $|A| = \lambda$,则 $j(F)[{}^\omega A] = \lambda$。令 $A = G$,则存在 $s \in {}^\omega G$ 使 $j(F)(s) = \kappa$。

不难证明,存在 $t : \omega \to \lambda$ 使得 $s = j(t)$ 且对任意 $n < \omega, s(n) = j(t(n))$。从而有

$$\kappa = j(F)(j(t)) = j(F(t))。$$

令 $\alpha = F(t)$,则 $\kappa = j(\alpha)$。而这是不可能的(因为对任意 $\alpha < \kappa, j(\alpha) = \alpha$;而对任意 $\alpha \geq \kappa, j(\alpha) > \kappa$),矛盾。定理得证。 □

注意:到现在还不清楚,在没有选择公理时,是否存在初等嵌入 $j : V \to V$。

6.5　可测基数与选择公理的协调性和独立性

在本节中我们将证明下面两个定理:

定理 5.1　如果 ZF + "存在可测基数"协调,则 ZFC + "存在可测

基数"也协调。

定理5.2 如果 ZFC + "存在可测基数"协调,则 ZF + ¬ AC + "存在可测基数"也协调。

定理5.1的证明:设 κ 为可测基数,U 为 κ 上的 κ – 完备的非主超滤子。考虑相对于可构成集类 $L[U]$。令 $\overline{U} = U \cap L[U]$,可以证明 $L[U] = L[\overline{U}]$。我们只需证明,在 $L[U]$ 中 $\overline{U}$ 是 κ 上的完备的非主超滤子(从而在 $L[U]$ 中 κ 是可测基数)。

(1)由于 $\kappa \in L[U]$ 且 $\kappa \in U$,故 $\kappa \in U \cap L[U] = \overline{U}$。

(2)设 $X, Y \in L[U]$,且 $X \subseteq Y$ 且 $X \in \overline{U}$。则 $Y \in U$,从而 $Y \in U \cap L[U] = \overline{U}$。

(3)设 $\{X_\alpha : \alpha < \gamma\} \in L[U] (\gamma < \kappa)$,且设 $\{X_\alpha : \alpha < \gamma\} \subseteq \overline{U}$,则有

$$\bigcap \{X_\alpha : \alpha < \gamma\} \in L[U] \cap U = \overline{U}。$$

(4)由于 U 是非主的且 $\overline{U} \subseteq U$,故 $\overline{U}$ 也是非主的。

又由于 $L[U]$ 满足选择公理,故定理得证。 □

由于在选择公理下,ω_1 不是可测基数,因此要证定理 5.2 只需证明下面的定理

定理5.3 如果 ZFC + "存在可数基数"协调,则存在 ZF 的一个模型,在其中 ω_1 是可测基数。

证明:我们采用力迫方法及对称子模型(见第五章)来构造所需模型。设 M 是 ZFC 的可数传递模型,κ 为 M 中的可测基数。令

$$P = \{p : p \subseteq \omega \times \kappa \text{ 且 } p \text{ 为有穷函数}\}。$$

定义 P 上偏序 $\leq$ 为反包含关系。记 $B = \mathrm{RO}(P)$。令 HAG 为 P 的所有自同构组成的群(P 的自同构可诱导出 B 的自同构)且令 HAF 是由

$$\{\mathrm{fix}(Z) : Z \subseteq P \text{ 且 } |Z| < \kappa\}$$

生成的正规滤子。设 G 为 B 上的脱殊滤子，$M[G]$ 为相应的脱殊模型，N 为相应的对称模型。设 $A \subseteq B$，如果

$$\mathrm{fix}(A) = \{\pi \in HAG : \forall a \in A(\pi(a) = a)\} \in HAF,$$

则称 A 为 B 的对称子集。

引理 5.4　如果 B 的每一对称子集 A 的基数都小于 κ，则 κ 在 N 中是可测基数。

证明： 在 N 中令

$$U' = \{X : 存在 Y \in U 使得 Y \subseteq X\}。$$

显然 U' 在 N 中为滤子。要证 U' 在 N 中为超滤子只需证

如果 $X \subseteq \kappa$，则要么 X 要么 $\kappa - X$ 有一个子集 Y 使得 $Y \in U$。

$$(5.1)$$

下面证明 (5.1)。设 $X \in N$，$X \subseteq \kappa$，且设 $\tilde{X}$ 为 X 的对称名字。则容易看出集合

$$A = \{\|\hat{\alpha} \in \tilde{X}\| : \alpha < \kappa\}$$

是 B 的对称子集，则 $|A| < \kappa$。对每一 $a \in A$，令

$$X_a = \{\alpha < \kappa : \|\hat{\alpha} \in \tilde{X}\| = a\}。$$

容易看出，若 $a \neq b$，则 $X_a \cap X_b = \varnothing$ 且 $\bigcup\{X_a : a \in A\} = \kappa$。从而必有一个 $a_0 \in A$ 使 $X_{a_0} \in U$。如果 $a_0 \in G$，则 $X_{a_0} \subseteq X$；否则 $X_{a_0} \subseteq k - X$。

要证 U' 在 N 中是 κ - 完备的只需证

如果 $\{X_\xi : \xi < \alpha\}$ 为 κ 的一个分割,则存在 $Y \in U$ 及 ξ 使 $Y \subseteq X_\xi$。

$$(5.2)$$

下面证明(5.2)。设 $\bar{F}$ 为 $\{X_\xi : \xi < \alpha\}$ 的对称名字,令

$$A = \{\| \exists \xi < \alpha (\hat{\beta} \in \bar{F}(\xi)) \| : \beta < \kappa\}。$$

则 A 为 B 的对称子集。故 $|A| < \kappa$。对每个 $u \in A$,令

$$Y_u = \{\beta : \| \exists \xi < \alpha (\hat{\beta} \in \bar{F}(\xi)) \| = u\}。$$

则 $\{Y_u : u \in A\}$ 为 κ 的一个分割,故必有 $u_0 \in A$ 使 $Y_{u_0} \in U$。由此可证 u_0 必属于 G。

对任意 $\xi < \alpha$,令

$$A_\xi = \{\alpha \in Y_{u0} : \| \alpha \in \bar{F}(\hat{\xi}) \| = u_0\}。$$

则可证(利用[7]的引理1.27)$\{A_\xi : \xi < \alpha\}$ 为 Y_{u_0} 的一个分割,而 $Y_{u_0} \in U$,故必有一 $\xi < \alpha$ 使 $A_\xi \in U$。又显然 $A_\xi \subseteq i(\bar{F})(\xi) = X_\xi$。 $\square$

引理 5.5 在 N 中,$\kappa = \omega_1$。

证明: 只需证明对任意 $\lambda < \kappa$,λ 在 N 中可数即可。设 $\bar{f}$ 是满足如下条件的名字:对任意 $n \in \omega, \alpha < \lambda$ 都有

$$\| \bar{f}(\hat{n}) = \hat{\alpha} \| = \sum \{p \in P : p(n) = \alpha\}。$$

不难看出,$\bar{f}$ 是对称名字且 $\bar{f}$ 的解释为 ω 到 λ 上的函数,故 λ 在 N 中可数。 $\square$

根据引理5.4,要证 ω_1 在 N 中是可测基数,只需证明:

引理 5.6 对 B 的任意对称子集 A 都有 $|A| < \kappa$。

证明: 设 A 为 B 的对称子集。则取 $Z \subset P, |Z| < \kappa$ 使得 $\mathrm{fix}(A) \supseteq$

$\mathrm{fix}(Z)$。对每一 $u \in A$,令 $S_u = \{p \in P : p \leqslant u\}$。容易看出,如果 $\pi \in \mathrm{fix}(Z)$,则有 $\pi[S_u] = S_u$。设 $\lambda < \kappa$ 使得 Z 中的每一元素 p 都包含在 $\omega \times \lambda$ 中。下面我们证明,如果存在 $p \in S_u$ 及自然数 n 使得 $p(n) \geqslant \lambda$,则存在 $q \in S_u$ 使得 $q(n) = \lambda$ 且对任意 $m \neq n$,有 $q(m) = p(m)$。

定义 $\omega \times \kappa$ 的置换 π 为

$$\begin{cases} \pi(n, p(n)) = \langle n, \lambda \rangle; \\ \pi(m, \alpha) = \langle m, \alpha \rangle, \text{如果} \langle m, \alpha \rangle \neq \langle n, p(\alpha) \rangle。 \end{cases}$$

则 π 可诱导出 B 上的一个自同构,且 $\pi \in \mathrm{fix}(Z)$。令 $q = \pi(p)$,则 $q \in S_u$。

根据以上的证明知,对任意 $p \in S_u$,可惟一地确定 $p' \in S_u$ 使得对任意 $n \in \omega$,若 $p(n) \geqslant \lambda$,则 $p'(n) = \lambda$;若 $p(n) < \lambda$,则 $p'(n) = p(n)$。定义 A 上的函数 f 如下:

对每一 $u \in A$,令

$$f(u) = \{p' : p \in S_u\}。$$

显然,f 是一一对应,且 $\mathrm{ran}(f) \subseteq P(\omega \times (\lambda \cup \{\lambda\}))$。从而 $|A| \leqslant 2^{\lambda}$。

□

6.6 超滤子定理的推广与强紧基数

在第二章中我们介绍了超滤子定理:

UFT:任意集合 S 上的滤子都可扩张为 S 上的超滤子。

在本节中我们将推广这一性质。设 κ 为一基数。

UFT(κ):任意集合 S 上的 κ - 完备的滤子都可扩张为 S 上的 κ - 完备的超滤子。

定理 6.1　假设 AC。则 UFT(ω_1)不成立。

为证明该定理,需要引进乌拉姆矩阵的概念。

定义 6.2　一乌拉姆矩阵就是满足如下条件的 ω_1 的子集族 $\{A_{\alpha n} : \alpha < \omega_1, n < \omega\}$:

$$
\begin{aligned}
&(1)\text{如果 } \alpha \neq \beta,\text{则 } A_{\alpha n} \cap A_{\beta n} = \varnothing ; \\
&(2)\text{对每一 } \alpha,\text{集合 } \omega_1 - \bigcup\{A_{\alpha n} : n \in \omega\}\text{可数。}
\end{aligned}
\qquad (6.1)
$$

引理 6.3　假设 AC。则乌拉姆矩阵存在。

证明: 对每一 $\xi < \omega_1$,取 f_ξ 为 ω 到 ξ 上的函数(需用 AC)。对任意 $\alpha < \omega_1, n < \omega$,定义 $A_{\alpha n}$ 为

$$
\xi \in A_{\alpha n}\text{当且仅当}f_\xi(n) = \alpha。
$$

显然,对每一 $n < \omega$ 及每一 $\xi < \omega_1$,只有惟一的 α 使 $\xi \in A_{\alpha n}$,故(6.1)(1)式成立。如果 $\alpha < \omega_1$,则对每一 $\xi > \alpha$,都存在 n,使 $f_\xi(n) = \alpha$,于是 $(\omega_1 - \bigcup\{A_{\alpha n} : n < \omega\}) \subseteq \alpha$,从而(6.1)(2)成立。

定理 6.1 的证明: 只需证明不存在 ω_1 上的 ω_1 - 完备的超滤子即可。设 $\{A_{\alpha n} : \alpha < \omega_1, n < \omega\}$ 为乌拉姆矩阵。用反证法,设 U 为 ω_1 上的 ω_1 - 完备的超滤子。则由(6.1)(1)知,对任意 α 必有 n_α 使 $A_{\alpha n_\alpha} \in U$。从而有 ω_1 的不可数子集 W 及一 $n < \omega$ 使得对任意 $\alpha \in W$ 都有 $n_\alpha = n$(需用 AC)。从而 $\{A_{\alpha n} : \alpha \in W\}$ 不可数且其中元素两两不交。矛盾。

$\square$

实际上我们可证明,如果 AC 成立,则对任意基数 λ,UFT(λ^+)都不成立。

定义 6.4　设 κ 为一基数。如果 UFT(κ)成立,则称 κ 为强紧基数。

显然强紧基数必为可测基数。

定义 6.5 设 κ,λ 为基数且 $\kappa \leqslant \lambda$，令 $P_{\kappa}(\lambda)$ 为集合

$$\{x \subseteq \lambda : |x| < \kappa\}。$$

定理 6.6 假设 AC。则下列命题等价：

(1) κ 为强紧基数。

(2) 对每一 $\lambda \geqslant \kappa$，存在 $P_{\kappa}(\lambda)$ 上的 κ - 完备的超滤子 U 使得对任意 $x \in P_{\kappa}(\lambda)$，都有 $\{y \in P_{\kappa}(\lambda) : y \supseteq x\} \in U$。

(3) κ 为不可达基数且对无穷长语言 $L_{\kappa\omega}$（见第四章第十一节）的任意语句集 Σ，如果 Σ 的每一基数小于 κ 的子集 Σ' 都有模型，则 Σ 也有模型。

证明：(1) $\Rightarrow$ (2) 是显然的。(2) $\Rightarrow$ (3) 的证明需要超积方法，略去（见 [54]，[4]）。下证 (3) $\Rightarrow$ (1)。设 F 为集合 S 上的 κ - 完备的滤子。设 $L_{\kappa\omega}$ 包含一个一目谓词 U 且对每一 $X \subseteq S$ 中都有一个常项符 C_X 与之相对应。设 Σ 是如下语句组成的集合：

$\varnothing \in U, C_S \in U,$

$C_X \in U,$ 对任意 $X \in F,$

$C_X \in U \vee (C_S - C_X) \in U,$ 对任意 $X \subseteq S,$

$\bigwedge\{C_{X_\xi} \in U : \xi < \alpha\} \to \bigcap\{C_{X_\xi} : \xi < \alpha\} \in U, \alpha < \kappa,$

$C_X \subseteq C_Y,$ 对任意 $X \subseteq Y,$

$C_X \neq C_Y,$ 对任意 $X \neq Y。$

设 Σ' 为 Σ 的子集且 $|\Sigma'| < \kappa$，则 Σ' 中出现的 C_X 的个数也小于 κ。从而可把 Σ' 中出现的 C_X 解释为 F 中的元素。再根据超滤子定理，F 可扩张为超滤子 F'，显然 F' 是 Σ' 的模型。由 (3) 知，Σ 也有模型，由此可证，存在 S 上的一个 κ - 完备的超滤子 U 使得 $F \subseteq U$。故 κ 是强紧基数。 $\square$

定义 6.7 设 $X_\alpha, \alpha < \lambda$ 为 P_λ 的一列子集，定义它们的对角交为

$$\Delta\{X_\alpha : \alpha < \lambda\} = \{y : y \in \bigcap\{X_\alpha : \alpha \in y\}\}。$$

定义 6.8 设 U 为 $P_\kappa(\lambda)$ 上的超滤子,如果 U 关于对角交封闭,则称 U 为 $P_\kappa(\lambda)$ 的正规滤子。

定义 6.9 设 κ 为一基数,如果对任意 $\lambda \geqslant \kappa$,都存在 $P_\kappa(\lambda)$ 上的 κ – 完备的正规超滤子 U 使得对任意 $x \in P_\kappa(\lambda)$ 有

$$\{y \in P_\kappa(\lambda) : y \supseteq x\} \in U,$$

则称 κ 为超紧基数。

根据定理 6.6(2) 知,超紧基数一定是强紧基数。

定理 6.10 κ 是超紧基数当且仅当对任意 $\lambda \geqslant \kappa$,都存在初等嵌入 $j : V \to M$ 使得

$$
\begin{aligned}
&(1) j(\alpha) = \alpha,\text{对任意 } \alpha < \kappa; \\
&(2) j(\kappa) > \lambda; \\
&(3) j[\lambda] = \{j(\alpha) : \alpha < \lambda\} \in M。
\end{aligned}
\tag{6.2}
$$

证明:必要性的证明需要用超积方法(见[21],[45]),略去。下面证明充分性。设 $\lambda \geqslant \kappa, j : V \to M$ 为初等嵌入且满足 (6.2) 式。定义 $P_\kappa(\lambda)$ 上的超滤子 U 如下:

$$X \in U \text{ 当且仅当 } j[\lambda] \in j(X)。$$

不难验证,U 就是 $P_\kappa(\lambda)$ 上正规的 κ – 完备的超滤子,且满足对任意 $x \in P_\kappa(\lambda), \{y \in P_\kappa(\lambda) : y \supseteq x\} \in U$。 $\square$

定理 6.11 如果存在超紧基数 κ,则 $V \neq L[U]$,其中 U 为 κ 上 κ – 完备的正规滤子。

证明:设 $V = L[U]$,下面导出矛盾。设 $\lambda = \kappa^+$,则由定理 6.10 知存在初等嵌入 $j : V \to M$ 使得 (6.2) 式成立。由于 $V = L[U]$,故必有

$M = L[j(U)]$，即有

$$j : L[U] \rightarrow L[j(U)]。$$

由秀福尔(J. H. Silver)[43]的结果知，$L[U] \models GCH$，故有

$$L[U] \models |U| = k^+。 \qquad (6.3)$$

又可证明，对任意 $X \subseteq M = L[j(U)]$，若 $|X| \leqslant \lambda = \kappa^+$，则 $X \in M$（见 [21]）。从而由(6.3)式知 $U \in L[j(U)]$。同样可证 U 在 $L[j(U)]$ 中仍是 κ 上的 κ-完备的超滤子。从而有

$$L[j(U)] \models \kappa \text{ 是可测基数。}$$

又

$$L[j(U)] \models j(\kappa) \text{ 是可测基数。}$$

从而有

$$L[j(U)] \text{ 至少存在两个可测基数。}$$

然而，由库南(K. Kunen)的结论知，$L[j(U)]$ 中只有惟一的一个可测基数（见[21]，引理31.3）。矛盾。故必有 $V \neq L[U]$。　　□

　　下面我们来证明强紧基数未必是超紧基数。需要指出的是，下面的两个结论没有使用选择公理。

　　引理6.12　设 κ 为可测基数，如果集合 $\{\alpha < \kappa : \alpha$ 为强紧基数$\}$ 的极限为 κ，则 κ 仍是强紧基数。

　　证明：设 F 为 κ 上的 κ-完备的超滤子使得

$$C = \{\alpha < \kappa : \alpha \text{ 是强紧基数}\} \in F。$$

设 $\lambda \geqslant \kappa$，下面证明存在 $P_\kappa(\lambda)$ 上的超滤子 U 使得对任意 $x \in P_\kappa(\lambda)$ 都有 $\{y \in P_\kappa(\lambda) : y \supseteq x\} \in U$。

对每一 $\alpha \in C$，设 U_α 为 $P_\alpha(\lambda)$ 上的超滤子，定义 U 如下：

$$X \in U \text{ 当且仅当 } \{\alpha \in C : X \cap P_\alpha(\lambda) \in U_\alpha\} \in F。$$

容易验证，U 就是所求。从而 κ 是强紧基数。 □

定理 6.13 如果存在一个可测基数 κ，它是强紧基数的极限，则这样的最小的基数是强紧的但不是超紧的。

证明：设 κ 为最小的使得 $|\{\alpha < \kappa : \alpha \text{ 是强紧基数}\}| = \kappa$ 的可测基数。由引理 6.12 知，κ 是强紧基数。假设 κ 是超紧基数，下面导出矛盾。令 $\lambda = 2^\kappa$，设 $j : V \to M$ 是初等嵌入且满足 (6.2) 式（由此可知 $^\lambda M \subseteq M$）。从而有

$$M \models \begin{array}{l} j(\kappa) \text{ 为最小的使得} \\ |\{\alpha < j(\kappa) : \alpha \text{ 是强紧基数}\}| = j(\kappa) \text{ 的基数}。\end{array} \qquad (6.4)$$

如果 α 为强紧基数，则 $M \models j(\alpha)$ 为强紧基数。然而 $j(\alpha) = \alpha$，从而有

$$M \models |\{\alpha < \kappa : \alpha \text{ 为强紧基数}\}| = \kappa。$$

这与 (6.4) 式矛盾，故 κ 不是超紧基数。 □

6.7 可扩充基数

在第六节中我们证明了，如果存在可测基数使得 $|\{\alpha < \kappa : \alpha \text{ 为强}$

紧基数$\|=\kappa$,则存在一强紧基数,它不是超紧基数(定理6.13)。然而,这样的κ的存在性却需要更高层的大基数,即可扩充基数,并且需用选择公理。

定义7.1　一基数κ是可扩充基数,如果对任意$\alpha>\kappa$都存在β及初等嵌入$j:V_\alpha\to V_\beta$使得

$$
\begin{aligned}
&(1)\text{对任意}\gamma<\kappa,j(\gamma)=\gamma;\\
&(2)j(\kappa)>\kappa。
\end{aligned}
\qquad(7.1)
$$

定义7.2　设κ,λ为基数且$\lambda\geq\kappa$。如果存在$P_\kappa(\lambda)$上的$\kappa-$完备的正规超滤子U使得对任意$x\in P_\kappa(\lambda)$有$\{y\in P_\kappa(\lambda):y\supseteq x\}\in U$,则称$\kappa$是$\lambda-$超紧的。

显然,κ是超紧基数当且仅当对任意$\lambda\geq\kappa$,κ是$\lambda-$超紧的。

引理7.3　设$\lambda\geq\kappa$为正则基数,且设κ是$\lambda-$超紧的。设$\alpha<\kappa$,如果对任意$\gamma<\kappa$,α是$\gamma-$超紧的,则α是$\lambda-$超紧的。

证明:由于κ是$\lambda-$超紧的,故取U为$P_\kappa(\lambda)$的$\kappa-$完备的正规超滤子。今考虑相应的初等嵌入$j:V\to M$。设对任意$\gamma<\kappa$,α都是$\gamma-$超紧的。由于$j(\alpha)=\alpha$,故

$$M\models\text{对任意}\gamma<j(\kappa),\alpha\text{是}\gamma-\text{超紧的。}$$

由于$j(\kappa)>\lambda$,故知

$$M\models\alpha\text{是}\lambda-\text{超紧的。}$$

进而有

$$M\models\text{存在}P_\alpha(\lambda)\text{上的}\kappa-\text{完备的正规超滤子。}$$

由于$|P_\alpha(\lambda)|=\lambda$(这里用了选择公理)且$^\lambda M\subseteq M$,故知存在$P_\alpha(\lambda)$上

的 κ – 完备的正规超滤子。从而 α 为 λ – 超紧的。 □

推论 7.4 设 κ 是超紧基数,$\alpha < \kappa$。如果对任意 $\gamma < \kappa$,α 是 γ – 超紧的,则 α 是超紧基数。 □

定理 7.5 如果 κ 是可扩充基数,则存在 κ 上的 κ – 完备的正规超滤子 D 使得 $\{\alpha < \kappa : \alpha$ 是超紧基数$\} \in D$。

证明: 设 $\xi > \kappa$ 为极限序数,则存在初等嵌入 $j : V_\xi \to V_\eta$ 使得 (7.1) 式成立,令

$$D = \{X \subseteq \kappa : \kappa \in j(X)\}。$$

容易验证,D 为 κ 上的 κ – 完备的正规超滤子。根据引理 7.3(注意 κ 是超紧基数)知:

$$V_\eta \models 对任意 \gamma < j(\kappa),\kappa 是 \gamma – 超紧的。$$

从而必有

$$\{\alpha < \kappa : 对任意 \gamma < \kappa,\alpha 是 \gamma – 超紧的\} \in D。$$

由推论 7.4 知,α 是超紧基数。 □

推论 7.6 如果存在可扩充基数,则存在一强紧基数 κ,它不是超紧基数。

证明: 由定理 7.5 和定理 6.13 直接得到。 □

定义 7.7 设 κ 为基数,设 j 为一初等嵌入使得 (7.1) 式成立。对任何自然数 n,定义 κ_n 如下:

$$\kappa_0 = \kappa;$$
$$\kappa_{n+1} = j(\kappa_n),如果 \kappa_n \in \mathrm{dom}(j)。$$

如果每个 κ_n 都有定义,则令

$$\kappa_{\omega} = \sup\{\kappa_n : n \in \omega\}。$$

定理 7.8 设 $j : V_{\alpha} \to V_{\beta}$。如果 $\kappa_{\omega} \leqslant \alpha$，则必有 $\beta < \kappa_{\omega} + 2$。

证明：和定理 4.12 的证明完全一样（注意：本定理使用了 AC1）。 □

由定理 7.8 知，不存在初等嵌入 $j : V_{\kappa_{\omega}+2} \to V_{\kappa_{\omega}+2}$。然而，仍然有人考虑下述命题：

I1：存在初等嵌入 $j : V_{\kappa_{\omega}+1} \to V_{\kappa_{\omega}+1}$。

I2：存在初等嵌入 $j : V_{\kappa_{\omega}} \to V_{\kappa_{\omega}}$。

命题 7.9 I1 $\Rightarrow$ I2。

证明：显然。 □

由定理 4.12 知，在选择公理下，不存在初等嵌入 $j : V \to V$。而 I1 和 I2 是形如"存在初等嵌入 $j : V_{\alpha} \to V_{\alpha}$"的命题。因而 I1 和 I2 都接近于矛盾的边缘。其中选择公理起着至关重要的作用。

注记 7.10 纵观本章，不难发现，从某种意义上讲，大基数的层次越高，它与选择公理之间的距离越远。不可达基数、玛洛基数和弱紧基数都与可构成公理协调。而拉姆齐基数、可测基数与可构成公理就不协调了。然而，可测基数还与 $V = L[U]$ 协调。超紧基数与 $V = L[U]$ 也不协调了。I1 和 I2 几乎与选择公理是矛盾的。在下一章我们将研究与选择公理矛盾的命题。

第七章

与选择公理矛盾的若干命题

在本章我们将研究与选择公理矛盾的几个命题。着重介绍决定性公理对数学的影响。

7.1 κ 上的无界闭集

在第六章第一节中我们引进了 κ 上的无界闭集和稳定子集的概念（κ 为正则基数）。这里我们进一步研究它们的性质。

定理 1.1

(1) 小于 κ 多个无界闭集的交仍是无界闭集。

(2) 任意无界闭集的序列 $\{C_\alpha : \alpha < \kappa\}$ 的对角交

$$\Delta\{C_\xi : \xi < \kappa\} = \{\alpha < \kappa : \alpha \in \bigcap\{C_\xi : \xi < \alpha\}\} \tag{1.1}$$

仍是无界闭集。

证明：(1) 设 $\{C_\xi : \xi < \gamma\}$ 为一族无界闭集（$\gamma < \kappa$）。我们将归纳于 γ 来证明

$$C = \bigcap\{C_\xi : \xi < \gamma\} \tag{1.2}$$

是无界闭集。

首先由第六章的引理 1.6 知，两个无界闭集的交仍是无界闭集。

设对任意 $\xi < \gamma$，结论成立，即 $\bigcap \{ C_\eta : \eta < \xi \}$ 是无界闭集。对任意 $\xi < \gamma$，令

$$D_\xi = \bigcap \{ C_\eta : \eta < \xi \}。$$

则每个 D_ξ 都是无界闭集，且有

$$D_0 \supseteq D_1 \supseteq \cdots \supseteq D_\xi \supseteq \cdots, \xi < \gamma。 \tag{1.3}$$

显然有 $C = \bigcap \{ D_\xi : \xi < \gamma \}$。由此不难看出，$C$ 为闭集。下面证明 C 是无界集。设 $\beta < \kappa$，对任意 ξ，定义 α_ξ 如下：

$\alpha_0 = $ 最小的 $\alpha \in D_0$ 使得 $\alpha > \beta$；

$\alpha_{\xi+1} = $ 最小的 $\alpha \in D_{\xi+1}$ 使得 $\alpha > \alpha_\xi$；

$\alpha_\eta = \sup \{ \alpha_\xi : \xi < \eta \}$，$\eta$ 为极限序数且 $\eta < \gamma$。

令 $\alpha = \sup \{ \alpha_\xi : \xi < \gamma \}$。根据 (1.3) 式及每个 D_ξ 的无界闭性知，α 属于每个 D_ξ，从而 $\alpha \in C$。从而可知 C 是无界集。

（2）设 C_ξ，$\xi < \kappa$，为无界闭集。根据（1）不妨设

$$C_0 \supseteq C_1 \supseteq \cdots \supseteq C_\xi \supseteq \cdots \tag{1.4}$$

先证 $C = \Delta \{ C_\xi : \xi < \kappa \}$ 为闭集。设 $\alpha_\eta \in C$，$\eta < \gamma$，令

$$\alpha = \sup \{ \alpha_\eta : \eta < \gamma \}。$$

对任意 $\xi < \alpha$，取 η_0 为最小的 η 使得 $\alpha_\eta > \xi$。从而

$$\alpha = \sup \{ \alpha_\eta : \eta < \gamma \text{ 且 } \eta \geq \eta_0 \}。$$

根据 (1.4) 式及对角交的定义知，当 $\eta \geq \eta_0$ 时，$\alpha_\eta \in C_\xi$。从而根据 C_ξ 的

闭性知, $\alpha \in C_\xi$。于是 $\alpha \in \bigcap \{ C_\xi : \xi < \alpha \}$。从而 $\alpha \in C$。

下证 C 是无界集。设 $\beta < \kappa$,定义序列 $\alpha_0 < \alpha_1 < \cdots < \alpha_n < \cdots$ 如下:

$\alpha_0 = \beta + 1$;

$\alpha_{n+1} = $ 最小的序数 $\alpha > \alpha_n$ 使得 $\alpha \in C_{\alpha_n}$。

令 $\alpha = \sup \{ \alpha_n : n \in \omega \}$,容易验证,对任意 $\xi < \alpha$ 都有 $\alpha \in C_\xi$,于是 $\alpha \in C$。从而 C 是无界集。

综上定理得证。 □

推论 1.2 设 C 为 κ 上的无界闭集,S 为 κ 上的稳定子集,则 $C \cap S$ 仍为稳定子集。

定义 1.3 令 $CUF = \{ X \subseteq \kappa : X$ 包含一个无界闭集 $\}$。

容易看出,CUF 是 κ 上的 κ - 完备的正规滤子(需要选择公理)。

命题 1.4 如果 X 不是稳定子集,则 $\kappa - X \in CUF$。

命题 1.5 集合 $S = \{ \alpha < \kappa : \mathrm{cf}(\alpha) = \omega \}$ 为 κ 上的稳定子集,其中 $\mathrm{cf}(\alpha)$ 为 α 的最小共尾数,即 $\mathrm{cf}(\alpha)$ 是最小的序数 β 使得存在 β 到 α 内的函数 f 使得 $\alpha = \bigcup \mathrm{ran}(f)$。

证明:设 C 为无界闭集,则 C 中第 ω 个元素必属于 S。故 S 是稳定子集。 □

定义 1.6 设 $f: S \to \kappa$ 为函数。如果对任意 $\alpha \in S, \alpha > 0$,都有 $f(\alpha) < \alpha$,则称 f 为 S 上的回归函数。

定理 1.7 假设 AC。如果 f 为 S_0 上的回归函数且 S_0 为稳定子集,则存在一序数 $\gamma < \kappa$ 使得 $\{ \alpha \in S_0 : f(\alpha) = \gamma \}$ 为稳定子集。

证明:用反证法。设对每一 $\gamma < \kappa$,集合 $\{ \alpha \in S_0 : f(\alpha) = \gamma \}$ 都不是稳定集,从而取无界闭集 C_γ 使得对任意 $\alpha \in S_0 \cap C_\gamma, f(\alpha) \neq \gamma$。令 $C = \Delta \{ C_\gamma : \gamma < \kappa \}$。从而对任意 $\alpha \in S_0 \cap C$,都有 $f(\alpha) \geqslant \alpha$。而 S_0 为稳定集,C 为无界闭集,故 $S_0 \cap C$ 不空。从而得出 f 不是回归函数,矛盾。

□

定理 1.8 假设 AC。则集合 $S = \{ \alpha < \kappa : \mathrm{cf}(\alpha) = \omega \}$ 可分割成 κ 个稳定子集的并。

证明：对每一 $\alpha \in S$，设 $f_\alpha : \omega \to \alpha$ 为使得 $\alpha = \bigcup \{f_\alpha(n) : n < \omega\}$ 的递增函数（需用 AC）。首先我们断言，存在一 n 使得对每一 γ，集合

$$\{\alpha \in S : f_\alpha(n) \geqslant \gamma\} \tag{1.5}$$

为稳定集。若不然，则对每一 n 存在一 γ，及一无界闭集 C_n 使得对任意 $\alpha \in C_n \cap S$ 都有 $f_\alpha(n) < \gamma_n$（需用可数选择公理）。令 $\gamma = \bigcup \{\gamma_n : n \in \omega\}$ 且令 $C = \bigcap \{C_n : n \in \omega\}$。则 $C \cap S$ 仍为稳定集（推论 1.2），因而是无界集。显然对每一 $\alpha \in C \cap S$ 及每一 $n \in \omega$，都有 $f_\alpha(n) < \gamma$。由此得出，$C \cap S$ 中的每一元素 $\alpha = \bigcup \{f_\alpha(n) : n \in \omega\} < \gamma$。这是不可能的，故断言成立。

设 n 使得对任意 $\gamma < \kappa$，(1.5) 式中的集合为稳定集。定义 S 上的函数 g 如下：

$$g(\alpha) = f_\alpha(n)。$$

显然 g 是一个回归函数，且对任意 $\gamma < \kappa$，集合 $\{\alpha \in S : g(\alpha) \geqslant \gamma\}$ 是稳定集。根据定理 1.7 知，存在 $\delta \geqslant \gamma$ 使得集合

$$S_\delta = \{\alpha \in S : g(\alpha) = \delta\}$$

是稳定的。显然不同的 S_δ 是互不相交的。根据 κ 的正则性可把 S 分割成 κ 个稳定子集的并。　　　　　　　　　　　　　　□

推论 1.9　假设 AC，则 CUF 不是超滤子。

证明：由定理 1.8 知，存在一个集合 X，使得 X 和 $\kappa - X$ 都是稳定集，从而 X 和 $\kappa - X$ 都不属于 CUF。于是 CUF 不是超滤子。　　　□

下面我们讨论，当 κ 为可测基数时，CUF 与 κ 上的 κ - 完备的正规超滤子的关系。

引理 1.10　设 U 为 κ 上的 κ - 完备的超滤子。则 U 是正规的当且仅当对任意回归函数 f 都存在 $X \in U$ 使得 f 在 X 上为常函数。

证明:(1)必要性:设 U 为正规滤子,$f:\kappa\to\kappa$ 为一回归函数。假设对任意 $X\in U$,f 在 X 上均不是常函数,则对任意 $\gamma<\kappa$,集合 $X_\gamma=\{\alpha<\kappa:f(\alpha)\neq\gamma\}\in U$。由于 U 是正规的,故对角交 $Y=\Delta\{X_\gamma:\gamma<\kappa\}\in U$。从而对任意 $\alpha\in Y$,$f(\alpha)\geq\alpha$。这与 f 是回归函数矛盾。

(2)充分性:用反证法,设 U 不是正规的,则存在 U 中的元素

$$X_0\supseteq X_1\supseteq X_1\supseteq\cdots\supseteq X_\xi\supseteq\cdots,\xi<\kappa,$$

它们的对角交 $Y=\Delta\{X_\xi:\xi<\kappa\}$ 不属于 U。由于对每个 ξ,$X_\xi-Y$ 仍属于 U,故不妨设 $Y=\varnothing$。定义函数 f 如下:对任意 $\alpha<\kappa$,令

$$f(\alpha)=\text{最小的序数 }\xi\text{ 使得 }\alpha\notin X_\xi。$$

下证 f 是回归函数。如果存在 α 使 $f(\alpha)\geq\alpha$,则根据 $f(\alpha)$ 的定义知,对任意 $\xi<\alpha$,$\alpha\in X_\xi$。从而 $\alpha\in Y$,与 $Y=\varnothing$ 矛盾。于是 U 是正规的。□

定理 1.11 如果 D 是 κ 上的 κ-完备的正规超滤子,C 是 κ-上的无界闭集,则 $C\in D$。

证明:用反证法,设 $C\notin D$,则 $\kappa-C\in D$。下面定义 $\kappa-C$ 上的回归函数 f:对任意 $\alpha\in\kappa-C$,令

$$f(\alpha)=\text{最大的 }\gamma\in C\text{ 使 }\gamma<\alpha。$$

注意,由于 $\alpha\notin C$,且 C 是闭集,故 f 的定义是合理的。由于 D 是正规的,根据引理 1.10 知,存在 $X\in D$ 使得 f 在 X 上为常函数。由于 C 是无界集,故这是不可能的。从而 $C\in D$。□

推论 1.12 假设 AC。如果 κ 是可测基数,则 CUF 可扩充为 κ-完备的正规超滤子。

7.2　$P_\kappa(\lambda)$ 上的无界闭集

早在 1973 年,叶赫就提出了 $P_\kappa(\lambda) = \{x \subseteq \lambda : |x| < \kappa\}$ 上的无界闭集的概念。设 $D \subseteq P_\kappa(\lambda)$,如果 $D = \{x_\alpha : \alpha < \gamma\}$ 满足

$$x_0 \subseteq x_1 \subseteq \cdots \subseteq x_\alpha \subseteq \cdots, \alpha < \gamma;$$

则称 D 为一链。

定义 2.1　设 $C \subseteq P_\kappa(\lambda)$,如果对每一非空链 $D \subseteq C$ 都有

$$|D| < \kappa \rightarrow \bigcup\{x : x \in D\} \in C; \tag{2.1}$$

则称 C 是 $P_\kappa(\lambda)$ 的闭集。如果有

$$\forall x \in P_\kappa(\lambda) \exists y (x \subseteq y \wedge y \in C), \tag{2.2}$$

则称 C 是 $P_\kappa(\lambda)$ 的无界集。

如果 C 既是闭集又是无界集,则称 C 为 $P_\kappa(\lambda)$ 的无界闭集。

设 $S \subseteq P_\kappa(\lambda)$,如果对任意无界闭集 $C \subseteq P_\kappa(\lambda)$ 都有 $S \cap C$ 不空,则称 S 为 $P_\kappa(\lambda)$ 的稳定子集。

$P_\kappa(\lambda)$ 的无界闭集与 κ 的无界闭集有一些相似的性质。然而,$P_\kappa(\lambda)$ 的无界闭集的性质更需要选择公理。

命题 2.2　对任意 $x \in P_\kappa(\lambda)$,集合 $\{y \in P_\kappa(\lambda) : y \supseteq x\}$ 是无界闭集。

定理 2.3　假设选择公理,则

(1) $P_\kappa(\lambda)$ 上的小于 κ 多个无界闭集的交仍是无界闭集;

(2) 设 $C_\alpha, \alpha < \lambda$ 为 $P_\kappa(\lambda)$ 上的无界闭集,则对角交

$$\Delta\{C_\alpha : \alpha < \lambda\} = \{x : x \in \bigcap\{C_\alpha : \alpha \in x\}\}$$

也是无界闭集。

证明：(1)设 $C_\xi, \xi < \alpha (\alpha < \kappa)$ 为无界闭集。下证

$$C = \bigcap\{C_\xi : \xi < \alpha\} \tag{2.3}$$

是无界闭集。我们采用归纳法证明。设对任意 $\beta < \alpha$，集合 $\bigcap\{C_\xi : \xi < \beta\}$ 已是无界闭集。于是不妨设

$$C_0 \supseteq C_1 \supseteq C_1 \supseteq \cdots \supseteq C_\xi \supseteq \cdots (\xi < \alpha)。 \tag{2.4}$$

由此看出 C 显然是闭集。接下来证明 C 是无界集。设 $x \in P_\kappa(\lambda)$。因为 C_0 是无界集，故取 $x_0 \in C_0$ 使 $x \subseteq x_0$，同样取 $x_1 \in C_1$ 使 $x_0 \subseteq x_1$，如此下去，可得到一序列（需用选择公理）

$$x_0 \subseteq x_1 \subseteq \cdots \subseteq x_\xi \subseteq \cdots \tag{2.5}$$

满足

(i) $x_\xi \subseteq x_{\xi+1}$；

(ii) $x_\xi \supseteq \bigcup\{x_\eta : \eta < \xi\}$，如果 ξ 为极限序数；

(iii) $x_\xi \in C_\xi$。

令

$$y = \bigcup\{x_\xi : \xi < \alpha\}。 \tag{2.6}$$

容易看出，y 属于每个 C_ξ，从而 $y \in C$。于是 C 是无界集。

(2)设 $C_\alpha, \alpha < \lambda$ 为 $P_\kappa(\lambda)$ 上的无界闭集。令 C 为它们的对角交。我们的任务就是要证 C 是无界闭集。先证 C 是闭集。设 $D \subseteq C$ 为一

链,且 $|D| < \kappa$。对任意 $\alpha \in \bigcup D$,令 $D_\alpha = \{x \in D : \alpha \in x\}$。由于 $\alpha \in \bigcup D$,故 D_α 不空。显然,D_α 也是一链且 $|D_\alpha| < \kappa$。另外,因为对任意 $x \in D_\alpha, \alpha \in x$ 且 $x \in C$,故 $x \in C_\alpha$。从而 $D_\alpha \subseteq C_\alpha$。而 C_α 为闭集,故 $\bigcup D_\alpha \in C_\alpha$。由于 D 为链,故必有 $\bigcup D = \bigcup D_\alpha$。于是 $\bigcup D \in C_\alpha$。即对任意 $\alpha \in \bigcup D$ 都有 $\bigcup D \in C_\alpha$,从而 $D \in C$,所以 C 是闭集。

最后证明 C 是无界集。设 $x \in P_\kappa(\lambda)$,根据(1)取 $x_0 \supseteq x$ 使 $x_0 \in \bigcap \{C_\alpha : \alpha \in x\}$,取 $x \supseteq x_1$ 使 $x_1 \in \bigcap \{C_\alpha : \alpha \in x_0\}$,如此继续下去,可得到一序列(需要用选择公理):

$$x_0 \subseteq x_1 \subseteq \cdots \subseteq x_n \subseteq \cdots$$

使得对任意 n 都有

$$x_{n+1} \in \bigcap \{C_\alpha : \alpha \in x_n\}。$$

令 $y = \bigcup \{x_n : n \in \omega\}$,显然 $x \subseteq y$ 且 $y \in C$。于是 C 是无界集。　　□

定义 2.4　设 $S \subseteq P_\kappa(\lambda)$,$f : S \to \lambda$ 为函数。如果对任意非空集 $x \in S$ 都有 $f(x) \in x$,则称 $f(x)$ 为回归函数。

定理 2.5　假设 AC。如果 S 是稳定集且 f 为 S 上的回归函数,则存在 $\gamma < \lambda$ 使得集合

$$\{x \in S : f(x) = \gamma\}$$

也是稳定集。

证明：设 S 为稳定集,f 为 S 上的回归函数。用反证法,设对任意 $\gamma < \lambda$,集合

$$\{x \in S : f(x) = \gamma\} \tag{2.7}$$

不是 $P_\kappa(\lambda)$ 上的稳定集,则取无界闭集 C_γ 使得对任意 $x \in C_\gamma$ 都有

$f(x) \neq \gamma$。令

$$C = \Delta\{C_\gamma : \gamma < \lambda\}。$$

我们断言 $C \cap S = \varnothing$。如果存在 $x \in C \cap S$,则对任意 $\alpha \in x$,有 $x \in C_\alpha$,从而 $f(x) \neq \alpha$。于是 $f(x) \notin x$,与 f 是 S 上的回归函数矛盾。故 $C \cap S = \varnothing$。而这与 S 是稳定集矛盾。从而必存在 $\gamma < \lambda$ 使得(2.7)式中的集合是稳定集。 $\square$

定义 2.6 设 κ, λ 为不可数正则基数,且 $\kappa \leqslant \lambda$。令

$$CUF(\kappa, \lambda) = \{X \subseteq P_\kappa(\lambda) : X \text{ 包含 } P_\kappa(\lambda) \text{ 的一个无界闭集}\}。$$

由定理 2.3 知,CUF 是完备的正规滤子。而下面的结论说明,若选择公理成立,则 CUF 不是超滤子。

定理 2.7 设 κ 为后继函数,$\lambda \geqslant \kappa$ 为正则基数。则 $P_\kappa(\lambda)$ 的每一稳定子集 S 都可分割为 λ 个互不相交稳定子集的并。

证明: 我们证明 $\kappa = \omega_1$ 的情形。对每个 $x \in P_\kappa(\lambda)$,令

$$p_x = \{\alpha_n^x : n \in \omega\}$$

是可数集 x 的一个枚举(需用 AC)。我们断言,存在某一 n 使得对每一 $\gamma < \lambda$,集合

$$\{x \in S : \alpha_n^x \geqslant \gamma\} \tag{2.8}$$

是稳定集。若不然,对每个 n 都存在 γ_n 使得集合(2.8)不稳定。从而,对每一 n,取无界闭集 C_n 使得对每一 $x \in C \cap S$ 都有 $\alpha_n^x < \gamma_n$。令

$$\gamma = \sup\{\gamma_n : n \in \omega\}, \quad C = \bigcup\{C_n : n \in \omega\}。 \tag{2.9}$$

则对任意的 $x \in C \cap S$ 及任意的 $n \in \omega$，$\alpha_n^x < \gamma$，即对每一 $x \in C \cap S$ 都有 $x \subseteq \gamma$。这与 $C \cap S$ 是稳定集矛盾。故断言成立。设 n 使得对每一 $\gamma < \lambda$，集合 (2.8) 都是稳定集。定义 S 上的函数 f 如下：

$$f(x) = \alpha_n^x \text{。} \tag{2.10}$$

不难看出，f 是 S 上的回归函数。由于对任意 $\gamma < \lambda$，集合

$$\{x \in S : f(x) \geqslant \gamma\}$$

是稳定集，故由定理 2.5 知，对任意 $\gamma < \lambda$ 都存在 $\delta \geqslant \gamma$，使得

$$S_\delta = \{x \in S : f(x) = \delta\}$$

是稳定集。显然，如果 $\delta_1 \neq \delta_2$，则 $S_{\delta_1} \cap S_{\delta_2} = \varnothing$。由于 λ 是正则基数，故 S 可分割成 λ 个稳定子集的并。 $\square$

定理 2.8 设 κ 是 λ – 超紧基数，U 是 $P_\kappa(\lambda)$ 上的 κ – 完备的正规超滤子，则 $P_\kappa(\lambda)$ 上的每一无界闭集都属于 U。

证明：设 $j : V \to M$ 为初等嵌入满足第六章第六节中的 (6.2) 式且满足，对任意 $X \subseteq P_\kappa(\lambda)$ 有

$$X \in U \text{ 当且仅当 } j[\lambda] \in j(X) \text{。} \tag{2.11}$$

设 $C \subseteq P_\kappa(\lambda)$ 是无界闭集。要证 $C \in U$，只需证 $j[\lambda] \in j(C)$。由于 C 是无界闭集，由选择公理知存在一序列

$$x_0 \subseteq x_1 \subseteq \cdots \subseteq x_\alpha \subseteq \cdots, \alpha < \lambda$$

使得对任意 $\alpha < \lambda$，$\alpha \in x_\alpha$ 且 $x_\alpha \in C$。令

$$D = \{j(x_\alpha) : \alpha < \lambda\}。$$

显然,$D \subseteq j(C)$,且 D 为一链。注意,由于每个 x_α 的基数小于 κ,故 $j(x_\alpha) = j[x_\alpha]$。从而对任意 $\alpha < \lambda$ 都有 $j(\alpha) \in j[x_\alpha]$。于是有 $\bigcup D = j[\lambda]$。而 $j(C)$ 在 M 中(注:D 也属于 M)是闭集,所以 $\bigcup D \in j(C)$,即 $j[\lambda] \in j(C)$。从而 $C \in U$。

定理 2.9 设 U 为 $P_\kappa(\lambda)$ 上的 κ–完备的超滤子。U 是正规的当且仅当对任意回归函数 $f : P_\kappa(\lambda) \to \lambda$,都存在 $X \in U$ 使得 f 在 X 上为常函数。

证明:(1)必要性。设 U 为正规超滤子,$f : P_\kappa(\lambda) \to \lambda$ 为回归函数。假设对任意 $X \in U$,f 在 X 上均不是常函数,则对任意 $\gamma < \lambda$ 有

$$X_\gamma = \{x \in P_\kappa(\lambda) : f(x) \neq \gamma\} \in U。$$

由于 U 是正规的,故对角交 $\Delta\{X_\gamma : \gamma < \lambda\} \in U$。从而对任意 $x \in X$,$f(x) \notin x$,与 f 是回归函数矛盾。

(2)充分性。用反证法,设 U 不是正规的,则存在 U 中的元素

$$X_0 \supseteq X_1 \supseteq \cdots \supseteq X_\xi \supseteq \cdots, \xi < \lambda$$

使得它们的对角交 $Y = \Delta\{X_\xi : \xi < \kappa\} = \varnothing$。定义函数 f 如下:对任意 $x \in P_\kappa(\lambda)$,令

$$f(x) = 最小的序数 \xi 使得 x \notin X_\xi。$$

我们断言,对任意 $x \in P_\kappa(\lambda)$,$f(x) < \sup(x)$。若不然,设 $f(x) \geqslant \sup(x)$,则对任意 $\alpha \in x$,$\alpha < f(x)$。从而 $x \in X_\alpha$,于是 $x \in Y$,与 $Y = \varnothing$ 矛盾。故断言成立。再定义函数 g 如下:对任意 $x \in P_\kappa(\lambda)$,令

$$g(x) = x 中的大于 f(x) 的最小的序数 \alpha。$$

则 $g(x)$ 为回归函数且 $x \notin X_{g(x)}$。不难看出,对任意 $X \in U, g$ 在 X 上都不是常函数。矛盾。故 U 是正规超滤子。 □

注记:在第一节中,有几个结论(如定理 1.1、引理 1.10、定理 1.11)不需要选择公理。然而本节的结论都需要使用选择公理。其根本原因在于 κ 是良序集,而 $P_\kappa(\lambda)$ 在包含关系下是一偏序集。

7.3 无穷指数分割性质

在第六章第二、三节中,我们研究了分割性质,并研究了分割性质与大基数的关系(弱紧基数与拉姆齐基数)。在本节中我们将推广以前讲的分割性质。用记号

$$\kappa \longrightarrow (\lambda)^\alpha_\beta \qquad\qquad (3.1)$$

表示命题:对任意函数 $f: [\kappa]^\alpha \to \beta$,都存在 $H \subseteq \kappa$ 使得 $|H| = \lambda$ 且对任意 $x, y \in [H]^\alpha, f(x) = f(y)$(称 H 为 f 的齐性集)。其中 κ, λ 为无穷基数,$\alpha \geq \omega$ 为序数,

$$[\kappa]^\alpha = \{x : x \text{ 是长度为 } \alpha \text{ 的递增序列,且 } x \text{ 中元素属于 } \kappa\}.$$

由于 $\alpha \geq \omega$ 为无穷集合,故称该命题为无穷指数分割性质。

定理 3.1 对任意 κ, λ 以及 $\alpha \geq \omega$,如果

$$\kappa \longrightarrow (\lambda)^\alpha_2,$$

则选择公理不成立。

证明:定义 $[\kappa]^\alpha$ 上的关系 $\sim$ 如下:对任意 $s, t \in [\kappa]^\alpha$,定义

$s \sim t$ 当且仅当 s 和 t 只在有穷多个点处的值不同。

容易看出，$\sim$ 是 $[\kappa]^\alpha$ 上的等价关系。对任意 $s \in [\kappa]^\alpha$，记 $[s]$ 为 s 所在的等价类。假设选择公理成立，则可以从每一等价类 $[s]$ 中取出一代表元 $h(s)$。定义函数 $f: [\kappa]^\alpha \to 2$ 如下：对任意 $x \in [\kappa]^\alpha$，令

$$f(x) = \begin{cases} 0, & \text{如果 } x \text{ 与 } h(x) \text{ 只在偶数多个点处的值不同;} \\ 1, & \text{否则。} \end{cases}$$

容易看出，f 没有无穷齐性集，矛盾。故选择公理不成立。　　□

由定理 3.1 知，无穷指数分割性质与选择公理矛盾。然而，在没有选择公理时，一些无穷指数分割性质是有可能成立的。人们已经证明了 $\omega \to (\omega)_2^\omega$ 相对于不可达基数的协调性。但也有些无穷指数分割性质太强，以至于至今还无法证明其（相对）协调性。

定理 3.2　如果 $\omega_1 \to (\omega_1)_2^\omega$，则 ω_1 的每一子集要么包含一个无界闭集，要么与某一无界闭集不交。

证明：设 A 为 ω_1 的子集。定义函数 $f: [\omega_1]^\omega \to \{0, 1\}$ 如下：对任意 $x \in [\omega_1]^\omega$，

$$f(x) = \begin{cases} 0, & \text{如果 } \sup(x) \in A; \\ 1, & \text{否则。} \end{cases}$$

设 $H \subseteq \omega_1$ 为 f 的不可数齐性集。令 C 是 H 的所有极限点组成的集合，即

$$C = \{\alpha : \alpha = \sup(\alpha \cap H)\}.$$

（注意，H 的极限点未必属于 H）显然 C 是无界闭集。如果 $f[[H]^\omega] = \{0\}$，则对任意 $x \in [H]^\omega$，$\sup(x) \in A$，从而 $C \subseteq A$。反之，如果 $f[[H]^\omega] = \{1\}$，则对任意 $x \in [H]^\omega$，$\sup(x) \notin A$，从而 $C \cap A = \varnothing$。　　□

仿照定理 3.2,不难证明,对任意无穷基数 κ,都有:

定理 3.3 如果 $\kappa^{+}\rightarrow(\kappa^{+})_2^{\kappa}$,则 κ^{+} 的每一子集要么包含一个无界闭集,要么与某一无界闭集不交。

由定理 3.2 知,ω_1 上的 $CUF=\{X:X$ 包含 ω_1 的一个无界闭集$\}$ 是 ω_1 的超滤子。注意,在第一节中尽管"可数多个无界闭集的交仍是无界闭集"的证明不需要选择公理。但要根据这个结果(定理 1.1(1))来证明 CUF 是 ω_1 - 完备时,却要用选择公理(实际上可数选择公理就够了)。同样,尽管"ω_1 多个无界闭集的对角交仍是无界闭集"的证明不需要用选择公理,但要根据这个结论(定理 1.1(2))来证明是正规滤子时,却要使用选择公理。下面我们利用一些无穷指数分割性质来证明 CUF 是 ω_1 - 完备的和正规的。

定理 3.4 假设 $\omega_1\rightarrow(\omega_1)_2^{\omega}$,且设 CUF 是 ω_1 - 完备的。则 CUF 是正规的。

证明: 我们首先证明

如果 $f:\omega_1\rightarrow\omega_1$ 为回归函数,则存在无界闭集 C 及 $\delta<\omega_1$ 使得对任意 $\alpha\in C$ 都有 $f(\alpha)\leqslant\delta$。

$$(3.2)$$

设 f 为回归函数,定义分割 $g:[\omega_1]^{\omega}\rightarrow\{0,1\}$ 如下:对任意 $x\in[\omega_1]^{\omega}$,令

$$g(x)=\begin{cases}0, & \text{如果} f(\sup(x))\leqslant x(0);\\ 1, & \text{否则}。\end{cases}$$

其中 $x(0)$ 表示序列 x 中的第一个元素(也是最小元素)。设 H 为 g 的不可数齐性集。我们断言 $g[[H]^{\omega}]=\{0\}$。若不然,则 $g[[H]^{\omega}]=\{1\}$。任设 $x\in[H]^{\omega}$。由于 f 是回归函数,故必存在 n 使得 $f(\sup(x))\leqslant x(n)$,其中 $x(n)$ 表示序列 x 中的第 $n+1$ 个元素。令

$$y = \{x(n), x(n+1), \cdots\},$$

则 $y \in [H]^{\omega}$ 且 $f(\sup(y)) \le x(n) = y(0)$。而 H 是齐性集，故有 $1 = g(x) = g(y)$，矛盾，故断言成立。设 δ 是 H 中的最小元素且设 C 是 H 的所有极限点组成的集合。则 C 是无界闭集且对任意 $\alpha \in C$ 都有 $f(\alpha) \le \delta$。

下证 CUF 是正规的。用反证法，设 CUF 不是正规的，则存在 $X_{\alpha} \in CUF$，$\alpha < \omega_1$，使得

$$\Delta\{X_{\alpha} : \alpha < \omega_1\} = \varnothing。$$

今定义函数 $f : \omega_1 \rightarrow \omega_1$ 如下：

$$f(\xi) = 最小的 \ \alpha \ 使得 \ \xi \notin X_{\alpha}。$$

容易验证 f 必为回归函数。从而存在无界闭集 C 及 δ 使得对任意 $\xi \in C$ 都有 $f(\xi) \le \delta$。由于 CUF 是 ω_1 - 完备的，必有 C 的一子集 $C' \in CUF$ 及 $\sigma \le \delta$ 使得对任意 $\xi \in C'$，$f(\xi) = \sigma$。从而 $X_{\sigma} \notin CUF$，矛盾。定理得证。 $\square$

定理 3.5 如果 $\kappa^+ \rightarrow (\kappa^+)_2^{\kappa}$，且 CUF 是 κ - 完备的，则 CUF 是正规的。

证明：与定理 3.4 一样。 $\square$

定理 3.6 假设 $\omega_1 \rightarrow (\omega_1)_2^{\omega+\omega}$，则 CUF 是 ω_1 - 完备的。

这个定理的证明比较复杂。我们先给出一个引理。

引理 3.7 如果 $\omega_1 \rightarrow (\omega_1)_2^{\omega+\omega}$，则 $\omega_1 \rightarrow (\omega_1)_{2^{\omega}}^{\omega}$。

证明：设 $F : [\omega_1]^{\omega} \rightarrow 2^{\omega}$ 为分割。定义函数 $f : [\omega_1]^{\omega+\omega} \rightarrow \{0,1\}$ 如下：设 $x = \{x(0), x(1), x(2), \cdots, x(n), \cdots\}$，$y = \{y(0), y(1), \cdots, y(n), \cdots\} \in [\omega_1]^{\omega}$，于是 $x \frown y \in [\omega_1]^{\omega+\omega}$。令

$$f(x \frown y) = \begin{cases} 0, & \text{如果 } F(x) = F(y); \\ 1, & \text{否则}。 \end{cases}$$

其中

$$x \frown y = \{x(0), x(1), x(2), \cdots, x(n), y(0), y(1), \cdots, y(n)\}。$$

设 H 为 f 的齐性集,我们断言 $f[[H]^{\omega + \omega}] = \{0\}$。若不然,则对任意 $x \frown y \in [H]^{\omega + \omega}$,都有 $F(x) \neq F(y)$。对任意 $\alpha < \omega_1$,归纳定义 $x_\alpha \in [H]^\omega$ 如下:

$x_0 = H$ 中的前 ω 个元素;

$x_\alpha = H - \bigcup \{x_\beta : \beta < \alpha\}$ 中的前 ω 元素。

显然,对任意 $\alpha < \beta$,$x_\alpha \frown x_\beta \in [H]^{\omega + \omega}$。从而当 $\alpha < \beta$ 时 $F(x_\alpha) \neq F(x_\beta)$。于是 $\omega_1 \leqslant 2^\omega$。然而,由 $\omega_1 \to (\omega_1)_2^{\omega + \omega}$ 知,ω_1 是弱紧基数,从而 ω_1 不小于或等于 2^ω,矛盾。故断言成立,即对任意 $x, y \in [H]^\omega$,若 $x \frown y \in [H]^\omega$,则有 $F(x) = F(y)$。

下面证明,对任意 $x, y \in [H]^\omega$ 都有 $F(x) = F(y)$。令

$$\alpha = \max(\sup(x), \sup(y)),$$

且令 z 为 H 中 α 之后的 ω 个元素,则 $x \frown z, y \frown z$ 都属于 $[H]^{\omega + \omega}$。于是 $F(x) = F(z) = F(y)$。　　　　□

引理 3.8　假设 $\kappa^+ \to (\kappa^+)_2^{\kappa + \kappa}$,则 $\kappa^+ \to (\kappa^+)_{2^\kappa}^\kappa$。

证明:与引理 3.7 的证明一样。

定理 3.6 的证明:设 $X_n \in CUF, n < \omega$,且设 $X = \bigcap \{X_n : n \in \omega\}$。我们定义分割 $F: [\omega_1]^\omega \to 2^\omega$ 如下:对任意 $x \in [\omega_1]^\omega$,令

$$F(x) = t = \{t_n : n < \omega\},$$

其中,对每一 $n \in \omega$,如果 $\sup(x) \in X_n$,则 $t_n = 0$;否则 $t_n = 1$。设 $H \subseteq \omega_1$ 为 F 的不可数齐性集。我们断言,对任意 $x \in [H]^\omega$,$f(x) = \{0, 0, \cdots\}$。若不然,设对任意 $x \in [H]^\omega$ 都有 $F(x) = t \neq \{0, 0, \cdots\}$。则必有一 $n < \omega$ 使 $t_n = 1$。从而,对任意 $x \in [H]^\omega$ 都存在 n 使得 $\sup(x) \notin X_n$。设 $C_n \subseteq X_n$ 是一无界闭集。由于 $|H| = \omega_1$,故对每一 n,可归纳定义 x_i, y_i 如下:

$x_0 = H$ 中的最小元

$y_0 = C_n$ 中大于 x_0 的最小元

$x_{i+1} = H$ 中大于 y_i 的最小元

$y_{i+1} = C_n$ 中大于 x_{i+1} 的最小元

显然有 $\sup(\{x_i : i \in \omega\}) = \sup(\{y_i : i < \omega\}) \in C_n$。令 $x = \{x_i : i \in \omega\}$,则 $x \in [H]^\omega$,且 $\sup(x) \in C_n \subseteq X_n$。从而 $F(x) = 0$,矛盾。于是断言成立。令 C 为 H 的所有极限点组成的集合,则 C 是无界闭集,且对每一 n,$C \subseteq X_n$。从而 $C \subseteq X$。于是 $X \in CUF$。定理证毕。 □

定理 3.9 假设 $\kappa^+ \to (\kappa^+)_2^{\kappa+\kappa}$,则 CUF 是 κ^+-完备的。

7.4 决定性公理

记 $^\omega\omega$ 为所有 ω 到 ω 的函数(或称作序列)组成的集合。设 A 为 $^\omega\omega$ 的子集,则由 A 可定义一个博弈 G_A,这个博弈是由甲乙两人进行的。甲首先选择一个自然数 a_0,乙选一自然数 b_0,接着甲再选 a_1,乙选 b_1,这样轮流下去。直到进行到 ω 步时游戏结束。如果最后得到的序列 $\langle a_0, b_0, a_1, b_1, \cdots \rangle$ 属于 A,则甲胜,否则乙胜。对每一 n,我们称 a_n 为甲的第 n 步,称 b_n 为乙的第 n 步。甲方的一个对策,实际上就是一个函

数 σ,它的定义域为 $^{<\omega}\omega$,它的值域包含在 ω 中。设 σ 为甲方的一个对策,如果甲方根据对策 σ 取数(即 $a_0 = \sigma(\varnothing)$,$a_1 = \sigma(\langle a_0, b_0 \rangle)$,$\cdots$ $a_{n+1} = \sigma(\langle a_0, b_0, \cdots, a_n, b_n \rangle)$,$\cdots$)总能取胜,则称 σ 是甲方的胜对策。类似的,可定义乙方的对策、乙方的胜对策等概念。如果甲乙双方有一方有胜对策,则称该博弈是决定的。

决定性公理(AD):对任意集合 $A \subseteq {^\omega}\omega$,博弈 G_A 都是决定的。

尽管决定性公理与选择公理(定理 4.2)矛盾,仍有许多学者来研究它。一方面决定性公理有一些令人满意的推论,例如 AD 蕴涵着每个实数集都是勒贝格可测的。另一方面,决定性公理也有一些令人不满意的推论,例如 AD 蕴涵着对每一自然数 $n \geqslant 3$,ω_n 都是奇异基数。人们之所以对决定性公理感兴趣还在于它与大基数有着密切的关系,例如 AD 蕴涵着 ω_1 和 ω_2 都是可测基数。

还需要指出一点,我们可在 $^\omega\omega$ 上赋以如下拓扑:对每一序列 $s = \langle a_k : k < n \rangle$,令

$$U_s = \{f \in {^\omega}\omega : s \subseteq f\} 。$$

容易验证,所有这些 U_s 组成 $^\omega\omega$ 上的一个拓扑基。

对任意 $a = \langle a_n : n < \omega \rangle \in {^\omega}\omega$,且对任意 $n < \omega, a_n \neq 0$,令

$$b_0 = \frac{1}{a_0}, b_1 = \frac{1}{a_0 + \dfrac{1}{a_1}}, b_2 = \frac{1}{a_0 + \dfrac{1}{a_1 + \dfrac{1}{a_2}}}, \cdots$$

容易看出

$$b_1 < b_3 < b_5 < \cdots < b_4 < b_2 < b_0 。 \tag{4.1}$$

可以验证序列 $\{b_n : n < \omega\}$ 收敛,令 $\bar{a} = \lim b_n$。我们称 $\bar{a}$ 为连分数(对

应于 a）。

设 IR 为 $[0,1]$ 中所有无理数组成的集合。定义 $^\omega\omega$ 到 IR 的映射 F 为：$F(a)=\overline{a+1}$，其中 $a+1=\langle a_n+1:n<\omega\rangle$。可以验证 F 是 $^\omega\omega$ 到 IR 的同构映射。

我们知道，并不是每一个集族的选择函数的存在性都需要选择公理。同样，并不是每个集合 $A\subseteq{}^\omega\omega$ 所对应的博弈 G_A 的决定性都需要决定性公理。例如：

定理 4.1 如果 $A\subseteq{}^\omega\omega$ 是开集，则 G_A 是决定的。

在证明该定理之前我们先证明选择公理与决定性公理矛盾。

定理 4.2 如果 $^\omega\omega$ 是可良序的，则存在 $A\subseteq{}^\omega\omega$ 使得 G_A 不是决定的。

证明：由于 $^\omega\omega$ 是可良序的，故必有一基数 κ 使得 $2^\omega=\kappa$。我们将使用超穷归纳法构造集合 $X_\alpha,Y_\alpha\subseteq{}^\omega\omega,\alpha<\kappa$，使得

（1）$X_0\subseteq X_1\subseteq\cdots\subseteq X_\alpha\subseteq\cdots,Y_0\subseteq Y_1\subseteq\cdots\subseteq Y_\alpha\subseteq\cdots,\alpha<\kappa$；

（2）$|X_\alpha|\leqslant|\alpha|,|Y_\alpha|\leqslant|\alpha|$；

（3）$X_\alpha\cap Y_\alpha=\varnothing$。

因为所有对策只有 2^ω 多个，故设 $\sigma_\alpha,\alpha<\kappa$ 为所有对策的枚举。设 $\alpha<\kappa$，且设对任意 $\beta<\alpha,X_\beta,Y_\beta$ 均已定义。如果 α 是极限序数，则令

$$X_\alpha=\bigcup\{X_\beta:\beta<\alpha\},Y_\alpha=\bigcup\{Y_\beta:\beta<\alpha\}。$$

容易看出，X_α,Y_α 满足（2）和（3）。如果 α 是后继序数，即 $\alpha=\beta+1$，则构造 X_α,Y_α 如下：设甲方使用对策 σ_β，若乙方选取 $b=\langle b_0,b_1,\cdots\rangle$，则双方选取的最终结果记为 $\sigma_\beta[b]=\langle a_0,b_0,a_1,b_1,\cdots\rangle$。显然，集合 $\{\sigma_\beta[b]:b\in{}^\omega\omega\}$ 的基数为 2^ω。由于 $|Y_\beta|\leqslant|\beta|$，故必有 $b\in{}^\omega\omega$ 使得 $\sigma_\beta[b]\notin Y_\beta$。取最小的这样的 b，令 $Y_\alpha=Y_\beta\cup\{\sigma_\beta[b]\}$。同样设乙方使用对策 σ_β，若甲方选取 $a=\langle a_0,a_1,\cdots\rangle$，则双方选取的最终结果记为 $[a]\sigma_\beta=\langle a_0,b_0,a_1,b_1,\cdots\rangle$。同样有 $|\{[a]\sigma_\beta:a\in{}^\omega\omega\}|=2^\omega$。从而必有 a

$\in {}^{\omega}\omega$ 使 $[a]\sigma_{\beta} \notin X_{\beta}$，取最小的这样的 a，令 $X_{\alpha} = X_{\beta} \cup \{[a]\sigma_{\beta}\}$。

令 $A = \bigcup\{x_{\alpha} : \alpha < \kappa\}$。对任意对策 σ，它必为某一 σ_{β}。根据上面的构造知，σ_{β} 既不是甲方的胜对策，也不是乙方的胜对策。于是，G_A 是不可决定的。 $\square$

定理 4.1 的证明：首先引进一个记号。设 $s = \langle a_0, b_0, \cdots, a_n, b_n \rangle$ 为一有穷序列，定义博弈 G_A^s 如下：甲乙双方轮流选取 ω 中的元素。如果甲方选取 $\langle a_{n+1}, a_{n+2}, \cdots \rangle$，乙方选取 $\langle b_{n+1}, b_{n+2}, \cdots \rangle$，则规定，甲方获胜当且仅当序列 $\langle a_0, b_0, \cdots, a_n, b_n, a_{n+1}, b_{n+1}, \cdots \rangle$ 属于 A。

下面证明定理。假设甲方没有胜对策。我们来证明乙方有胜对策。乙方的对策如下：当甲方选取 a_0 时，由于甲方没有胜对策，故必存在 b_0 使得博弈 $G_A^{\langle a_0, b_0 \rangle}$ 中，甲方仍没有胜对策。乙方就选 A 取最小的这样的 b_0。同样，当甲方选取 a_1 时，由于甲方在 $G_A^{\langle a_0, b_0 \rangle}$ 中没有胜对策，故必存在 b_1 使得甲方在博弈 $G_A^{\langle a_0, b_0, a_1, b_1 \rangle}$ 中仍没有胜对策，乙方选取最小的这样的 b_1。如此继续下去。

我们断言，如上对策是乙方的胜对策。设 $x = \langle a_0, b_0, a_1, b_1, \cdots \rangle$ 为甲乙双方选取的最终结果，其中乙方按如上对策选取。我们要证 $x \notin A$。若不然，设 $x \in A$。由于 A 是开集，故必有 $s = \langle a_0, b_0, \cdots, a_n, b_n \rangle$ 使得 $U_s \subseteq A$。这样在游戏 G_A^s 中，甲方总是获胜，即甲方有胜对策。然而，根据 s 的选取知，甲方在 G_A^s 中没有胜对策，矛盾。故必有 $x \notin A$。断言成立，定理得证。 $\square$

尽管 AD 与 AC 矛盾，但 AD 的某些推论未必与 AC 矛盾。例如：

定理 4.3　假设 AD 成立。对任意可数集族 F，如果 F 中的元素都是非空实数集合，则 F 有选择函数。

证明：根据前面的讨论，不妨设 $F = \{X_n : n < \omega\}$，其中 X_n 是 ${}^{\omega}\omega$ 的非空子集。我们来考虑如下博弈：如果甲方选取的最终结果是 $a = \langle a_0, a_1, \cdots \rangle$，乙方选取的最终结果是 $b = \langle b_0, b_1, \cdots \rangle$，则规定，乙方获胜当且仅当 $b \in X_{a_0}$。在这个游戏中显然甲方没有胜对策，这是因为一旦甲方选取 a_0，乙方就选取 b 使 b 属于 X_{a_0}，这样乙方就获胜。由决定性公理知，乙方有胜对策，设为 τ。显然，如果甲方选取 $a = \langle n, 0, 0, \cdots \rangle$，

则乙方选取的结果(记为 $\tau * \langle n,0,0,\cdots \rangle$)属于 X_n。因此,我们定义函数 f 如下:

$$f(X_n) = \tau * \langle n,0,0,\cdots \rangle 。$$

f 即是 F 的选择函数。定理得证。 □

由定理 4.3 知,如果 AD 成立,则勒贝格测度也具有可数可加性,且可数多个 0 测度集的并仍为 0 测度集。以后几节将对 AD 进行进一步的讨论。

7.5　几个博弈

7.5.1　覆盖博弈

任取定实数集 S 及实数 $\epsilon > 0$。如果 $\langle a_0, a_1, a_2, \cdots \rangle$ 是 $0-1$ 序列,则令

$$a = \sum_{n=0}^{\infty} \frac{a_n}{2^{n+1}} 。 \tag{5.1}$$

对每一 $n \in \omega$,令 K_n 为所有满足如下条件的集合 G 组成的集族:

(1) G 是有穷多个端点是有理数的开区间的并;

(2) $\mu(G) = \dfrac{\epsilon}{2^{2(n+1)}}$　(μ 为勒贝格测度)。 (5.2)

对每个 n,设 $G_k^n, k = 0,1,2,\cdots$ 为 K_n 中集合的枚举(注意:这不用选择公理)。

建立覆盖博弈如下:甲方每一步只能选取 0 或 1,乙每一步选取 ω 中的元素。设甲乙双方选取的最终结果为 $\langle a_0, b_0, a_1, b_1, \cdots \rangle$(其中,甲方选取的是 $\langle a_0, a_1, \cdots \rangle$,乙方选取的是 $\langle b_0, b_1, \cdots \rangle$),则甲方获胜当且仅当

$$a \in S - \bigcup \{ G_{b_n}^n : n \in \omega \} 。 \tag{5.3}$$

直观地说,在这个游戏中,甲方试图选取一个数 $a \in S$,而乙方试图从每个 K_n 中选取一个集合 H_n 使得 $\cup \{ H_n : n < \omega \}$ 覆盖 a。因此,我们称此博弈为覆盖博弈。

引理 5.1.1 如果 S 的每一可测子集都是 0 测度集,则甲方没有胜对策。

证明: 用反证法,设 σ 是甲方的胜对策。定义函数 f 如下:对任意 $b \in {}^\omega \omega$,令 $f(b)$ 为甲方根据对策 σ 的选取结果 $\langle a_0, a_1, \cdots \rangle$。容易看出,$f$ 是连续函数。于是集合 $Z = \{ f(b) : b \in {}^\omega \omega \}$ 为一可测集。由于 $Z \subseteq S$,故 Z 是 0 测度集。不难证明,0 测度集可被可数并 $\bigcup \{ H_n : n < \omega \}$ 覆盖,其中 $H_n \in K_n, n \in \omega$。这样,如果乙方选取 $\langle b_0, b_1, \cdots \rangle$ 使得 $G_{b_n}^n = H_n$,甲方根据 σ 选取,则乙方获胜,矛盾。故甲方没有胜对策。 □

引理 5.1.2 假设 AD 成立。设 S 为一实数集,如果 S 的每一可测子集都是 0 测度集,则 S 也是 0 测度集。

证明: 由于 AD 成立,所以覆盖游戏是决定的。由引理 5.1.1 知,乙方有胜对策。设 τ 是乙方的胜对策。设 $s = \langle a_0, \cdots, a_n \rangle$ 为 0 – 1 序列,则乙方根据 τ 进行选取的结果记为 $\langle b_0, \cdots, b_n \rangle$。设 $G_s \in K_n$ 为集合 $G_{b_n}^n$。因为 τ 是乙方的胜对策,所以每个 $a \in S$ 都属于集合 $\bigcup \{ G_s : s$ 为有穷的 0 – 1 序列 $\}$。于是有

$$S \subseteq \bigcup \{ G_s : s \text{ 为有穷的 } 0-1 \text{ 序列} \} = \bigcup \{ \bigcup \{ G_s : s \in {}^n 2 \} : n \in \omega \} 。$$

对每一 $n \geq 1$,如果 $s \in {}^n 2$,则 $\mu(G_s) \leqslant \dfrac{\epsilon}{2^{2n+1}}$。从而有

$$\mu(\bigcup\{G_s : s \in {}^n2\}) \leqslant \frac{\epsilon}{2^{2n+1}} \cdot 2^n = \frac{\epsilon}{2^{n+1}}。$$

于是有

$$\mu(\bigcup\{\bigcup\{G_s : s \in {}^n2\} : n \in \omega\}) \leqslant \sum_{n=1}^{\infty} \frac{\epsilon}{2^n} = \epsilon。$$

从而 $\mu^*(S) \leqslant \epsilon$ （μ^* 为外测度）。由于 $\epsilon > 0$ 是任意的,故 S 必为 0 测度集。

7.5.2 博弈 G_X^{**}

注意 ${}^\omega\omega$ 是一拜尔空间。设 $X \subseteq {}^\omega\omega$。我们来考虑如下博弈 G_X^{**}:甲乙双方都选取 $Seq = \bigcup\{{}^n2 : n \in \omega\}$ 中的元素。甲方首先选取 s_0,则乙方选取 t_0 使得 $s_0 \subset t_0$;甲方再选取 s_1 使 $t_0 \subset s_1$,乙方选取 t_1 使 $s_1 \subset t_1$,如此继续下去得到一序列

$$s_0 \subset t_0 \subset s_1 \subset t_1 \subset \cdots \tag{5.4}$$

序列 (5.4) 必收敛于某 $x \in {}^\omega\omega$。如果 $x \in X$,则甲方获胜;否则乙方获胜。

必须注意,表面上看,博弈 G_X^{**} 不是第四节开始定义的一类博弈 (甲乙双方选取的都是自然数)。但实际上可以转化为这一类博弈。由于 Seq 是可良序的且是可数的,故设 $u_k, k \in \omega$ 为 Seq 的一个枚举。令 A 为所有满足如下两条件之一的序列 $\langle a_0, b_0, a_1, b_1, \cdots \rangle$ 组成的集合:

(1) 存在 n 使得 $u_{a_0} \subset u_{b_0} \subset \cdots \subset u_{a_n} \not\subset u_{b_n}$;
(2) 序列 $u_{a_0} \subset u_{b_0} \subset u_{a_1} \subset u_{b_1} \subset \cdots$ 收敛于 $x \in X$。

容易看出,G_X^{**} 和 G_A 是等价的,即甲方在 G_X^{**} 中获胜当且仅当甲方在 G_A 中获胜。

引理 5.2.1　在 G_X^{**} 中,乙方有胜对策当且仅当 X 是第一范畴集。

证明:设 Y 为 X 的补集,即 $Y = {}^\omega\omega - X$。对任意 $s \in Seq$,令 U_s 为基本开集 $\{x \in {}^\omega\omega : s \in x\}$。

先证充分性。设 X 是第一范畴集,则存在可数多个稠密集 $G_n, n < \omega$ 使得 $Y \supseteq \bigcap\{G_n : n \in \omega\}$。下面给出乙方的一个对策 τ:如果甲方第一次取 s_0,则令 $\tau(\langle s_0 \rangle)$ 为某一 $t_0 \supset s_0$ 使得 $U_{t_0} \subseteq G_0$(注意:因为 G_0 是稠密集,故这样的 t_0 存在)。如果甲方选取 $s_1 \supset t_0$,则令 $\tau(\langle s_0, t_0, s_1 \rangle)$ 为某一 $t_1 \supset s_1$ 使得 $U_{t_1} \subseteq G_1$。如此继续下去。不难看出,这样选取的序列

$$s_0 \subset t_0 \subset s_1 \subset \cdots$$

必收敛于 $\bigcap\{G_n : n \in \omega\}$ 中的某一元素 x。从而 τ 是乙方的胜对策。

再证必要性。设 τ 为乙方的一个胜对策。我们称一序列 $\langle s_0, t_0, s_1, t_1, \cdots, s_n, t_n \rangle$ 为正序列,如果

$$s_0 \subset t_0 \subset s_1 \subset t_1 \subset \cdots \subset s_n \subset t_n,$$
$$t_0 = \tau(\langle s_0 \rangle), t_1 = \tau(\langle s_0, t_0, s_1 \rangle), \cdots, t_n = \tau(\langle s_0, t_0, \cdots, s_n \rangle)。$$

设 $x \in {}^\omega\omega$。我们断言,如果对满足 $t_n \subset x$ 的任意的正序列 $p = \langle s_0, \cdots, t_n \rangle$,都存在 $s \supset t_n$,使得 $\tau(p \frown s) \subset x$,则 $x \in Y$。

先证明断言。设 x 满足断言中的条件,则必存在 s_0 使 $\tau(\langle s_0 \rangle) \subset x$(取 p 为空序列)。令 $t_0 = \tau(\langle s_0 \rangle)$,则 $\langle s_0, t_0 \rangle$ 为正序列且 $t_1 \subset x$。如此继续下去,得到一序列

$$s_0 \subset t_0 \subset s_1 \subset t_1 \cdots$$

显然,它收敛于 x。由于 τ 为乙方的胜对策,故必有 $x \in Y$。下面来完成

必要性的证明。对任意正序列 $p = \langle s_0, t_0, \cdots, s_n, t_n \rangle$，令

$$F_p = \{ x \in {}^\omega\omega : t_n \subset x \text{ 且 } \forall s \supset t_n (t(p \frown s) \not\subseteq x) \}。$$

由断言知，对任意 $x \in X$，都存在一正序列 p 使 $x \in F_p$，即

$$X \subseteq \bigcup \{ F_p : p \text{ 为正序列} \}。$$

不难看出，对任意正序列 $p = \langle s_0, t_0, \cdots, s_n, t_n \rangle$，$U_{t_n} - F_p$ 是 U_{t_n} 的一个开稠密子集，于是 F_p 是闭无处稠密集。而正序列只有可数多个，故 X 是第一范畴集。定理得证。 □

推论 5.2.2 在 G_X^{**} 中，甲方有胜对策当且仅当存在 $s \in Seq$ 使得 $U_s - X$ 是第一范畴集。

证明：对任意 $s \in Seq$，考虑如下博弈 G_X^{**s}：甲方首先选取 $t_0 \supseteq s$，乙方取 $s_0 \supset t_0$，甲方再取 $t_1 \supset s_0$，乙方取 $s_1 \supset t_1$，依次下去。规定甲方获胜当且仅当序列 $t_0 \subset s_0 \subset t_1 \cdots$ 收敛于 $U_s - X$ 中的某一元素 x。设在 G_X^{**} 中甲方第一步选取 s，则容易看出甲方在 G_X^{**} 中获胜当且仅当乙方在 G_X^{**s} 中获胜。因此，甲方在 G_X^{**} 中有胜对策当且仅当乙方在 G_X^{**s} 中有胜对策。根据引理 5.2.1，甲方在 G_X^{**} 中有胜对策当且仅当 $U_s - X$ 是第一范畴集。 □

7.5.3 博弈 G_X^*

设 X 是 ${}^\omega\omega$ 的一个子集，定义博弈 G_X^* 如下：甲方选取 Seq 中的元素，而乙方选取 $\{0,1\}$ 中的元素。甲方首先取 $s_0 \in Seq$，乙方取 $n_0 \in \{0, 1\}$；甲方再取 $s_1 \in Seq$，乙方再取 $n_1 \in \{0, 1\}$，依次下去。令 $x = s_0 \frown \langle n_0 \rangle \frown s_1 \frown \langle n_1 \rangle \frown \cdots$。规定甲方获胜当且仅当 $x \in X$。

由于 Seq 可数，故设 $u_k, k \in \omega$，为 Seq 的一个枚举。设 A 是所有满足如下条件的序列 $\langle a_0, b_0, a_1, b_1, \cdots \rangle \in {}^\omega\omega$ 组成的集合：

（1）对任意 $n \in \omega, b_n \in \{0, 1\}$；

（2）$u_{a_0} \frown \langle b_0 \rangle \frown u_{a_1} \frown \langle b_1 \rangle \frown \cdots \in X$。

显然，博弈 G_X^* 与 G_A 是等价的。

引理 5.3.1　如果乙方有胜对策，则 X 是可数的。

证明：设 τ 为乙方的胜对策。如果有穷序列 $\langle s_0, n_0, \cdots, s_k, n_k \rangle$ 满足

$$n_0 = \tau(s_0), n_1 = \tau(\langle s_0, n_0, s_1 \rangle), \cdots, n_k = \tau(\langle s_0, t_0, \cdots, s_k \rangle),$$

则称该有穷序列是正序列。

断言：设 $x \in {}^{\omega}\{0, 1\}$。如果对满足条件

$$s_0 \frown \langle n_0 \rangle \frown s_1 \frown \cdots \frown \langle n_k \rangle \subset x$$

的任意正序列 $p = \langle s_0, n_0, \cdots, s_k, n_k \rangle$ 都存在 $s \in Seq$ 使得

$$s_0 \frown \langle n_0 \rangle \frown s_1 \frown \cdots \frown \langle n_k \rangle \frown s \frown \tau(p \frown \langle s \rangle) \subseteq x,$$

则 $x \notin X$。

现证断言。设 x 满足断言中的条件，首先取 $p = \varnothing$，则 p 是正序列。因而必有 $s_0 \in Seq$ 使得 $s_0 \frown \tau(\langle s_0 \rangle) \subset x$。令 $n_0 = \tau(s_0)$，则 $\langle s_0, n_0 \rangle$ 是一正序列且 $s_0 \frown \langle n_0 \rangle \subset x$。因而，必有 $s_1 \in Seq$，使得 $s_0 \frown \langle n_0 \rangle \frown s_1 \frown \tau(\langle s_0, n_0, s_1 \rangle) \subset x$。令 $n_1 = \tau(\langle s_0, n_0, s_1 \rangle)$，则 $\langle s_0, n_0, s_1, n_1 \rangle$ 又是正序列。如此继续下去，可得到一序列 $s_0, n_0, s_1, n_1, \cdots$。显然 $s_0 \frown \langle n_0 \rangle \frown s_1 \frown \langle n_1 \rangle \frown \cdots = x$。由于 τ 是乙方的胜对策，故 $x \notin X$。

下面证明 X 可数。对任意正序列 $p = \langle s_0, n_0, \cdots, s_k, n_k \rangle$，令

$$F_p = \{x \in {}^{\omega}2 : s_0 \frown \langle n_0 \rangle \frown \cdots \frown \langle x_k \rangle \subset x \text{ 且}$$
$$\forall s(s_0 \frown \langle n_0 \rangle \frown \cdots \frown s_k \frown \langle n_k \rangle \frown s \frown \tau(p \frown \langle s \rangle) \not\subseteq x)\}。$$

显然有

$$X \subseteq \bigcup \{F_p : p \text{ 为正序列}\} 。$$

为证明 X 可数,我们只需证明每个 F_p 中只有一个元素。实际上,F_p 中的元素可按如下方法惟一确定:

首先,必存在 $l \in \omega$ 使得 $\langle x(0), x(1), \cdots, x(l-1) \rangle = s \frown \langle n_0 \rangle \frown \cdots$ $\frown \langle n_k \rangle$。由于 $x \in F_p$,故必有 $x(l) = 1 - \tau(p), x(l+1) = 1 - \tau(p \frown \langle x(l) \rangle)$,$x(l+2) = 1 - \tau(p \frown \langle x(l), x(l+1) \rangle)$,$\cdots$。 □

7.6　决定性公理与实数空间的性质

在本节中我们将证明,在 AD 下实数空间有很好的性质。

定理 6.1　AD 蕴涵着每个实数集都是可测的。

证明:首先,我们注意到勒贝格测度的一个性质:对任意集合 X,都存在一个可测集 $A \supseteq X$,使得对任意 $Z \subseteq A - X$,如果 Z 可测,则 Z 是 0 测度集(这个性质需要结论:可数多个可数的实数集的并仍可数。由定理 4.3 知,在 AD 下该结论成立)。

设 X 为一实数集,$A \supseteq X$ 使得 $A - X$ 的任意可测子集均是 0 测度集。由引理 5.1.2 知,$A - X$ 是 0 测度集。由于 A 可测,故 X 必然可测。 □

定理 6.2　AD 蕴涵着每个实数集都具有拜尔性质。

证明:设 $X \subseteq {}^{\omega}\omega$,则博弈 G_X^{**} 是决定的。由引理 5.2.1 和推论 5.2.2 知,要么 X 是第一范畴集,要么存在 $s \in Seq$,使得 $U_s - X$ 是第一范畴集。如果 X 是第一范畴集,则 X 具有拜尔性质。如果 X 不是第一范畴集,则令

$$Y = \bigcup \{U_s : U_s - X \text{ 是第一范畴集}\} 。$$

从而有

$$Y - X = \bigcup \{U_s - X : U_s - X \text{ 是第一范畴集} \}。$$

由于 Seq 可数,故 $Y - X$ 是第一范畴集。下证 $X - Y$ 也是第一范畴集。若不然,由引理 5.2.1 知,在博弈 G^*_{X-Y} 中,甲方有胜对策。从而在博弈 G^*_Y 中,乙方有胜对策。于是再由引理 5.2.1 知,Y 是第一范畴集,矛盾。故 $X - Y$ 必为第一范畴集。从而 X 具有拜尔性质。　　□

定理 6.3　AD 蕴涵着每个不可数实数集都有完备子集。

证明:如果 $X \subseteq {}^\omega\{0,1\}$ 不可数,则由引理 5.3.1 知,在博弈 G^*_X 中乙方没有胜对策。而由 AD 知 G^*_X 是决定的,故甲方有胜对策。设 σ 是甲方的胜对策。设乙方选取 $x = \langle n_0, n_1, \cdots \rangle \in {}^\omega\{0,1\}$,则甲方根据 σ 作相应选取,选取结果记为 $\langle s_0, s_1, \cdots \rangle$,则

$$s_0 = \sigma(\varnothing), s_1 = \sigma(\langle s_0, n_0 \rangle), s_2 = \sigma(\langle s_0, n_0, s_1, n_1 \rangle), \cdots$$

定义函数 f 如下:对任意 $x = \langle n_0, n_1, \cdots \rangle \in {}^\omega\{0,1\}$,令

$$f(x) = s_0 \frown \langle n_0 \rangle \frown s_1 \frown \langle n_1 \rangle \frown \cdots$$

则函数 f 是连续的一对一函数。从而 $f[{}^\omega\{0,1\}] = \{f(x) : x \in {}^\omega\{0,1\}\}$ 是一个完备集。然而,由于 σ 是甲方的胜对策,故 $f[{}^\omega\{0,1\}] \subseteq X$。　　□

定理 6.4　假设 AD 成立。则对任意 $a \subseteq \omega$,ω_1 在 $L[a]$ 中是不可达基数。

证明:我们需要承认这样一个事实:如果存在 $a \subseteq \omega$ 使得 $\omega_1 = \omega_1^{L[a]}$,则存在一不可数集,它没有完备子集。然而,由 AD 知,每个不可数集(指实数集)都有完备子集。因此,在 AD 下,对任意 $a \subseteq \omega$,$\omega_1^{L[a]}$ 都是可数的。由此可证,ω_1 在 $L[a]$ 中是不可达的。　　□

7.7　决定性公理与可测基数

本节主要证明 AD 蕴涵 ω_1 是可测基数。我们将利用递归论中图灵度的知识来证明该结论。限于篇幅，我们不准备过多地介绍图灵度理论。我们假设读者已了解"x 相对于 y 可计算"这个关系，其中 $x,y \in {}^{\omega}\omega$。这个关系是自反的且是传递的。因而，我们可以定义等价关系 $\equiv$：对任意 $x,y \in {}^{\omega}\omega$，$x \equiv y$ 当且仅当 x 相对于 y 可计算且 y 相对于 x 也可计算。

我们把关于 $\equiv$ 的等价类称为图灵度，简称度。设 d,e 是两个度，如果 d 中每个 x 相对于 e 中的每个 y 都是可计算的，则称 d 小于或等于 e，记为 $d \leqslant e$。图灵度有如下基本性质：

（1）对任意 $x \in {}^{\omega}\omega$，至多有可数多个 $y \in {}^{\omega}\omega$ 相对于 x 可计算。

（2）如果 $\{x_0, x_1, \cdots, x_n, \cdots\}$ 是 ${}^{\omega}\omega$ 的可数子集，则存在 $x \in {}^{\omega}\omega$ 使得每个 x_n 都相对于 x 可计算。

（3）对每一 $x \in {}^{\omega}\omega$，都存在 $y \in {}^{\omega}\omega$ 使得 x 相对于 y 可计算，而 y 相对于 x 是不可计算的。

这三个性质的证明是不难的（见[7]）。性质（1）之所以成立是因为至多有可数多个算法。由于我们可以建立 ω 到 $\omega \times \omega$ 上一一对应（该一一对应是可计算的），所以可把 $\{x_0, x_1, \cdots\}$ 能行地配成一个 $x \in {}^{\omega}\omega$，则每个 x_n 相对于 x 都是可计算的。从而性质（2）成立。性质（3）可利用康托的对角线方法证明。

引理 7.1　假设 AD 成立。如果 A 是由一些度组成的集合，则存在一个度 d，使得下列两个结论必有一个成立。

（1）对任意度 e，若 $e \geqslant d$，则 $e \in A$。

（2）对任意度 e，若 $e \geqslant d$，则 $e \notin A$。

证明：令 $A' = \{x \in {}^{\omega}\omega : x$ 所在的度属于 $A\}$。设 $G_{A'}$ 为相应的博弈。我们断言：如果甲方有胜对策，则存在度 d 使得（1）成立；反之，如果乙方有胜对策,则存在 d 使得(2)成立。

设 σ 为甲方的胜对策,由于 σ 是 Seq 到 ω 的函数,而 Seq 是可数的,所以不妨也把 σ 看成是 ${}^{\omega}\omega$ 中的元素。设 d 为 σ 所在的度。任设 $e \geqslant d$,且任设 $b \in e$。如果乙方选取 $b = \{b_0, b_1, \cdots\}$,而甲方根据 σ 作相应选取,则设双方选取的最终结果为 $\sigma[b] = \{a_0, b_0, a_1, b_1, \cdots\}$。显然,$\sigma[b]$ 的度是 e。又由于 σ 是甲方的胜对策,故 $\sigma[b] \in A'$。由 A' 的定义知,$\sigma[b]$ 所在的度属于 A,即 $e \in A$。

反之,如果乙方有胜对策,则证明类似。　　　　　　　　　　□

设 D 是所有度组成的集合。利用引理 7.1 来定义 D 上的一个 ω_1 – 完备的超滤子 U_1:对任意 $A \subseteq D$,定义

$$A \in U_1 \text{ 当且仅当 } \exists d \in A \, \Phi(d, A)。$$

其中 $\Phi(a, A)$ 表示:对任意 $e \geqslant d$,都有 $e \in A$。下面验证 U_1 是 ω_1 – 完备的非主超滤子。

(1)显然 $D \in U_1$,$\varnothing \notin U_1$。

(2)设 $A_1, A_2 \in U_1$,则有 $d_1 \in A_1, d_2 \in U_2$ 使得 $\Phi(d_1, A_1)$ 和 $\Phi(d_2, U_2)$ 成立。根据图灵度的基本性质知,存在 $d \in D$ 使得 $d \geqslant d_1, d_2$。从而 $d \in A_1 \cap A_2$。且对任意 $e \geqslant d$,有 $e \geqslant d_1, d_2$,于是 $e \in A_1 \cap A_2$。从而 $\Phi(d, A_1 \cap A_2)$ 成立。故 $A_1 \cap A_2 \in U_1$。

(3)设 $A_1, A_2 \subseteq D, A_1 \subseteq A_2$ 且 $A_1 \in U_1$。显然,A_2 也属于 U_1。

(4)设 $A_n, n \in \omega$,是 U_1 中的可数多个元素,则对每个 A_n,都存在 d_n 使得 $\Phi(d_n, A_n)$ 成立(用可数选择公理)。根据图灵度的基本性质知存在度 d 使得对每一 n 都有 $d \geqslant d_n$ 从而 $d \in A = \bigcap \{A_n : n \in \omega\}$,且 $\Phi(d, A)$ 成立。从而 $A \in U_1$。于是 U_1 是 ω_1 – 完备的。

(5)设 $A \subseteq D$,根据引理 7.1 容易看出,要么 $A \in U_1$,要么 $D - A \in U_1$。

(6)根据图灵度的基本性质(3)知,U_1 是非主的。

引理 7.2　假设 AD 成立,则存在 ${}^{\omega}\omega$ 到 ω_1 上的满射。

要证引理 7.2,只需证明存在 ${}^{\omega}\omega$ 到 ω_1 内的映射 G 使得 $\mathrm{ran}(G)$ 是

ω_1 的无界集即可。为此我们还需如下结论。

命题 7.3 对任意 $\alpha < \omega_1$,存在 $a \in {}^{\omega}\omega$ 使得 α 在 $L[a]$ 中仍是可数序数。

证明:只需证明存在 $a \subseteq \omega$,使得 α 在 $L[a]$ 中可数。设 $W \subseteq \omega \times \omega$ 是一良序集,且其序型为 α。设 Γ 为 $\omega \times \omega$ 到 ω 上的配对函数(注意 $\Gamma \in L$)。令 $a = \{\Gamma(x, y) : \langle x, y \rangle \in W\}$,则 $L[a] = L[W]$。从而 α 在 $L[a]$ 中可数。 □

命题 7.4 设 $\alpha < \omega_1$。如果存在 $x \in {}^{\omega}\omega$ 使 $\omega_1^{L[x]} = \alpha$,则必存在 y 使得 $\omega_1^{L[y]} > \alpha$。

证明:设 $\alpha = \omega_1^{L[x]}$。由于 $\alpha < \omega_1$,故根据命题 7.3 知,存在 $y \in {}^{\omega}\omega$ 使得 α 在 $L[y]$ 中可数。从而 $\omega_1^{L[y]} > \alpha$。 □

引理 7.2 的证明:由 AD 知,对任意 $x \in {}^{\omega}\omega$,$\omega_1^{L[x]}$ 可数。从而定义函数 G 为:

$$G(x) = \omega_1^{L[x]}。$$

由命题 7.3 和命题 7.4 知,G 为所求。 □

设 G 是 ${}^{\omega}\omega$ 到 ω_1 上的映射,定义 F 如下:

$$F(d) = \sup\{G(x) : x \text{ 所在的度} \leq d\}。$$

由图灵度的性质知,$F(d)$ 是一个可数序数(因为 $\{G(x) : x \text{ 的度} \leq d\}$ 可数且 ω_1 是正则基数)。显然,F 的值域是 ω_1 的无界子集。今我们定义 ω_1 上的滤子 U:对任意 $X \subseteq \omega_1$,定义

$$X \in U \text{ 当且仅当 } F_{-1}(X) = \{d : F(d) \in X\} \in U_1。$$

下面验证,U 是 ω_1 上的 ω_1-完备的非主超滤子。

(1)由于 $F_{-1}(\omega_1) = D \in U_1$,故 $\omega_1 \in U$。又 $F_{-1}(\varnothing) = \varnothing \notin U_1$,故

$\varnothing \notin U$。

（2）设 $X_1, X_2 \in U$，则 $F_{-1}(X_1), F_{-1}(X_2) \in U_1$。从而 $F_{-1}(X_1 \cap X_2)$ $= F_{-1}(X_1) \cap F_{-1}(X_2) \in U_1$。于是 $X_1 \cap X_2 \in U$。

（3）设 $X_1 \subseteq X_2 \subseteq \omega_1$ 且 $X_1 \in U$，则有 $F_{-1}(X_2) \supseteq F_{-1}(X_1) \in U_1$。故 $F_{-1}(X_2) \in U_1$。从而 $X_2 \in U$。

（4）对任意 $X \subseteq \omega_1$，$X \notin U$ 当且仅当 $F_{-1}(X) \notin U_1$ 当且仅当 $D - F_{-1}(X) \in U_1$ 当且仅当 $F_{-1}(\omega_1 - X) \in U_1$ 当且仅当 $\omega_1 - X \in U$。

（5）设 $X_n (n < \omega)$ 是 U 中的可数多个元素，则对每一 n，$F_{-1}(X_n) \in U_1$。从而 $\bigcap \{ F_{-1}(X_n) : n \in \omega \} \in U_1$。而 $F_{-1}(\bigcap \{ X_n : n \in \omega \}) = \bigcap \{ F_{-1}(X_n) : n \in \omega \}$。从而 $\bigcap \{ X_n : n \in \omega \} \in U$。于是 U 是 ω_1 – 完备的。

（6）对任意 $\alpha \in \omega_1$，由命题 7.4 知，存在 $y \in {}^{\omega}\omega$ 使 $G(y) > \alpha$。取 $x \in {}^{\omega}\omega$ 使 x 所在的度 d 大于 y 所在的度，则 $F(d) \geq \alpha$。注意到 F 是不减函数，故对任意 $e \geq d$，都有 $F(e) > \alpha$。从而由 U_1 的定义知 $\{ e \in D : F(e) > \alpha \} \in U_1$。从而 $F_{-1}(\{ \alpha \}) = \{ d : F(d) = \alpha \} \notin U_1$。故 $\{ \alpha \} \notin U$。从而 U 是非主的。　　　　□

这样我们就证明了如下定理：

定理 7.5　AD 蕴涵 ω_1 是可测基数。

实际上 AD 还蕴涵 ω_2 是可测基数。不过，需要注意的是，AD 蕴涵着，对任意 $n > 2$，ω_n 是奇异基数。AD 还蕴涵无穷指数分割性质 $\omega_1 \to (\omega_1)_2^{\omega_1}$，$\omega \to (\omega)_2^{\omega}$ 等等。由 AD 也可推出 ω_1 是 ω_2 – 超紧的，即 AD 蕴涵存在 $P_{\omega_1}(\omega_2)$ 上的完备的正规的非主超滤子。这些结论的证明非常复杂，限于篇幅略去。另外，AD 和无穷指数分割性质还有许多其他的推论，其内容已超出本书的范围，故也略去。

最后需要指出的是，本节所证明的一些结论还需要依赖选择公理（DC）。尽管已经证明了 AD 推不出 DC，但我们还是假设 AD + DC 是协调的。

参考文献

［1］ BELL J L. Boolean-valued models and independent proofs in set theory ［M］. Oxford: Clarendon Press, 1977.

［2］ BLEICHER M N. Some theorems on vector spaces and the axioms of choice ［J］. Fund. Math. , 1964, 54: 95 – 107.

［3］ CHANG C C. Sets constructible using $L_{\kappa\kappa}$ ［J］. Proc. Symp. Pure Math. , 1974, 13: 1 – 8.

［4］ CHANG C C, KEISLER H J. Model Theory ［M］. Amsterdam : North-Holland Publ. Co. , 1973.

［5］ CHURCH A. Alternatives to Zermelo's Assumption ［J］. Trans. A-mer. Math. Soc. , 1927, 29: 178 – 208.

［6］ COHEN P. Set Theory and the continuum Hypothesis ［M］. New York: Benjamin, 1966.

［7］ CUTLAND N. Computability ［M］. Cambridge : Cambridge University Press, 1980.

［8］ ERDÖS P, RADO R. A Partition Calculus in Set Theory ［J］. Bull. Amer. math. Soc. , 1956, 62: 195 – 228.

［9］ FEFERMAN S. Independence of the axiom of choice from the axiom of dependent choices ［J］. J. Symbolic Logic, 1964, 29: 226.

［10］ FLEGENER U. Comparison of the axiom of local and universal choice ［J］. Fund. Math. , 1971, 71: 43 – 62.

［11］ FRAENKEL A. Sur l'axiome du choix ［J］. L' Enseignement Math. , 1935, 34: 32 – 51.

［12］ FRAENKEL A, BAR-HILLEL Y, LEVY A. Foundations of set theory ［J］. Amsterdam : North Holland, 1973.

［13］ GAUNTT R J. Axioms of choice for finite sets—a solution to a problem of Mostowski [J]. Notices Amer. Math. Soc., 1970, 17:454.

[14] GÖDEL K. The consistency of the axiom of choice and of the generalized continuum hypothesis, Ann. Math. Studies3 [M]. Princeton: Princeton University Press, 1940.

[15] HALPERN J D. The Independence of the Axiom of Choice from the Boolean Prime Ideal Theorem [J]. Fund. Math., 1964, 55:57 – 66.

[16] HALPERN J D, LEVY A. The ordering theorem does not imply the axiom of choice [J]. Notices Amer. math. Soc., 1964, 11:56.

[17] HAUSDORF F. Grudzüge der mengenleher [M]. Leipzig, 1914.

[18] HENKIN L. Mathematical theorems equivalent to the prime ideal theorems for boolean algebra [J]. Bull. Amer. Math. Soc., 1954, 60:388.

[19] HILBERT D, BERNAYS P. Grundlagen der mathematik [M]. Berlin: Springer, 1939.

[20] JAEGERMANN M. The axiom of choice and two definitions of continuity [J]. Bull. Acad. Polon. Sci., Ser Math., 1965, 13:699 – 704.

[21] JECH T. Set theory [M]. New York: Academic Press, 1978.

[22] JECH T. The axiom of choice [M]. Amsterdam: North-Holland Publishing Company, 1975.

[23] KUNEN K. Set Theory [M]. Amsterdam: North-Holland, 1980.

[24] LEVY A. The Independence of various definitions of finiteness [J]. Fund. Math., 1957, 46:1 – 12.

[25] LEVY A. Axioms of multiple choice [J]. Fund. Math., 1962, 50:475 – 483.

[26] LEVY A. The interdependence of certain consequences of the axiom of choice [J]. Fund. Math., 1964, 54:135 – 157.

[27] MARTIN D A. The axiom of determinateness and reduction princi-

ples in the analytical hierarchy [J]. Bull. AMer. Math. Soc.,
1968, 74: 687 - 689.

[28] MOORE G H. Zermelo's axiom of choice [M]. New York: Spring-
er-Verlag, 1982.

[29] MOSTOWSKI A. Axioms of choice for finite set [J]. Fund.
Math., 1945, 33: 137 - 168.

[30] MOSTOWSKI A. On the principle of dependent choices [J].
Fund. Math., 1948, 33: 127 - 130.

[31] MROWKA S. On the ideals' extension theorem and its equivalence
to the axiom of choice [J]. Fund. Math., 1955, 43: 46 - 49.

[32] MYCIELSKI J. On the axiom of determinateness [J]. Fund.
Math., 1964, 53: 205 - 224.

[33] MYCIELSKI J, SWIERCZKOWSKI S. On the lebesgue measurability
and the axiom of determinateness [J]. Fund. Math., 1964, 54: 67 -
71.

[34] PINCUS D. Support structure for the axiom of choice [J]. J. Sym-
bolic Logic, 1971, 36: 28 - 38.

[35] PINCUS D. Independence for prime ideal from Hanh-Banach theo-
rem [J]. Bull. Amer. Math. Soc., 1972, 78: 766 - 770.

[36] RUBIN H, RUBIN J. Equivalents of the axiom of choice [M].
Amsterdam: North-Holland, 1963.

[37] RUBIN H, SCOTT D. Some topological theorems equivalent to the
boolean prime ideal theorem [J]. Bull. Amer. Math. Soc.,
1954, 60: 389.

[38] SCOTT D. The theorem on maximal ideal in lattices and the axiom
of choice [J]. Bull. Amer. Math. Soc., 1954, 60: 83.

[39] SCOTT D. Prime ideal theorem for rings, lattices and boolean alge-
bras [J]. Bull. Amer. Math. Soc., 1954, 60: 390.

[40] SCOTT D. Measurable cardinal and constructable sets [J]. Bull.
Acad. Polon. Sci., Ser. Math., 1961, 9: 521 - 524.

[41] SHEPHERDSON J. Inner models for set theory [J]. J. Symbolic Logic, 1951, 16: 161 – 190.

[42] SIERPINSKI W. L'axiome de M. Zermelo et son Role dans la Theorie des Ensembles et L'analyse [J]. Bull. Acad. Sci. Cracovie, Cl. Sci. Math. , Ser. A, 1918, 97 – 152.

[43] SILVER J H. The consistency of the GCH with the existence of a measurable cardinal [J]. Proc. Symp. Prue Math. , 1971, 13: 391 – 396.

[44] SOLOVAY R M. A model of set theory in which every set of reals is Lebesgue measurable [J]. Ann. Math. , 1970, 92: 1 – 56.

[45] SOLOVAY R M, REIHARDT W N, KANAMORI A. Strong axioms of infinity and elementary embedding [J]. Ann. Math. Logic, 1978, 13: 73 – 116.

[46] STONE M H. The theory of representations for boolean algebras [J]. Trans. Amer. Math. Soc. , 1936, 40: 37 – 111.

[47] VAUGHT R. On the equivalence of the axiom of choice and a maximal principle [J]. Bull. Amer. Math. Soc. , 1952, 58: 66.

[48] WARD L E. A weak Tychonoff theorem and the axiom of choice [J]. Proc. Amer. Math. Soc. , 1962, 13: 757 – 758.

[49] ZERMELO E. Beweis dass jede menge wohlgeordnet werden kann [J]. Math. Ann. , 1904, 59: 514 – 516.

[50] ZHAO X S. A consistent result for systems Z + the replacement axiom schema of Σ_n-formulas [J]. Chinese Ann. Pure Appl. Logic, 1989, 1: 43 – 52.

[51] ZHAO X S. The axiom of choice in model C [J]. Chinese Science Bulletin, 1990, 35: 1849 – 1852.

[52] ZHAO X S. The consistencies of MA, SOCA, OCA and ISA with KT (ω_2) [J]. Acta Math. Sinica, 1990, 6: 42 – 46.

[53] ZHAO X S, WANG J. ω_1-ordinal definable sets and Chang's model C [J]. Chinese Quarterly J. Math. , 1998, 13: 98 – 106.

［54］王世强. 模型论基础［M］. 北京：科学出版社，1987.

［55］王浩. 数理逻辑通俗讲话［M］. 北京：科学出版社，1991.

［56］张锦文. 公理集合论导引［M］. 北京：科学出版社，1991.

［57］赵希顺. 模型 C 中的 $(2^{\omega})^{+}$ – 树［J］. 科学通报，1990，35：881 – 883.

［58］赵希顺. ω_2-Aronszajn 树与 Martin 公理［J］. 数学学报，1991，34：372 – 377.

［59］赵希顺. 大基数与模型 C［J］. 数学进展，1996，25：525 – 531.